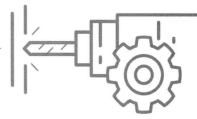

数控车工
快速入门与提高

郭建平　编著

化学工业出版社

·北京·

内容简介

本书以国家职业标准——车工（职业编码：6-18-01-01）和机械行业相关职业技能规范为参考依据而编写，通过零件加工实例，把车工所涉及的相关理论知识点与实践技能操作相互融合，由浅入深，让读者在轻松学习、掌握理论知识的同时不断巩固深化操作技能，最终达到知行合一的目的。此外，本书还增加了车工国家职业技能标准（中级）、数控车工（中级）职业技能鉴定理论试题精选和实操（综合）练习题精选，以供读者参考。

本书可用作中、高职数控相关专业教材或用于没有任何专业基础的人员（新型农民工、退役军人等）的培训，同时也可为数控专业教师提供教学参考。

图书在版编目（CIP）数据

数控车工快速入门与提高/郭建平编著. —北京：化学工业出版社，2022.6

ISBN 978-7-122-41025-2

Ⅰ. ①数… Ⅱ. ①郭… Ⅲ. ①数控机床-车床-车削 Ⅳ. ①TG519.1

中国版本图书馆 CIP 数据核字（2022）第 047024 号

责任编辑：曾　越
文字编辑：王　硕
责任校对：边　涛
装帧设计：张　辉

出版发行：化学工业出版社
　　　　　（北京市东城区青年湖南街 13 号　邮政编码 100011）
印　　装：河北鑫兆源印刷有限公司
787mm×1092mm　1/16　印张 18½　字数 496 千字
2022 年 10 月北京第 1 版第 1 次印刷

购书咨询：010-64518888
售后服务：010-64518899
网　　址：http://www.cip.com.cn
凡购买本书，如有缺损质量问题，本社销售中心负责调换。

定　　价：89.00 元

随着我国制造强国战略的全面实施，国家制造业已经取得飞速发展。当前，由于数控机床在现代企业中的广泛应用，企业急需大量既懂理论知识又会加工技术的复合型技能人才。2019 年，国务院印发《国家职业教育改革实施方案》（以下简称《方案》）。《方案》提出，从 2019 年开始，在职业院校、应用型本科高校启动"学历证书+若干职业技能等级证书"制度试点工作，即实施"1+X"证书制度。在这种背景下，笔者根据多年教学经验编写了本书，用以满足没有任何加工经验的零基础学员和其他广大师生的需求。

本书以最新国家职业标准——车工（职业编码：6-18-01-01）和机械行业相关职业技能规范为参考依据而编写，目标是培养数控车工中级工。本书依据工学结合、内容通俗易懂及难度递增的编写思路，注重知识技能的启发性、连续性、实用性和迁移性，适用于高职"理实一体"课程。

本书共分 3 篇：基础篇主要介绍普通车床加工技术，使读者掌握车床基本原理及操作，能够完成简单轴类、套类、圆锥类、普通三角螺纹及梯形螺纹的加工；进阶篇介绍数控车床的基本编程（手工）和操作，使读者掌握使用数控车床加工零件的方法以及编程技巧；提高篇介绍 CAD/CAM 加工技术，使读者运用自动编程软件编程与加工。全书内容连续紧凑、层层推进，使读者技术水平不断提高，真正做到普通车床与数控车床技术的一体化。

本书具有以下特色：

① 以实训零件（或案例）加工为载体、职业实践为主线，详细地介绍了 FANUC 系统数控车床的编程方法、零件加工工艺及加工技术要点。

② 本书内容简洁、通俗易懂，技术要点分析详细，融入了笔者多年的加工技术经验、技巧以及编程小窍门，图表翔实、直观清晰，便于理解。

③ 本书列举大量的典型例题，通过例题的分析，使读者能够以例题作为模板，独立依据例题编制出程序，最终实现举一反三。

④ 本书从数控车工的操作基础——普通车床基本理论和操作技术入门，逐渐过渡到数控车床的基本编程（手工）与操作，最后提升到运用自动编程软件编程与加工，在知识点、技能点上既相对独立又连续紧凑，层层推进，使读者技术水平不断提高，真正做到普通车床和数控车床技术的一体化贯通和无缝对接。

本书由北京农业职业学院机电工程学院郭建平编著。由于笔者水平有限，欠妥之处难免，敬请读者指正。

编著者

提高篇　CAD/CAM 加工技术（CAXA 数控车）

附录 ——————————————————————— 260

参考文献 ——————————————————————— 288

基础篇

普通车床加工

第**1**章

车削加工技术基础

本章内容主要包括车工工作的基本内容，车床工、量、刃具的使用方法及其相关练习，通过系统学习，进一步为车削练习任务打下基础。

1.1 车工工作简介

知识目标

① 明确车工在工业生产中的地位、作用及其工作的基本内容。
② 掌握安全操作规程和文明生产相关要求。
③ 了解车床的类型，掌握车床型号的含义。

1.1.1 车工的地位和作用

在实际生产中，完成某一零件的切削加工通常需要铸、锻、磨、刨、钳等多工种的协同配合，但最基本的、应用最广泛的工种是车工。在金属切削机床配置中，车床占50%左右，因此，车工在机械加工行业中占有重要地位，发挥着重要作用。

1.1.2 车工工作基本内容

车削是指操作工人在车床上根据图样要求，利用工件和刀具的相对切削运动来改变毛坯的形状和尺寸，使之成为合格产品的一种金属切削方法。简而言之，车工工作内容就是车削零件，加工带有回转面的不同形状的工件，如车外圆、内孔、内外圆锥、螺纹等，如图1-1所示。

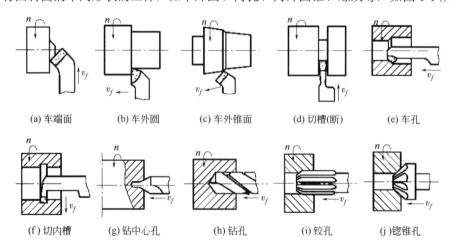

| (a) 车端面 | (b) 车外圆 | (c) 车外锥面 | (d) 切槽(断) | (e) 车孔 |
| (f) 切内槽 | (g) 钻中心孔 | (h) 钻孔 | (i) 铰孔 | (j) 锪锥孔 |

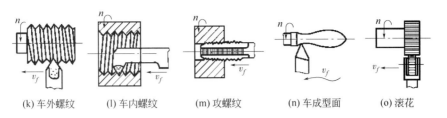

| (k) 车外螺纹 | (l) 车内螺纹 | (m) 攻螺纹 | (n) 车成型面 | (o) 滚花 |

图 1-1　车削加工的范围

1.1.3　车床种类及其型号

（1）车床种类

按结构和用途的不同，车床可分为很多种。常见的有卧式车床、立式车床、数控车床、转塔车床以及各种专用车床等，如图 1-2 所示。

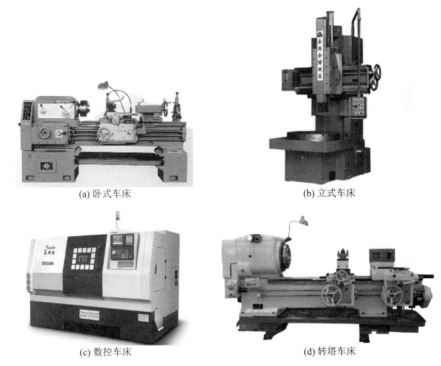

| (a) 卧式车床 | (b) 立式车床 |
| (c) 数控车床 | (d) 转塔车床 |

图 1-2　车床的种类

（2）车床型号

1）机床的类别代号　类别代号是以机床名称第一个字的汉语拼音首字母（大写）来表示的。例如，"C"表示车床，"Z"表示钻床。根据机床的工作原理、结构特性以及使用范围，将机床大致分为 11 类，见表 1-1。

表 1-1　机床的类别代号

类别	车床	钻床	镗床	磨床	齿轮加工机床	螺纹加工机床	铣床	刨插床	拉床	锯床	其他机床
代号	C	Z	T	M	Y	S	X	B	B	L	Q

2）机床的特性代号　机床的特性（包括通用特性和结构特性）代号，也用汉语拼音字母表示，位于类别代号后。通用特性代号见表1-2。

表1-2　机床的通用特性代号

通用特性	高精度	精密	自动	半自动	数控	加工中心	仿形	轻型	加重型	简式
代号	G	M	Z	B	K	H	F	Q	C	J
读音	高	密	自	半	控	换	仿	轻	重	简

通用特性代号有统一的固定含义，不论在什么机床型号中，都表示相同的含义；而结构特性代号与通用特性代号不同，没有统一的固定含义，只在同类机床中起区分不同结构、性能的作用。

3）车床常用的典型型号　车床典型型号为CA6140和C（M）6136，其参数含义如下：

① CA6140A。CA6140A机床是一种在原C620型普通车床的基础上加以改进的卧式车床，读作车A6140A。其中，C为机床类别代号（车床类）；A为结构特性代号，用以区分车床机构、性能的不同；6为组代号（卧式车床组）；1为系代号（卧式车床系）；40为主参数折算值（床身上最大工件回转直径400mm的1/10）；A为CA6140型机床经过第一次重大改进。

② CM6136B。C为机床类别代号（车床类）；M为通用特性代号；6为组代号（卧式车床组）；1为系代号（卧式车床系）；36为主参数折算值（床身上最大工件回转直径360mm的1/10）；B为CM6136型机床经过第二次重大改进。

1.1.4　车工安全操作规程和文明生产

（1）安全操作规程

① 工作时，必须穿工作服，袖口扎紧。女生戴工作帽，且头发塞入帽子里。夏季禁止穿裙子、短裤和凉鞋上机操作。

② 工作时，头不能离工件太近，以防切屑飞入眼中。

③ 工作时，要戴防护眼镜。

④ 工作时，必须集中精力，不要和其他人随意说笑。

⑤ 工件和车刀必须装夹牢固，否则会飞出伤人。卡盘必须有保险装置。

⑥ 车床运转时，不能用手去摸工件表面，不能用棉纱去擦转动的工件。

⑦ 不能用手清屑，要用铁钩清除。

⑧ 严禁操作时戴手套。

⑨ 不能用手去刹住转动着的卡盘。

⑩ 不得随意拆装电气设备，以免发生触电事故。

（2）文明生产

① 开车前检查车床各部分结构及防护设备是否完好，各手柄是否灵活、位置是否正确。检查各注油孔，并进行润滑，然后使主轴空运转2～3min（50r/min以下），待车床运转正常后才能工作。若发现机床有毛病，应立即停车，申报检修。

② 主轴变速前必须停车（最好关电门），变换进给箱手柄要在低速进行。为保持丝杠精度，除车削螺纹外，不得使用丝杠进行机动进给。

③ 刀具、量具及工具等放置要稳妥、整齐、合理，有固定位置，便于操作时取用，用后放回原处。

④ 工具箱内分类摆放物件。重物放下层，轻物放上层，量具和刀具、工具分开，不可随意乱放。

⑤ 要正确使用和爱护量具。用完后擦净、涂油，放入量具盒内保存好。

⑥ 车刀磨损后应及时刃磨，不准许用钝刀继续车削，否则会增加机床负荷，损坏车床，甚至影响工件表面的加工质量和生产效率。

⑦ 不允许在卡盘及床身导轨上敲击或校直工件。装夹、找正工件时，应用木板保护床面。下班时，工件若不卸下，应用千斤顶支撑。

⑧ 批量生产零件，首件应送检。确认合格后，方可继续加工。

⑨ 工件做完后，要采用防锈处理。

⑩ 图纸工艺卡应放在便于阅读的位置，并保持清洁完整。

⑪ 切削液应定期更换，防止变质有味。使用切削液之前，导轨上要涂润滑油。

⑫ 车削铸铁工件之前应擦去润滑油，防止铁屑将机床导轨研坏。

⑬ 工作场地周围应整洁，不要乱放杂物。工作完后，擦净机床，加注润滑油，床鞍摇至尾座这一端，各转动手柄放在空挡位置，关闭电源。

1.2 车床操作和保养

知识目标

① 掌握车床各部分名称及其作用。
② 掌握车床维护保养规则和相关润滑知识。

技能目标

① 能独立完成车床机构的操纵及调整。
② 能熟练地操作车床。
③ 能熟练地对车床进行日常维护保养。

1.2.1 车床机构的作用及其传动系统

（1）CA6140 型卧式车床结构

CA6140 型卧式车床结构如图 1-3 所示，其各组成部分的作用如下。

① 床身 床身是车床上精度要求很高的一个大型部件，起到支撑连接其他部件的作用。

② 主轴箱 主轴箱里有一些互相啮合的齿轮，通过传动使主轴获得不同的转速。主轴用来安装卡盘，卡盘用来装夹工件。

③ 交换齿轮箱 交换齿轮箱将主轴箱内的转动传给进给箱，再连接丝杠传动链、进给传动链，从而车削出不同螺距的螺纹工件，满足大小不同的横、纵进给量。交换齿轮箱的啮合齿轮可以调换。

④ 进给箱 通过变换进给箱手柄,把交换齿轮箱传来的运动经过变速后传递给光杠或者丝杠，接通丝杠实现车削螺纹，接通光杠实现机动进给运动。

⑤ 溜板箱 溜板箱接受光杠或丝杠传递运动，传递给床鞍及中滑板，驱动大、中滑板运动实现车刀的横、纵进给。

⑥ 刀架 用于安装车刀的部位。

⑦ 尾座 通过尾座套筒可装上钻头钻孔、装上铰刀铰孔，也可起到安装顶尖支顶工件等作用。

⑧ 冷却部分 通过冷却泵浇注工件，冷却润滑，提高工件表面质量。

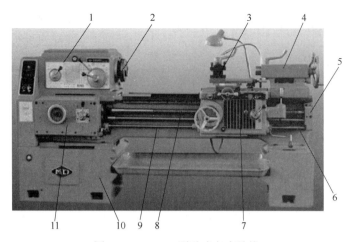

图 1-3　CA6140 型卧式车床结构

1—主轴箱；2—主轴法兰盘；3—刀架；4—尾座；5—床身；6—光杠；7—溜板箱；
8—丝杠；9—离合杠；10—床脚；11—进给箱

（2）车床传动系统

车床传动系统的传动路线如图 1-4 所示，其传动原理如图 1-5 所示。

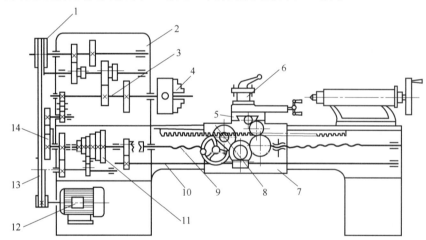

图 1-4　车床传动系统传动路线示意

1—带轮；2—主轴箱；3—变换齿轮；4—卡盘；5—中滑板；6—刀架；7—溜板箱；8—床鞍（大滑板）；
9—丝杠；10—光杠；11—进给齿轮箱；12—电机；13—驱动带；14—交换齿轮

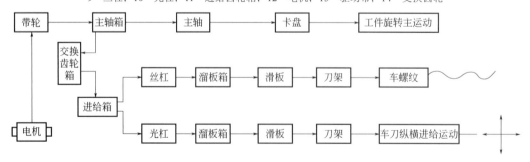

图 1-5　车床传动系统传动路线

1.2.2　车床的维护保养和润滑

（1）车床维护保养目的

车床维护保养目的是延长机床寿命，减少机构部件的磨损。

（2）车床维护保养部位

车床中所有摩擦部位的零件都需要进行保养。

（3）车床维护保养要求

车床每运转 500 小时，需要进行一级保养，具体保养部位及要求见表 1-3。

表 1-3　CA6140 型卧式车床的保养部位及要求

保养部位	保养要求
车床外保养	用去污粉或者煤油等清洗剂对机床外表面进行清洗，擦净丝杠、光杠操纵杠
主轴箱保养	清洗滤油器和油箱，调整摩擦离合器及制动器的间隙
刀架和滑板保养	用煤油清洗刀架，调整大、中、小滑板的间隙及丝杠螺母的间隙
交换齿轮箱保养	清洗齿轮及其附件，注入工业润滑脂，调整齿轮间隙
尾座保养	摇出套筒，将其擦净涂油
冷却润滑系统保养	清洗冷却泵、盛液盘、滤油器，更换切削液，保证油路畅通，油孔、油绳、油毡清洁
电气部分	检查照明灯、电气装置，保障安全

（4）车床润滑方式

① 浇油润滑　浇油润滑常用于车床导轨表面，润滑时采用油壶进行浇油润滑，每班前后各一次。

② 溅油润滑　溅油润滑常用于主轴箱中，车床主轴箱体中的转动齿轮将箱底的润滑油溅射到箱体上部的油槽中，然后经槽内油孔流到各润滑点进行润滑。如图 1-6 所示，箱内润滑油每 3 个月更换一次。

图 1-6　主轴箱油窗及箱体齿轮

③ 油绳润滑　油绳润滑就是把毛线浸在油槽中，利用油绳把油引到所需润滑的部分。车床上密封的齿轮箱内零件一般采用此方法且每班一次。油绳润滑如图 1-7 所示。

④ 弹子油杯润滑　车床上有弹子口标志的地方，都采用此方法。润滑时，用油壶油嘴将弹子压下，滴入润滑油。尾座和中、小滑板摇手柄转动轴承处，一般都用此润滑方式且每班一次。弹子油杯润滑如图 1-8 所示。

⑤ 黄油杯润滑　黄油杯润滑常用于交换齿轮箱挂轮中间轴处。润滑时，先在黄油杯中装满工业润滑脂（黄油），然后将油杯拧进油杯盖，利用压力将润滑油挤到轴承套内，如图1-9所示。每周将油脂杯加满，每天将杯盖旋进一次（半圈）。

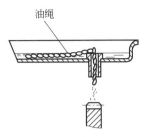

图 1-7 油绳导油润滑

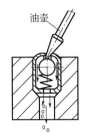

图 1-8 弹子油杯润滑

💡 注意:

在操作前要观察主轴箱内油标孔,油位不能低于油标孔的一半,否则要通知有关技术人员进行检修。

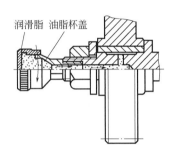

图 1-9 黄油杯润滑

（5）车床的润滑系统和润滑要求

CA6140 车床的润滑系统如图 1-10 所示,该铭牌表对应的是图 1-11 所示 1～17 各个润滑点。

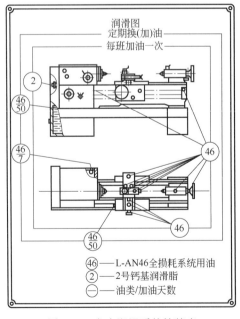

图 1-10 车床润滑系统铭牌表

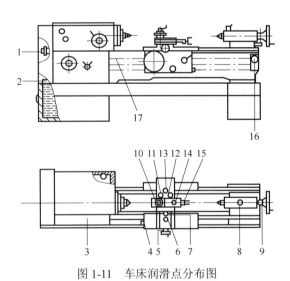

图 1-11 车床润滑点分布图

铭牌表中，润滑部位用数字标出，图中除所注"2"处的润滑部位是用 2 号钙基润滑脂进行润滑外，其余各部位都用 L-AN46（30 号）机油润滑。换油时，应先将废品油放尽，然后用煤油把箱体内冲洗干净，再注入新机油，注油时要用滤网过滤且油面不得低于油标中心线。图 1-10 中，铭牌表数字含义如表 1-4 所示。

表 1-4   CA6140 卧式车床润滑系统润滑要求

周期	数字	意义	符号	含义	润滑部位	数量
每班	整数形式	圆圈数字表示润滑油牌号，每班加油 1 次	②	用 2 号钙基润滑脂进行脂润滑，每班油杯盖拧 1 次	交换齿轮箱中的中间齿轮轴	1 处
			㊺	使用牌号为 L-AN46 号的润滑油，每班加油一次	多处	14 处
经常性	分数形式	⎛分子⎞⎝分母⎠中分子表示润滑油牌号，分母表示两班制工作时换油间隔天数（每班工作时间 8 小时）	⁴⁶⁄₇	分子 46 为 L-AN46 号的润滑油，分母 7 表示加油间隔为 7 天	主轴箱后的电气箱内的床身立轴套	1 处
			⁴⁶⁄₅₀	分子 46 为 L-AN46 号的润滑油，分母 50 表示加油间隔为 50 天	左床脚内的油箱和溜板箱	2 处

在车床润滑点分布图中，润滑点 16 如图 1-12 所示，润滑点 17 如图 1-13 所示，润滑点 7（导轨浇油润滑）、10、11、12、13（弹子油杯润滑）如图 1-14 所示，润滑点 8、9 如图 1-15 所示。

图 1-12   后托架储油池的润滑

图 1-13   丝杠左端弹子油杯润滑

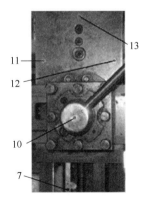

图 1-14   中滑板润滑点润滑

图 1-15   尾座弹子油杯润滑

1.2.3 车床的启动操作

（1）CA6140卧式车床常用操作部件（图1-16）

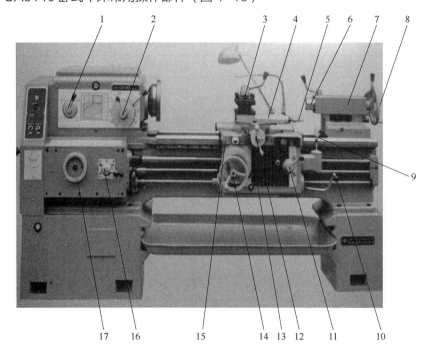

图1-16　CA6140型卧式车床操作部件结构

1—左右旋螺纹变换手柄；2—主轴变速装置；3—刀架；4—小滑板；5—小滑板手柄；6—尾座套筒；
7—尾座；8—尾座手轮；9—自动进给手柄；10—离合杠手柄；11—开合螺母；12—中滑板手柄；
13—中滑板；14—人滑板手轮；15—床鞍；16—变进给丝杠手柄；17—变进给手轮

（2）车床的启动操作训练实施方案（表1-5）

表1-5　车床的启动操作

序号	操作步骤	操作内容	操作要求
1	检查车床状态	检查车床各变速手柄是否处于空挡位置	车床电源控制开关置于"0"状态
		离合杠是否处于停止状态	离合杠处于中间位置属于停止状态
		经确认无误后，打开电源总开关	
2	启动电动机	用手向上扳动车床电源开关，启动电动机	方向向上
3	启动车床	用手向上提起离合杠手柄，主轴正转	车螺纹退刀时采用反转
		用手将离合杠手柄向下回压到中间位置，主轴正转停止	
		用手将离合杠手柄下压至底，主轴反转	
4	停止车床	关掉中滑板手柄右侧开关按钮（在溜板箱上）	下班时必须关闭车床电源总开关，同时切断车床电源闸刀开关

1.2.4 车床主轴箱的变速操作（表1-6）

表1-6　车床主轴箱的变速操作

序号	操作步骤	操作内容	操作要求
1	主轴箱变速	主要是改变主轴箱正面右侧两个前、后叠装手柄的位置。先改变后面的手柄位置，其手柄可控制红、黄、黑、蓝四个不同转速区位置（四个矩形） 改变前面手柄位置，前面的手柄有六个挡位，每个挡位有4级转速，分别对应红、黄、黑、蓝颜色，共有24级转速，如图1-17所示	后面手柄位置对应的颜色与前面手柄所对应的转速数字的颜色一致
2	左右旋螺纹变换	主轴箱正面左边手柄控制左右旋螺纹，向左扳动即加工左旋螺纹，向右扳动即加工右旋螺纹	车螺纹之前，一定要将手柄位置调整好，对应螺纹旋向

注：改变转速前一定要停车变速，即在主轴停止运动的情况下（离合杆手柄在中间位置时）或者是溜板箱上的开关按钮停止的情况下变速方可进行。

1.2.5 车床进给箱的变速操作

进给箱的变速操作方案如表1-7所示。

表1-7　进给箱的变速操作

序号	操作步骤	操作内容	操作要求
1	调整螺距或进给量	观察进给箱正面左侧，有一个大手轮，手轮有八个挡位。手轮与右侧进给手柄（前、后叠装，如图1-18所示）的前手柄（对应有Ⅰ、Ⅱ、Ⅲ、Ⅳ、Ⅴ五个挡位）协同调整所需螺距或进给量	操作时应根据加工要求，查找进给箱油盖上的铭牌表——螺纹和进给量调配表（如图1-19所示）来确定手柄和手轮的具体位置
2	光杠、丝杠变换	观察进给箱正面右侧，有前、后叠装手柄，后面的手柄（对应有A、B、C、D四个挡位）是丝杠、光杠的变换手柄，可以进行丝杠、光杠切换操作，如图1-18所示	当后手柄处于正上方时是第Ⅴ挡，此时齿轮箱的运动不经进给箱变速，而是与丝杠直接相连

注：变进给量时一定要在低速情况下调整或者停车变速前调整好手柄具体位置。

1.2.6 车床溜板箱的操作

溜板箱的操作方案如表1-8所示。

表1-8　溜板箱的操作

序号	操作步骤	操作内容	操作要求
1	溜板箱部分手动操作	床鞍及溜板箱纵向（左右）移动	顺时针转动手轮，床鞍右移；逆时针转动手轮，床鞍左移
		中滑板的横向（前后）移动	顺时针转动手轮，中滑板前移（即横向进刀）；逆时针转动手轮，中滑板后移（向操作者方向，即横向退刀）
		小滑板的纵向移动	顺时针转动小滑板手柄，小滑板左移，反之右移
2	溜板箱部分机动进给操作	纵、横向机动进给：自动进给手柄在溜板箱右侧，采用手柄操纵，可沿其十字槽左、右、前、后移动	手柄扳动方向与刀架运动方向一致，手柄在十字槽中央位置时，进给运动停止
		纵、横向快速移动进给：在自动进给手柄顶部有一个快进按钮，按下此按钮，快速电动机启动工作	向不同方向扳动手柄可做纵向或横向快速移动，松开按钮，快速电动机停止转动，快速移动停止

序号	操作步骤	操作内容	操作要求
3	车螺纹——开合螺母操作	观察溜板箱正面，在其右侧有一开合螺母操作手柄，用于控制溜板箱与丝杠之间的运动联系	车削螺纹时，顺时针扳下开合螺母手柄，使开合螺母闭合并与丝杠啮合接通，溜板箱、床鞍按预定的螺距做纵向进给。反之，断开丝杠传动连接

1.2.7 车床的尾座操作

尾座的操作方案如表 1-9 所示。

表 1-9 尾座的操作

序号	操作步骤	操作内容及要求
1	移动尾座	手动沿床身导轨纵向移动尾座至选定的位置，顺时针扳动尾座固定手柄，将尾座固定
2	移动套筒	逆时针方向转动套筒固定手柄，摇动手轮，使套筒做进、退移动；顺时针方向转动套筒固定手柄，将套筒固定在既定位置
3	摇动手轮使套筒退出后顶尖	松开套筒固定手柄，摇动手轮使套筒退出后顶尖

车床变速机构如图 1-17 所示，进给调整手柄如图 1-18 所示，进给铭牌表如图 1-19 所示。

图 1-17 变转速手柄

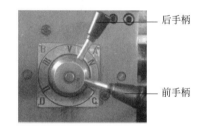

图 1-18 变进给丝杠手柄图

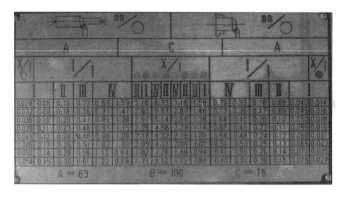

图 1-19 进给铭牌表

1.2.8 车床的保养操作

按照车床维护保养规则、车床润滑方式和部位进行日常保养。保养方案如表 1-10 所示。

表 1-10 车床日常保养

序号	操作名称	操作要求
1	工作前保养	按照车床润滑系统铭牌图对各个部位注油润滑，检查各部位是否正常 （1）擦净车床外露导轨及滑动面的尘土 （2）按规定润滑各部位 （3）检查各操作手柄位置 （4）空车试运转 2～4min
2	工作中保养	操作车床设备正确合理，严格禁止非正规操作，按照操作规程正确操作车床，及时清理导轨切屑，随时观察油窗状况，保持润滑油路畅通
3	工作后保养	（1）清洁工作场地，保证车床周边无切屑、无垃圾，保持工作环境干净 （2）擦净车床各部位，保持各部位无污迹，各导轨面无水迹 （3）对各导轨面、刀架加机油进行防锈处理 （4）车床各部件归位 （5）每个工作班结束后，应关闭车床总电源

1.3 车刀的刃磨技术

知识目标

① 掌握车刀切削部分的面、刃和主要角度的作用。
② 掌握车刀刀头材料相关知识。
③ 了解砂轮及其选用相关知识。
④ 掌握车刀刃磨方法和安全技术要求。

技能目标

按车刀磨刀步骤正确刃磨出 90°外圆车刀。

1.3.1 车刀的种类和用途

（1）车刀种类

车刀按其车削的内容不同可分为外圆车刀、端面车刀、切断刀、内孔车刀、成形车刀和螺纹车刀等，如图 1-20 所示。

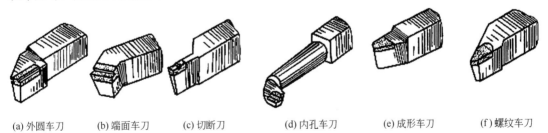

(a) 外圆车刀   (b) 端面车刀   (c) 切断刀   (d) 内孔车刀   (e) 成形车刀   (f) 螺纹车刀

图 1-20 车刀的种类

（2）常用车刀的用途

常用车刀的用途如图 1-21 所示

① 90°车刀 又叫外圆偏刀，用来车削工件的外圆、端面和阶台。

② 75°车刀　用来粗车工件外圆。

③ 45°车刀　又叫弯头刀，用来车削工件外圆、端面和倒角。

④ 切断刀　用来切断工件或在工件上车槽。

⑤ 成形车刀　用来车削工件的成形面。

⑥ 螺纹车刀　用来车削各种螺纹。

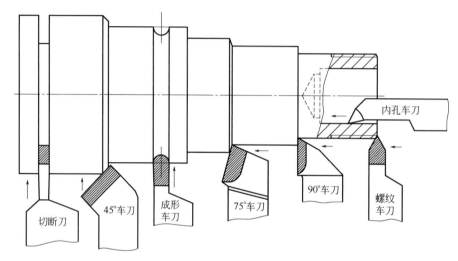

图 1-21　常用车刀用途

（3）硬质合金可转位车刀

　　硬质合金可转位车刀由刀杆、刀片、刀垫和夹紧装置（螺栓、压块）等部分组成，如图 1-22 所示。当一个刀片磨钝后，只需松开夹紧装置，将刀片旋转一个角度，再压紧刀片，经过装刀后，就可以用新切削刃进行切削，从而大大缩短了换刀、装刀和磨刀的时间，提高刀杆利用率，节约了成本。

1.3.2　车刀的组成

　　车刀由刀头和刀体（刀柄或刀杆）组成。刀头由若干面和切削刃组成。车刀组成可概括为"三面两刃一刀尖"。"三面"指的是前刀面、主后刀面以及副后刀面。"两刃"指的是主切削刃、副切削刃，如图 1-23 所示。

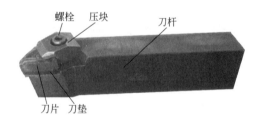

图 1-22　硬质合金可转位车刀

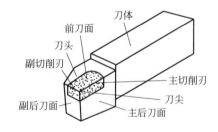

图 1-23　90°外圆硬质合金车刀组成部分

① 前刀面　切屑流过的表面。

② 主后刀面　与工件过渡表面相对的表面。

③ 副后刀面　与工件已加工表面相对应的表面。

④ 主切削刃　在加工中起着主要切削作用的刃，位于主后刀面。

⑤ 副切削刃　配合主切削刃起着切削作用的刃，位于副后刀面。

⑥ 刀尖　主切削刃和副切削刃相交的部位。

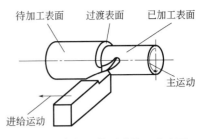

图 1-24　车削工件形成的三个表面

1.3.3　车削工件形成的三个表面

车削工件过程中会形成三个表面，即待加工表面、已加工表面和加工表面，如图 1-24 所示。

① 待加工表面　即将被切除金属层的表面。

② 已加工表面　已经切去多余金属而形成的表面。

③ 加工表面　主切削刃正在切削的表面，又称过渡表面。

1.3.4　车刀主要角度及其作用

（1）确定车刀角度的辅助平面

确定车刀角度的辅助平面包含基面、切削平面和正交平面（截面），这三个面是基准平面，如图 1-25 所示。

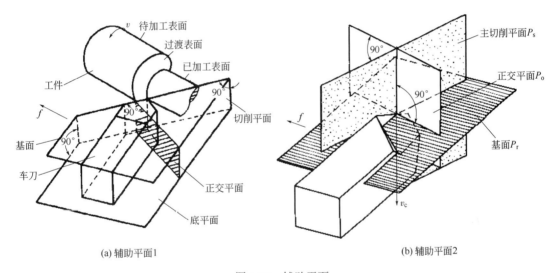

(a) 辅助平面1

(b) 辅助平面2

图 1-25　辅助平面

① 基面 P_r　通过切削刃任一选定点，垂直于主运动方向（工件的旋转运动）的平面。车刀的基面为平行于刀体的底面。

② 切削平面 P_s　通过切削刃任一选定点，与切削刃相切，并垂直于基面的平面，是切削刃与切削速度方向构成的平面。切削平面分为主切削平面和副切削平面，切削速度与主切削刃构成的平面就是主切削平面，与副切削刃构成的平面就是副切削平面。

③ 正交平面 P_o　通过切削刃任一选定点，同时垂直于基面 P_r 与切削平面 P_s 的平面。

💡 注意：

基面、切削平面和正交平面是相互垂直的关系。

（2）车刀的角度

车刀主要由六个基本角度和两个派生角度组成。六个基本角度是主偏角 κ_r、副偏角 κ_r'、前角 γ_o、主后角 α_o、副后角 α_o'、刃倾角 λ_s。两个派生角度是楔角 β_o 和刀尖角 ε_r。其中前角、主后角和副后角是二面角，即面与面的角度。车刀角度如图1-26所示，硬质合金车刀工作简图如图1-27所示。

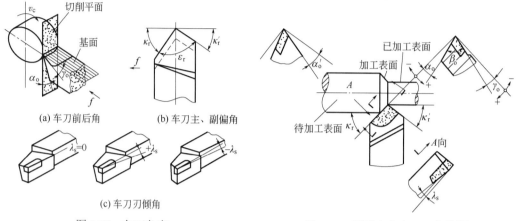

(a) 车刀前后角　　(b) 车刀主、副偏角

(c) 车刀刃倾角

图1-26　车刀角度　　　　　　　图1-27　硬质合金车刀工作简图

① 前角　前刀面和基面的夹角。前角影响车刀刃口锋利程度和强度：前角增大，车刀锋利，切削省力；负前角起到增强切削刃强度作用。

② 主后角　主后刀面与切削平面之间的夹角。其作用是减少车刀主后刀面与工件的摩擦。

③ 副后角　主后刀面与切削平面之间的夹角。其作用是减少车刀副后刀面与工件已加工面的摩擦。

④ 主偏角　主切削刃和进给方向之间的夹角。其作用是改变主切削刃和刀头的受力及散热，增大主偏角，可降低径向力（切深抗力）。

⑤ 副偏角　副切削刃和进给方向反向之间的夹角。其作用是减小副切削刃与工件已加工面的摩擦。

⑥ 刃倾角　主切削刃与基面之间的夹角。其作用是控制排屑方向，当刃倾角为正值时（刀尖在主切削刃的最高点），切屑向待加工表面排出，适用于粗加工；当刃倾角为负值时（刀尖在主切削刃最低点），切屑向已加工表面排出，但可增加刀头的强度，也可以在车刀受冲击时起到保护车刀的作用，适用于精加工。

⑦ 刀尖角　主切削刃和副切削刃之间的夹角。刀尖角越大，强度越好，散热面积大，散热效果好。

⑧ 楔角　在正交平面内，前刀面与后刀面之间的夹角。

（3）车刀角度关系

① 楔角、前角、后角的关系为 $\alpha_o + \beta_o + \gamma_o = 90°$。

② 主偏角、副偏角、刀尖角的关系为 $\kappa_r + \kappa_r' + \varepsilon_r = 180°$。

1.3.5　车刀刀头基本性能要求

金属切削中起到车削作用的是车刀刀头部分，对刀头材料性能的基本要求有五项。

（1）高硬度性

刀头材料的硬度必须要高于工件硬度1.5倍左右。

（2）高耐磨性

刀头材料应具备高耐磨性，以减少刀具磨损。

（3）高强度和韧性

刀头材料应具备较高的强度和韧性，以承受切削力、冲击力，防止车刀崩刃或折断。

（4）高红硬性

刀头材料应具备较高的红硬性，即能耐高温，在高温下保持刀具材料硬度性能。高红硬性是衡量刀具材料性能的重要指标。

（5）良好的工艺性

刀头材料应具备良好的工艺性，包括较好的可磨削加工性、热处理工艺性、可焊接工艺性等。

1.3.6　车刀刀头材料

（1）高速钢

高速钢是含有钨、铬、钼、钒等合金元素较多的工具钢。高速钢车刀的优点是制造简单、刃磨方便（易磨成刃口很锋利的刃）、韧性好、能承受较大的冲击力。高速钢的缺点是耐热性差，所以不宜高速切削，常用于中低速下的半精车、精车。

高速钢主要适于制造小型车刀、螺纹刀、形状复杂的成形刀以及孔加工刀具（钻头、铰刀）等。常用牌号有 W18Cr4V、W9Cr4V2、W6Mo5Cr4V2。

（2）硬质合金

硬质合金是由碳化钨和碳化钛粉末加黏结剂钴经过高压成形和高温烧结而成的粉末冶金制品。其优点是硬度高、耐磨性好、耐高温（红硬性温度为 $850\sim1000℃$），适合高速车削；缺点是韧性差，难以承受较大的冲击力。常用的硬质合金有三类：

① 钨钴类（K 类）　主要成分是碳化钨加钴，其特点是韧性好，但耐磨性较差，适于加工铸铁、有色金属等脆性材料，常用牌号 YG3、YG6、G8 等，其中数字表示 Co 含量（%）。

② 钨钛钴类（P 类）　主要成分是碳化钨、碳化钛加钴，其特点是耐磨性好，但韧性差，适于加工塑性金属及韧性较好的材料，不宜用于加工脆性金属，如铸铁。常用牌号为 YT5、YT15等，其中数字表示碳化钛含量（%）。数字越大，刀具硬度越高，越宜用于精加工；反之则宜用于粗加工。

③ 钨钛钽（铌）钴类（M 类）　主要成分是碳化钨、碳化钛、少量碳化钽（或碳化铌）及钴，其抗弯强度和冲击韧度都比较好，应用广泛，不仅可以用于加工塑性材料，也可以用于加工脆性材料，还可以用于加工不锈钢、高锰钢等难加工材料，所以称为万能类硬质合金。常用牌号为 YW1（WC 含量为 84%～85%，用于精加工）、YW2（WC 含量为 82%～83%，用于粗加工）等。

1.3.7　砂轮的概念、常用种类及选用

（1）砂轮的概念

砂轮是由许多磨粒加结合剂用粉末冶金的方法制成的多孔体。作为磨具的一种，一般情况下其粒度为 60～80 号粒度（磨粒尺寸的大小）。

（2）砂轮常用种类及选用

1）砂轮种类

① 碳化硅（SiC）：颜色呈绿色，常用于磨削硬质合金可焊接车刀。

② 氧化铝（Al_2O_3）：颜色呈白色，又叫白刚玉，常用于磨削高速钢车刀。

2）砂轮选用原则　刃磨可焊接硬质合金车刀选用碳化硅砂轮，刃磨时选用 60 号～80 号粒

度的软或中软碳化硅砂轮；磨削高速钢车刀时，选用 46 号～60 号粒度的软或中软氧化铝砂轮。由于砂轮粒度号数值越大，砂轮颗粒越细，所以粗磨时，选用粒度小的砂轮，精磨时选用粒度大的砂轮。

1.3.8　外圆车刀刃磨步骤

外圆车刀刃磨基本步骤如图 1-28 所示。

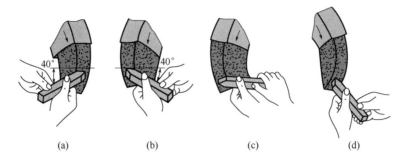

图 1-28　车刀刃磨方法

① 粗磨主后刀面（磨出后角 5°～8°），如图 1-28（a）所示。
② 粗磨副后刀面（磨出副后角 5°～8°、主偏角 90°、副偏角 20°），如图 1-28（b）所示。
③ 粗磨前刀面（暂不开槽，磨出前角 20°），如图 1-28（c）所示。
④ 精磨前刀面和主、副后刀面。
⑤ 磨出过渡刃，如图 1-28（d）所示。
⑥ 用油石加机油研磨前刀面和主、副后刀面（备刀）。
⑦ 用油石磨出修光刃（副切削刃接近刀尖处一小段平直的刃）。

1.3.9　车刀刃磨方法和注意事项

在磨刀车间按照外圆车刀刃磨步骤分组练习磨刀，刃磨时要注意刃磨方法。

（1）刃磨车刀的方法
① 操作者应站立在砂轮侧面，以防砂轮碎裂，碎片飞出伤人。
② 两手一前一后握刀并保持一定的距离，右手下部贴紧砂轮托表面，两肘夹紧腰部，以减小磨刀时的抖动。
③ 磨刀时，车刀采用"压贴法"贴紧压在砂轮的外圆上，刀尖略微上翘约 3°～8°。车刀接触砂轮后慢速沿砂轮外圆左、右水平移动，当看到沿着切削刃冒出一条火花线时，就说明后刀面和刀头部分形成了一个完整的平面。当车刀离开砂轮时，刀尖需向上抬起，以防磨好的刀刃被砂轮碰伤。
④ 修磨刀尖圆弧时，通常以左手握车刀前端为支点，用右手转动刀杆。

（2）刃磨车刀注意事项
① 刃磨车刀必须戴防护眼镜。
② 严禁戴手套磨刀，工作服袖口需扣紧。
③ 砂轮开机前先检查砂轮有无缺损、裂缝，如有应立即停止使用并更换砂轮。
④ 砂轮没有防护罩时禁止使用，一个砂轮严禁两人并用。
⑤ 刃磨时双手握刀要稳，防止用力过猛使手打滑造成工伤事故。
⑥ 磨刀时不要正对砂轮的旋转方向站立，以防意外。

⑦ 要用砂轮的外圆磨刀，不可以利用砂轮两端面（侧面）来磨刀。

⑧ 刃磨高速钢车刀时应加水及时冷却，防止"磨糊"，造成车刀性能改变（主要是硬度、强度降低）。刃磨硬质合金刀具时不可用水冷却，防止开裂。

⑨ 刃磨结束，应随手关闭电源。

1.3.10 车刀角度的检测方法

磨完车刀后需要检测车刀是否合格，有两种方法：目测法和量具测量法。

（1）目测法

目测法是常用方法，也是经验法，即利用经验观察车刀基本角度是否符合刃磨和切削要求、切削刃是否锋利以及表面是否有裂痕等缺陷。

（2）量具测量法

该法主要是采用万能角度尺和角度样板测量车刀角度。对于角度要求高的车刀，可用这种方法检查，如图 1-29 和图 1-30 所示。

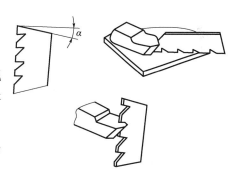

图 1-29　样板测量车刀角度

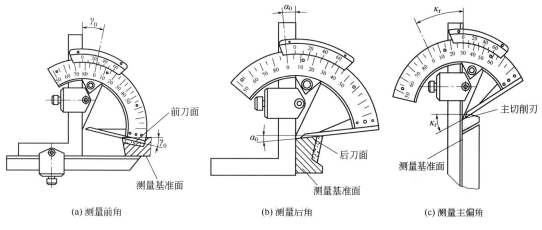

(a) 测量前角　　　　　(b) 测量后角　　　　　(c) 测量主偏角

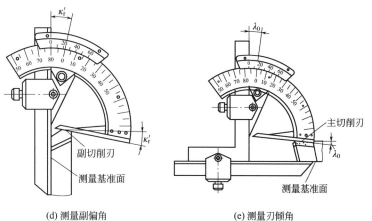

(d) 测量副偏角　　　　　(e) 测量刃倾角

图 1-30　万能角度尺测量车刀角度

1.4 基本量具的认知及应用

车削加工常用的基本量具是游标卡尺和千分尺，本节只介绍这两种量具，其他量具随着学习的推进会陆续介绍。

1.4.1 游标卡尺

（1）游标卡尺的结构及用途

游标卡尺的结构如图 1-31 所示，游标卡尺的用途如图 1-32 所示。

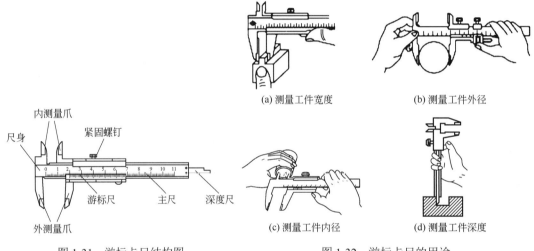

(a) 测量工件宽度   (b) 测量工件外径

(c) 测量工件内径   (d) 测量工件深度

图 1-31 游标卡尺结构图   图 1-32 游标卡尺的用途

（2）游标卡尺的刻线原理

常用的游标卡尺测量精度为 0.02mm，如图 1-33 所示。主尺每小格为 1mm，当两外测量爪合拢时，游标上的第 50 小格刚好等于主尺上的 49mm，则游标每格间距=49÷50=0.98（mm），由于主尺每格间距与游标每格间距相差 1-0.98=0.02（mm），所以 0.02mm 即为游标卡尺的测量精度。

（3）游标卡尺读数方法

先读出游标尺零线左侧的主尺刻度（整数部分），再具体看游标尺哪一条刻线与主尺刻线对齐，读出小数部分，最后将整数与小数相加。

在图 1-34 中，游标尺零线在 123mm 与 124mm 之间，游

图 1-33 游标卡尺的刻线原理

标上的 11 格刻线与主尺刻线对准。所以，被测尺寸的整数部分为 123mm，小数部分为 11×0.02mm=0.22mm，所以被测尺寸为 123+0.22=123.22（mm）。

1.4.2 外径千分尺

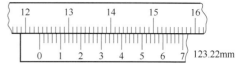

图 1-34 游标卡尺读数

（1）外径千分尺结构

外径千分尺是精密量具之一，常用于测量外圆、长度等要素，其测量精度一般为 0.01mm，通常以 25mm 为一挡，测量范围有 0～25mm，25～50mm，50～75mm，等。

外径千分尺是由尺架 1、砧座 2、测微螺杆 3、锁紧装置 4、螺纹轴套 5、固定套筒 6、微分筒 7、螺母 8、接头 9、测力装置 10 等组成，其结构如图 1-35 所示。

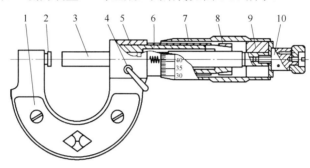

图 1-35 千分尺结构

（2）外径千分尺的工作原理

常用外径千分尺测微螺杆的螺距为 0.5mm，当微分筒旋转一周时，测微螺杆就移动 0.5mm。微分筒的圆周上刻有 50 个等分小格，微分筒转一小格时，测微螺杆移动的距离为 0.5÷50=0.01（mm），所以千分尺的测量精度为 0.01mm。

（3）外径千分尺读数方法

先读出固定套筒（每小格 1mm）整毫米数，再看微分筒哪一条刻线与固定套筒的基准线对齐，读出小数部分，同时观察微分筒左侧边缘线是否超过基准线下半格，再确定是否加上 0.5mm，最后将整数与小数相加。

如图 1-36（a）所示，在固定套筒上读出的尺寸为 8mm，微分筒上读出的尺寸为 27（格）×0.01mm=0.27（mm），以上两数相加即得被测零件的尺寸为 8.27mm；图 1-36（b）中，在固定套筒上读出的尺寸为 8.5mm，在微分筒上读出的尺寸为 27（格）×0.01mm=0.27（mm），以上两数相加即得被测零件的尺寸为 8.77mm。

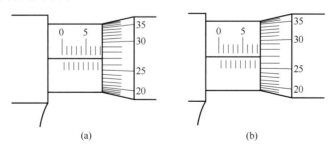

(a)   (b)

图 1-36 千分尺的读数

1.4.3 游标卡尺的使用方法

量具使用中常会存在几个问题：一是测姿不正确造成量具磨损，会影响量具本身的精度；二是测姿不正确会直接影响零件尺寸的测量精度，进而影响产品质量。

（1）校对游标卡尺零位

测量前先把卡尺擦干净，然后检查卡尺的两个测量面和测量刃口是否平直无损，最后把两个量爪紧密贴合，将游标尺和主尺的零位刻线对准。

（2）测量姿势及方法

① 当测量零件的外尺寸时，卡尺两测量面的连线应垂直于被测量表面，不能歪斜。测量时，可以轻轻摇动卡尺，放正垂直位置。具体而言，先把卡尺的活动量爪张开，使量爪能自由地卡进工件，把零件贴靠在固定量爪上，然后移动尺框，用轻微的压力使活动量爪接触零件。如卡尺带有微动装置，此时可拧紧微动装置上的固定螺钉，再转动调节螺母，使量爪接触零件并读取尺寸，如图1-37（a）所示。

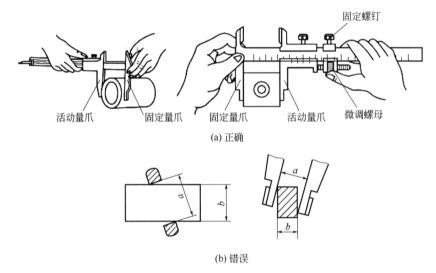

图 1-37　测量外尺寸时正确与错误的位置

② 当测量沟槽直径时，应当用量爪的平面测量刃进行测量。

③ 当测量沟槽宽度时，也要放正游标卡尺的位置，应使卡尺两测量刃的连线垂直于沟槽，不能歪斜，如图1-38所示。

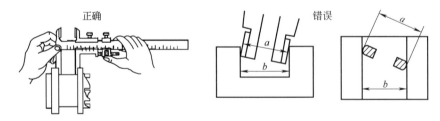

图 1-38　测量沟槽宽度时正确与错误的位置

④ 测量零件的内径尺寸时，如图1-39所示，要使量爪分开的距离小于所测内径尺寸，进入零件内孔后，再慢慢张开并轻轻接触零件内表面，用固定螺钉固定尺框后，轻轻取出卡尺来

读数。取出量爪时，用力要均匀，并使卡尺沿着孔的中心线方向滑出。卡尺两测量刃应在孔的直径上，不能偏歪。

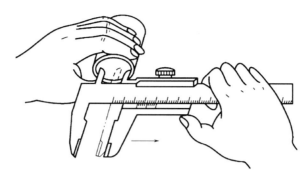

图 1-39　内孔的测量方法

⑤ 用游标卡尺测量零件时，不允许过分地施加压力，所用压力应使两个量爪刚好接触零件表面。

1.4.4　外径千分尺的使用方法

① 测量前要利用校核量杆校核零位。

② 转动测力装置时，微分筒应能自由灵活地沿着固定套筒活动，否则应检修。

③ 测量前，应把零件的被测量表面擦干净，以免脏物影响测量精度。绝对不允许测量带有研磨剂的表面，以及测量表面粗糙的零件，以免测砧面过早磨损。

④ 不允许用力旋转微分筒来增加测量压力，以免损坏千分尺的精度。应当手握测力装置的转帽来转动测微螺杆，使测砧表面保持标准的测量压力，即听到"嘎嘎"的声音，表示压力合适，并可开始读数。

⑤ 测量外径时，测微螺杆要与零件的轴线垂直，不要歪斜。测量时，手托尺架一端固定，另一只手在旋转测力装置的同时，轻轻地晃动尺架，找出工件最大直径。

⑥ 用外径千分尺测量零件时，最好在零件上进行读数，在读取百分尺上的测量数值时，要特别留心不要读错 0.5mm，可采取千分尺结合游标卡尺的方式来避免误读。

⑦ 为确保所测尺寸的正确性，可用千分尺对所测尺寸多测几次取平均值。

第 **2** 章
简单轴类零件的车削加工

本章内容主要包括一般轴类零件的装夹方法、车削方法、操作方法和测量方法。通过系统学习，初步掌握简单轴类零件的车削技术，并能够合理地选择和刃磨外圆车刀，做到加工零件质量尺寸精度达到 IT8～IT7，表面粗糙度达到 $Ra \leqslant 3.2 \sim 1.6 \mu m$。

2.1　车外圆和端面

知识目标

① 理解车削运动概念及分类。
② 掌握切削用量三要素的概念及其选择原则。

技能目标

① 掌握 45°、90°车刀的刃磨技术。
② 掌握外圆车刀、端面车刀的安装方法。
③ 掌握外圆、端面加工技术。

2.1.1　车削运动

车削工件时，必须使工件和车刀产生相对的摩擦、挤压运动才能切除多余的金属，完成零件的加工，这种相对的运动就叫作车削运动。按其作用划分，车削运动可分为主运动和进给运动两种，如图 2-1 所示。

（1）主运动

主运动是车床的主要运动，消耗车床的主要动力。车削时主运动是工件（或卡盘）的旋转运动。主运动速度最高，消耗功率最多，具有唯一性。

（2）进给运动

进给运动是使工件的多余材料不断被去除的切削运动，常分为纵向（轴向）进给运动和横向（径向）进给运动，如图 2-2 所示。

2.1.2　切削用量

切削用量是表示主运动和进给运动大小的参数，它包括切削速度 v_c、进给量 f 和背吃刀量 a_p 三要素，如图 2-3 所示。

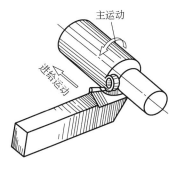

图 2-1　车削运动

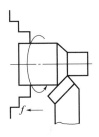

(a) 纵向进给运动

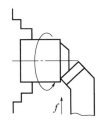

(b) 横向进给运动

图 2-2　进给运动

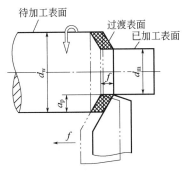

图 2-3　切削用量

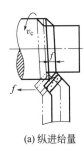

(a) 纵进给量

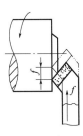

(b) 横进给量

图 2-4　进给量

（1）切削速度 v_c

切削速度是指刀具切削刃上的某一点相对于待加工表面在主运动方向上的瞬时速度，或是切削刃上的选定点相对于工件主运动的瞬时速度。其计算公式为

$$v_c = \pi d n / 1000$$

式中　v_c——切削速度，m/min；

　　　d——待加工表面直径，mm；

　　　n——工件（或主轴）转速，r/min。

（2）进给量 f（mm/r）

进给量指工件每旋转一圈，车刀沿进给方向移动的距离。

根据进给方向的不同，进给量又分为纵向进给量和横向进给量。纵向进给量是指沿床身主轴（或机床导轨）方向的进给量，横向进给量是指垂直于床身导轨方向的进给量，如图 2-4 所示。

（3）背吃刀量

背吃刀量又叫切削深度，指的是工件上已加工表面和待加工表面之间的垂直距离。其计算公式为

$$a_p = \frac{d_w - d_m}{2}$$

式中　d_w——工件待加工表面的直径，mm；

　　　d_m——工件已加工表面的直径，mm。

2.1.3 切削用量的选择原则

选择切削用量要在保证产品质量的前提下，达到以最少的劳动消耗取得最高生产率的目的，切削速度 v_c、进给量 f 和背吃刀量 a_p 需要最优组合。

① 粗加工时以尽快切除工件上的多余金属为目的。为保证刀具的寿命，应首先选用大的背吃刀量（尽量在一次进给中切除多余金属），其次选用较大的进给量，最后根据刀具的寿命要求选择一个合适的切削速度。

② 半精加工、精加工加工余量小，主要考虑保证工件的加工精度和表面质量，其次要考虑保证刀具的合理寿命和较高的劳动生产率。此时往往采用减小背吃刀量的方法来提高加工精度，采用减小进给量的方法保证工件表面粗糙度要求，但要注意最后一次切削深度不得小于 0.1mm。硬质合金车刀切削速度选择要高，$v_c>80m/min$；高速钢车刀 $v_c<5m/min$。

2.1.4 中小滑板刻度

车床分为大滑板、小滑板、中滑板，以 CA6140 为例。

（1）大滑板刻度

大滑板刻度如图 2-5 所示，大滑板的圆盘一圈有 300 个刻度线，两个刻度线之间距离为 1mm，即手柄每进一大格，车刀纵向前进 1mm。

（2）中滑板刻度

如图 2-6 所示，中滑板两个刻度线之间距离为 0.05mm，1 大格（如 20~30 之间）包含 10 个小格，为 0.5mm。也就是说，中滑板手柄每进 1 大格，车刀径向前进 0.5 mm（a_p），车完后的工件直径尺寸少了 1 mm（$2a_p$）。

图 2-5 大滑板示意图

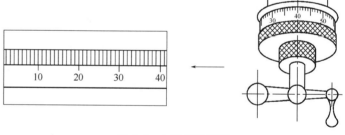

图 2-6 中滑板示意图

图 2-7 小滑板示意图

（3）小滑板刻度

小滑板刻度如图 2-7 所示，两个刻度线之间距离为 0.05mm，1 大格包含 10 个小格，为 0.5mm，一周共计 10 个大格。也就是说，小滑板每进一大格，车刀纵向前进 0.5 mm。

2.1.5 实例练习：车外圆和端面

完成图 2-8 所示的外圆和端面加工。已知该零件毛坯为 $\phi50mm\times80mm$，材料为 45 钢。

（1）图纸分析

① 表面粗糙度分析 工件表面粗糙度为 $Ra3.2\mu m$，要求

较高，精车刀需要刃磨好基本角度，同时要用油石研磨出修光刃，切削用量选择要合理。

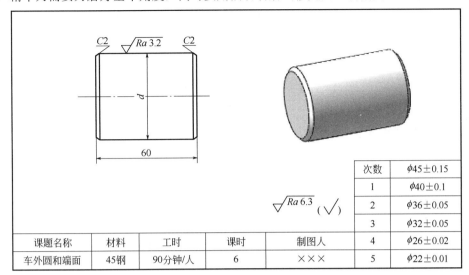

次数	$\phi 45\pm0.15$
1	$\phi 40\pm0.1$
2	$\phi 36\pm0.05$
3	$\phi 32\pm0.05$
4	$\phi 26\pm0.02$
5	$\phi 22\pm0.01$

课题名称	材料	工时	课时	制图人
车外圆和端面	45钢	90分钟/人	6	×××

图 2-8　车外圆和端面练习件

② 转速的选择　$v_c=\pi dn/1000$ 中，n 与 d 成反比，即随着待加工表面直径的减小，转速反而应该提高。在粗车时，转速选 400～500r/min 之间，在精车时转速应该选高速区（600r/min 以上）或低速区（300 r/min 以下），以避免积屑瘤的产生。

③ 进给量的选择　粗车进给量 0.15～0.20mm/r，精车进给量 0.1～0.18mm/r。

④ 切削深度的选择　外圆粗车切削深度选 1mm，精车切削深度选 0.5mm。车端面切削深度：粗车 1mm 左右，精车 0.5mm 左右。

⑤ 装夹定位　装夹定位元件为三爪卡盘，定位基准是毛坯表面，装夹长度 15mm 左右，找正方法采用三母线平行法或观察法（后论述）。

（2）加工步骤安排

① 夹毛坯，车端面。

② 粗、精加工外圆（分几次）。

③ 调头垫铜皮于已加工的外圆，粗、精车端面，控制长度尺寸 60mm（分几次）。

（3）工作任务安排

机动进给车削外圆、手动进给车削端面练习。

① 根据工件不同直径选取不同的粗、精车转速、切削深度和进给量，保证达到图纸的技术要求。

② 手动匀速进给车削端面，保证达到表面粗糙度要求，其切削深度不超过 1mm。

（4）注意事项

① 练习时，要学会用小滑板刻度配合大滑板来控制长度尺寸，当车刀到达所需尺寸前 0.5～1mm 处，关掉机动进给，改用手动小滑板来控制长度尺寸。

② 练习时，要学会选用外径千分尺、游标卡尺控制尺寸精度。

2.1.6　加工技术要点

（1）45°端面车刀的刃磨

90°外圆车刀、45°端面车刀中，90°和45°指的是车刀的主偏角。90°外圆车刀刃磨的基本步骤前面已经介绍过，这里不再赘述。45°端面车刀如图 2-9 所示，45°端面车刀主要用于加工端面、倒角，另外还能够加工外圆。车刀有两个刀尖，刀尖 1 用于车外圆，刀尖 2 用于车端面，其主偏角 κ_r 和副偏角 κ_r' 都是 45°，如图 2-10、图 2-11 所示。45°端面车刀的刃磨，需要磨出两个过渡刃，其他步骤与外圆车刀类似。

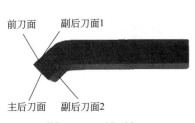

图 2-9　45°端面车刀

图 2-10　45°端面车刀刀尖

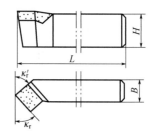

图 2-11　45°端面车刀主、副偏角

（2）90°外圆车刀的安装步骤

① 快速找到车床中心高　以车床尾座安装的后顶尖为基准，车刀放在刀架某一定位位置上，操作大滑板将刀具移动，令刀尖对准后顶尖尖头后（刀低于尖头时可在刀体下加垫片），再操作大滑板将刀具移回到某一位置，将钢直尺（300mm）垂直放在车床导轨上，令钢直尺刻线与刀尖平齐，测量车刀刀尖，观察出刀尖的尺寸读数，该读数就是刀具所需安装的中心高，此中心高适合于所有类型刀具。

② 安装 90°外圆车刀

a．车刀定位。

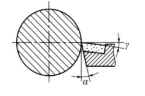

图 2-12　车刀对准中心高

方法一：将 90°车刀压在四方刀架一个位置上，刀具伸出长度是刀体厚度的 1.5 倍左右，取一把钢直尺（300mm），刀尖对准钢直尺刻度（中心高高度），注意主切削刃应垂直于车床导轨或 $\kappa_r > 90°$，如图 2-12 所示。

方法二：可以预先车出一个小顶尖，装夹在三爪卡盘上，将车刀刀尖对准顶尖尖头即可。

💡 注意：

车刀定位达不到中心高或低于顶尖尖头时要在刀体下加垫片进行调节。

b．压紧车刀。将两个紧邻压紧螺栓逐个均匀用力旋紧，注意严禁使用套管辅助上刀扳手压紧车刀刀体。

（3）对刀试切技术

若要车外圆和端面，必须练好对刀试切，其技术方法如下。

① 端面车削步骤　如图 2-13 所示，其中 a_p 一般为 1~2mm。

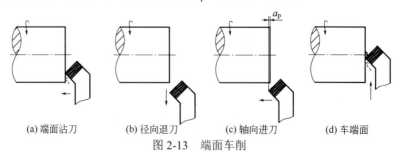

(a) 端面沾刀　　(b) 径向退刀　　(c) 轴向进刀　　(d) 车端面

图 2-13　端面车削

② 车端面控制总长步骤　在端面车平的基础上进行精车，转速提高，进给量减小。控制总长步骤如图 2-14 所示。

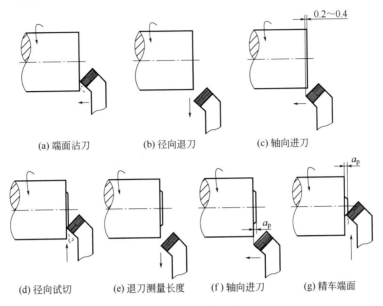

(a) 端面沾刀　　　(b) 径向退刀　　　(c) 轴向进刀

(d) 径向试切　(e) 退刀测量长度　(f) 轴向进刀　(g) 精车端面

图 2-14　车端面控制总长

③ 端面试切技术要点　刀具靠近工件端面 1mm 左右，停止，大滑板对零，锁紧刻度，大滑板快速回退，继续纵向向前移动到零位，借以消除滑板间隙。手转动小滑板手柄，将刀具跟工件端面轻轻沾刀出屑，此后工件的长度可用大滑板刻度结合小滑板刻度来控制。

④ 外圆车削步骤　如图 2-15 所示。

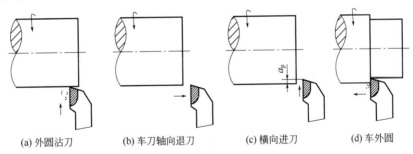

(a) 外圆沾刀　(b) 车刀轴向退刀　(c) 横向进刀　(d) 车外圆

图 2-15　车外圆对刀试切

⑤ 精车外圆对刀试切步骤　如图 2-16 所示。

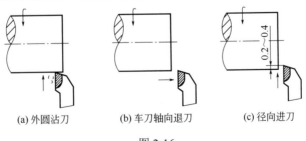

(a) 外圆沾刀　　(b) 车刀轴向退刀　　(c) 径向进刀

图 2-16

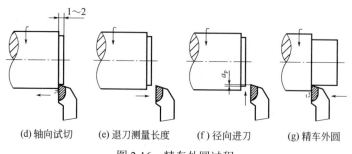

(d) 轴向试切   (e) 退刀测量长度   (f) 径向进刀   (g) 精车外圆

图 2-16   精车外圆过程

⑥ 精车外圆试切技术要点   刀具靠近工件外圆附近轻轻沾刀出屑，停止进刀，中滑板对零，锁紧刻度，大滑板纵向快速回退，停止。手转动中滑板手柄回退，再进到零位，消除滑板间隙，进刀切削深度 0.2～0.4mm，移动大滑板手柄向前 1～2mm，试切外圆，转动大滑板手柄，刀具快速回退，停车，测量试切外圆直径，若不到尺寸则继续进切削深度车削外圆。

（4）车端面进刀的几种形式

图 2-17 为车端面进刀的几种形式。

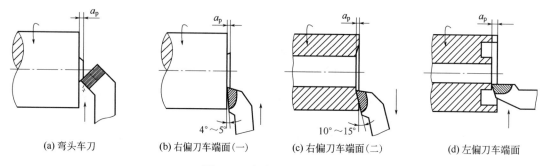

(a) 弯头车刀   (b) 右偏刀车端面（一）   (c) 右偏刀车端面（二）   (d) 左偏刀车端面

图 2-17   车端面进刀的形式

（5）圆棒料毛坯快速找正方法

圆棒料毛坯装在三爪自定心卡盘上，需要进行找正，即通过找正使毛坯轴线与主轴轴线重合，是一个定位的过程。找正好后再进行夹紧，是一个夹紧过程。

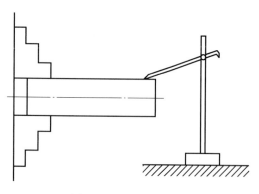

图 2-18   划针找正示意

① 观察法（最高点敲击法）   卡盘轻轻夹住毛坯，低速旋转（小于 400r/min），观察毛坯摆动最高点，用铜锤迅速敲打毛坯最高点，直至毛坯旋转平稳，停车，最后夹紧毛坯。

② 划针圆周找正法   如图 2-18 所示，卡盘轻轻夹住毛坯，手转动卡盘，观察毛坯表面与划针接触情况，铜锤轻轻敲击毛坯悬伸端，直至划针与整个圆周表面间隙相同，夹紧毛坯。

③ 三母线（侧线）平行法   将毛坯夹在卡盘上（手动稍用力），观察第一条母线是否与车床导轨平行，若不平行则用铜锤敲击至平行为止，然后手动稍用力把工件夹紧一些。旋转工件 120°，观察另一条母线是否平行于导轨，若不平行则再敲击到平行为止，手动稍用力再把工件夹紧一些。第三条母线同第二条母线。最后用套管加力夹紧工件。

2.2 车阶台轴

① 掌握阶台轴的加工工艺的制定。
② 合理选用切削用量和加工技术方法，完成零件加工。

2.2.1 零件工艺文件

（1）零件图纸

零件图纸如图 2-19 所示，毛坯尺寸 ϕ45mm×70mm，材料为 45 钢。

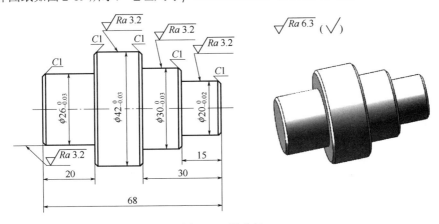

图 2-19 阶台轴

（2）加工阶台轴零件所需工、量、刃具清单（表 2-1）

表 2-1 加工阶台轴零件所需工、量、刃具清单

序号	名称	规格	数量	备注
1	游标卡尺	量程 0～150mm，精度 0.02mm	1	
2	千分尺	量程 25～50mm，精度 0.01mm	1	
3	钢直尺	0～300mm	1	
4	90°外圆车刀	κ_r=90°	2	
5	端面车刀	κ_r=45°	2	
6	其他	铜棒、毛刷、铜皮等常用工具		选用

（3）加工阶台轴零件评分标准（表 2-2）

表 2-2 评分标准

班级			姓名			学号		工时	
项目		序号		技术要求		配分		评分标准	得分
外圆部分		1		$\phi42_{-0.03}^{0}$		12		超差 0.01 扣 5 分	
		2		$\phi30_{-0.03}^{0}$		12		超差 0.01 扣 5 分	

项目	序号	技术要求	配分	评分标准	得分
外圆部分	3	$\phi26_{-0.03}^{0}$	12	超差 0.01 扣 5 分	
	4	$\phi20_{-0.02}^{0}$	12	超差 0.01 扣 5 分	
表面粗糙度	5	$\sqrt{Ra3.2}$（4 处）	16	降一级扣 2 分	
长度部分	6	68	5	超差 0.02 扣 2 分	
	7	30	5	超差 0.02 扣 2 分	
	8	15	5	超差 0.02 扣 2 分	
	9	20	5	超差 0.02 扣 2 分	
倒角	10	$C1$（5 处）	5		
其他	11	切削用量合理	5		
	12	操作规范	6		
综合得分					

2.2.2 图纸分析

（1）图纸尺寸精度分析

零件 4 个外圆尺寸公差较小，说明尺寸精度高，精车余量应控制在 1mm 之内，同时精车前一定要试切，外径千分尺测量要准确。

（2）图纸表面粗糙度分析

工件 4 个外圆表面粗糙度全部为 $Ra3.2\mu m$，要求精车刀需用油石研磨出修光刃，切削用量选择好，操作时可以试选。

（3）零件加工工艺分析

根据毛坯尺寸，工件不可能在一次装夹中全部做完，需要调头加工。零件加工工艺参考表 2-3。

表 2-3 阶梯轴零件加工工艺

工序号	工序内容	刀具	切削用量		
			吃刀深度 a_p/mm	进给速度 f/（mm/r）	主轴转速 n/（r/min）
1	夹毛坯，车端面（≤1mm）	45°刀	1	0.2	500
2	粗、精车外圆 $\phi42_{-0.03}^{0}$ mm、$\phi30_{-0.03}^{0}$ mm、$\phi20_{-0.02}^{0}$ mm	90°刀	粗车 1.5 精车≤1	粗车 0.25 精车 0.15	粗车 450 精车 1200
3	倒角 $C1$	45°刀			
4	卸件，调头垫铜皮装夹 $\phi20_{-0.02}^{0}$ mm 外圆，阶台定位车端面，控制总长 68mm	45°刀	粗车 2 精车≤1	粗车 0.30 精车 0.15	粗车 500 精车 1600
5	粗、精车外圆 $\phi26_{-0.03}^{0}$ mm	45°刀 90°刀	粗车 1.5 精车≤1	粗车 0.25 精车 0.15	粗车 450 精车 1200
6	倒角 $C1$	45°刀			

2.2.3 阶台外圆车削的方法与步骤

（1）粗车阶台外圆

① 按粗车要求调整进给量、转速，调整切削深度进行试切削（同上述外圆车削步骤）。

② 移动大滑板，使刀尖靠近工件，合上机动手柄。

③ 当刀尖距离终点 1～2mm 时停止机动进给，改为手动进给车到终点，退出车刀。然后作第二次车削，后以此类推。阶台长度和外圆各留精车余量 0.5mm、1mm。

（2）精车阶台外圆和端面

① 按精车要求调整转速和进给量。

② 试切外圆（0.2mm 左右），纵向退刀，停车测量，调整切削深度，精车距离阶台 0.5～1mm，机动进给停止，改用手动进给车至终点，此时记住中滑板刻度，然后刀尖从阶台面慢慢横向退出，将阶台面车平。

③ 检测阶台长度，用小滑板与阶台面沾刀，调整车阶台面的切削深度，由外向里精车端面至步骤②的中滑板刻度，最后刀尖从阶台面匀速横向退一点，纵向快速退出。

2.3 一夹一顶车阶台轴

2.3.1 中心孔的类型

较长的轴类工件通常采用顶尖定位，顶尖定位不仅方便，而且定位精度较高。用顶尖定位，必须先在工件端面钻出中心孔，然后用顶尖与中心孔紧密配合，顶紧工件，如图 2-20 所示。

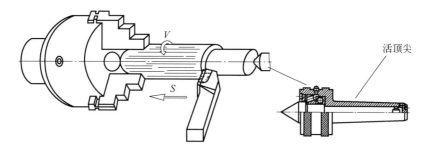

图 2-20 一夹一顶装夹方式

国家标准 GB 145—85 规定中心孔有 A 型、B 型、C 型、R 型（弧形），其中 A、B 型常用。A 型是不带护锥的中心孔，由圆柱和圆锥两部分组成，圆锥部分的圆锥角为 60°，圆柱部分为中心钻公称尺寸；B 型是带 120° 护锥的中心孔，即在 A 型中心孔的端面部分多了一个 120° 的短圆锥孔，目的是保护 60° 圆锥孔；C 型是既带螺孔又带 120° 护锥的中心孔；R 型是带有圆弧的中心孔，定位精度最高。中心孔类型及其参数如图 2-21 所示。

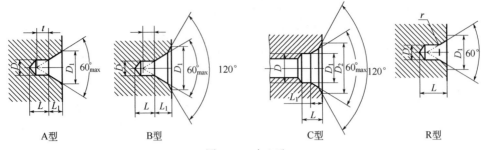

图 2-21 中心孔

2.3.2 中心钻的选择

中心孔是用与其对应的中心钻钻出的。加工直径 1～10mm 的中心孔时，通常采用不带护锥的中心钻（A 型），如图 2-22（a）所示；对于工序较长、精度要求较高的工件，为了避免 60°定心锥被损坏，一般采用带护锥的中心钻（B 型），如图 2-22（b）所示。

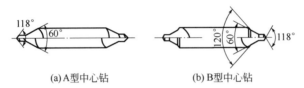

(a)A型中心钻 (b)B型中心钻

图 2-22 中心钻

2.3.3 实例练习：阶台轴零件加工

完成图 2-23 所示零件的加工。已知该零件毛坯尺寸 ϕ35mm×112mm，材料为 45 钢。

（1）零件图纸

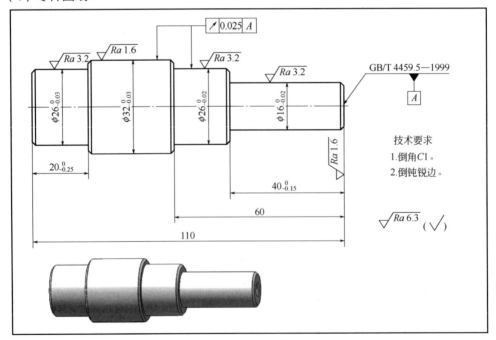

图 2-23 阶台轴零件

（2）加工阶台轴零件所需工、量、刃具清单（表2-4）

表2-4 工、量、刃具清单

序号	名称	规格	数量	备注
1	游标卡尺	0～150 0.02	1	
2	千分尺	0～25，25～50 0.01	1	
3	端面车刀	45°	自备	
4	外圆车刀	90º	自备	
5	中心钻	B2.5	1	
6	其他	铜棒、铜皮、毛刷、活顶尖等常用工具		选用

（3）加工阶台轴零件评分标准（表2-5）

表2-5 评分标准

班级		姓名		学号		
考核项目	序号	技术要求	配分	评分标准		得分
外圆部分	1	$\phi 26_{-0.03}^{0}$	16	超差0.01mm扣6分		
	2	$\phi 26_{-0.02}^{0}$	16	超差0.01mm扣6分		
	3	$\phi 32_{-0.03}^{0}$	16	超差0.01mm扣6分		
	4	$\phi 16_{-0.02}^{0}$	16	超差0.01mm扣1分		
	5	$Ra1.6$	6	达不到全扣		
	6	$Ra3.2$（3处）	6	一处达不到要求扣2分		
长度部分	7	110	4	超差0.02mm扣1分		
	8	$20_{-0.25}^{0}$	6	超差0.02mm扣1分		
	9	$40_{-0.15}^{0}$	6	超差0.02mm扣1分		
外圆跳动	10	$\boxed{\begin{array}{c|c|c} \nearrow & 0.025 & A \end{array}}$	8	超差0.01mm扣2分		
其他部分	11	未注公差尺寸		一处超过IT14，从总分中扣除1分		
	12	倒角，倒钝锐边		一处不符合要求，从总分中扣除1分		
	13	$Ra6.3$		一处达不到要求，从总分中扣除1分		
安全操作规范	14	按企业标准		违反一项规定，从总分中扣除2分		
综合得分						

（4）图纸分析

① 整体分析 阶梯轴零件尺寸公差小，尺寸精度高，表面粗糙度数值小，表面质量要求高。因此加工时要分粗、精车，合理选择切削用量，并且磨出正确的粗、精车车刀角度。零件有形位精度要求 $\boxed{\begin{array}{c|c|c} \nearrow & 0.025 & A \end{array}}$，可在一次装夹中车出外圆$\phi 32_{-0.03}^{0}$、$\phi 26_{-0.02}^{0}$、$\phi 16_{-0.02}^{0}$。根据毛坯尺寸，装夹方式采用一夹一顶（一端用卡盘夹持，另一端用活顶尖支承）的方式，定位基准为外

圆和 B 型中心孔（B2.5/8）。

② 阶梯轴零件参考工艺（表 2-6）

表 2-6　阶梯轴零件工艺

工序号	工序内容	刀具	切削用量		
			吃刀深度 a_p/mm	进给速度 f/（mm/r）	主轴转速 n/（r/min）
1	夹毛坯，车端面	45°刀	≤1	0.15	1000
2	粗车外圆 ϕ33mm×40mm	90°刀	2	0.20	600
3	调头夹 ϕ33mm 的外圆，车端面，控制总长 110mm，钻出中心孔	45°刀 B2.5/8 中心钻	≤1	0.20	600 1000
4	一夹一顶（夹外圆 ϕ33mm 处），粗、精车外圆 $\phi32_{-0.03}^{0}$ mm、$\phi26_{-0.02}^{0}$ mm、$\phi16_{-0.02}^{0}$ mm	90°刀	粗车 1.5～2 精车≤1	粗车 0.25 精车 0.10	粗车 450 精车 1300
5	倒角 C1	45°刀			
6	卸件，调头夹 $\phi16_{-0.02}^{0}$ mm 外圆（垫铜皮），粗、精车 $\phi26_{-0.03}^{0}$	90°刀	粗车 2 精车≤1	粗车 0.25 精车 0.10	粗车 450 精车 1400
7	倒角 C1	45°刀			

2.3.4　加工技术要点

（1）中心钻的安装

中心钻在使用前需要安装在钻夹头中，钻夹头及其钥匙如图 2-24 所示。安装时，先用钻夹头钥匙插入钥匙孔中，再进行逆时针旋转，这时钻夹头三爪张开，然后把中心钻装夹在三爪中且伸出长度为中心钻的三分之一左右，用钻夹头钥匙顺时针用劲旋转，直到三爪夹紧中心钻为止，最后把钻夹头装在尾座中，就可以钻中心孔。

钻夹头钥匙　钥匙孔　钻夹头　中心钻　三爪

图 2-24　钻夹头装置

（2）钻中心孔技术方法

① 车平端面　车端面必须要平整，不允许留有凸台，否则中心钻易折断。

② 装夹中心钻　将中心钻装夹在钻夹头内，套筒伸出 50mm 左右，锁紧尾座。

③ 调整主轴转速　调整主轴转速，不要为低速区，应为高速区，为 600r/min 以上，否则中心钻易折断。

④ 钻中心孔　开始时进给速度要慢，待中心钻圆柱端钻进 2～3mm 时可稍微加大进给速度，同时加注切削液并及时退屑，中途退出 2～3 次。钻完后（钻出 60°圆锥孔）应使中心钻在

中心孔中停留 2～3s，然后退出。

（3）一夹一顶工件的安装

表 2-6 中工序 4 中，装夹工件前，先预先调整好尾座位置（不能与刀架干涉），然后将钻好中心孔的工件放在卡盘与活顶尖之间，卡爪先接触好工件外圆ϕ33mm 处，注意不要夹紧。顶尖跟中心孔接触，用手转动卡盘，观察顶尖旋转即可，最后夹紧工件，复检顶尖是否旋转，不旋转则重新装夹。

（4）加工注意事项

① 采用一夹一顶方式时，卡盘装夹外圆ϕ33 处不能过长，一般 5mm 左右，防止产生过定位。

② 活顶尖与中心孔配合时，顶紧力度要足够。

③ 外圆直径不同时，选取的切削用量也不同，切削用量一定要合理；精加工车刀需要备出修光刃，用以保证符合表面粗糙度的技术要求。

第 **3** 章
简单套类零件的车削加工

本章内容主要包括一般套类零件的装夹方法、车削方法、操作方法和测量方法。通过系统学习，初步掌握简单套类零件的车削技术，并能够合理地选择和刃磨外圆车刀、内孔车刀、切断刀，做到加工零件质量尺寸精度达到 IT8～IT7，表面粗糙度达到 $Ra \leqslant (3.2 \sim 1.6) \mu m$。

3.1 车通孔

知识目标

① 了解孔加工的特点及孔加工刀具类型。
② 了解麻花钻的结构及几何角度。
③ 掌握内孔车削的关键技术。

技能目标

① 掌握麻花钻的刃磨技术。
② 掌握内孔车刀的选择和刃磨技术。
③ 熟练使用内径百分表测量内孔。
④ 独立完成通孔零件的加工。

3.1.1 孔加工特点

机械零件中，一般把轴套、衬套等零件称为套类工件。套类零件车削主要指圆柱孔的加工，与车削外圆相比要困难得多，其加工主要有以下特点。
① 孔加工在工件内部进行，观察切削情况较困难。
② 刀柄由于受孔径和孔深的限制，不能做得太粗又不能太短，因此刚度不足。
③ 排屑和冷却困难。
④ 圆柱孔的测量比较困难。

3.1.2 孔加工刀具

孔加工刀具按用途可分两大类：一类是钻头，主要用于实心材料上的钻孔，如麻花钻、中心钻及深孔钻；一类是对已有孔进行再加工的刀具，如扩孔钻、铰刀及镗刀。孔加工刀具如表 3-1 所示。

表 3-1　孔加工刀具及其用途

序号	名称	实物图	用途
1	麻花钻		常用来钻削精度低和表面粗糙的孔
2	中心钻		用来加工中心孔
3	深孔钻		常用来加工深孔（深径比在 5～10）
4	扩孔钻		用于将现有孔扩大，一般加工精度可达 IT10～IT11，表面粗糙度 $Ra3.2～Ra12.5$，通常作孔的半精加工刀具
5	锪钻		用于加工各种埋头螺钉沉头座、锥孔和凸台面等
6	镗刀		用于扩孔及孔的粗、精加工，可以修正钻孔、扩孔等工序所造成的孔轴线歪曲、偏斜等缺陷，特别适用于孔距很准确的孔系加工
7	铰刀		用于小型孔的半精加工和精加工，齿数多，导向性好，刚性好，加工余量小、工作平稳，精度达到 IT6～IT8，表面粗糙度 $Ra0.4～Ra1.6$

3.1.3　麻花钻

（1）麻花钻的组成

标准高速钢麻花钻主要由工作部分、颈部和柄部等三部分组成，如图 3-1 所示。

① 工作部分　担负切削与导向工作，由切削部分和导向部分组成。切削部分起着切削作用，导向部分在钻削过程中起着保持钻削方向、修光孔壁的作用。

② 柄部　麻花钻柄部是钻头的夹持部分，用于传递扭矩。柄部有直柄和莫氏锥柄两种。直柄直径范围是 0.3～16mm，直柄可安装在钻夹头上；锥柄与相应的莫氏锥套相配合。

③ 颈部　直径小的麻花钻没有颈部，直径较大的麻花钻有颈部，通常标有麻花钻直径值、材料牌号和商标。

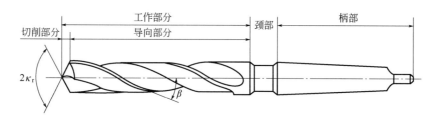

图 3-1　麻花钻组成部分

（2）麻花钻几何形状

麻花钻的几何形状主要包括主切削刃、副切削刃、前刀面、主后刀面、副后刀面、横刃等，如图 3-2 所示。

麻花钻有两条主切削刃、两条副切削刃和一条横刃，两条螺旋槽形成前刀面，主后刀面在钻头端面上。钻头外缘上两小段窄棱边形成的刃带是副后刀面，在钻孔时刃带起导向作用；为减小与孔壁的摩擦，刃带向柄部方向有减小的倒锥量，从而形成副偏角。在钻心上的切削刃叫横刃，两条主切削刃通过横刃相连接。

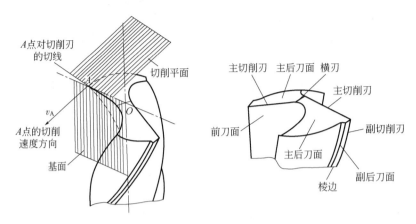

图 3-2 麻花钻几何形状

（3）麻花钻的几何角度

麻花钻的几何角度如图 3-3 所示，其顶角为 118°，横刃斜角为 55°。

① 麻花钻切削刃上角度变化规律　麻花钻切削刃上的位置不同，其螺旋角 β（螺旋线展开后所成直线与麻花钻轴线之间的夹角）、前角 γ_0、后角 α_0 也不同。螺旋角自外边缘向钻心逐渐减小；前角自外边缘向钻心逐渐减小，并且在 $d/3$ 处前角为零，再向钻心为负前角；后角自外边缘向钻心逐渐增大。

② 麻花钻顶角（$2\kappa_r$）对切削刃和加工的影响

a. 当 $2\kappa_r=118°$ 时，两主切削刃的形状为直线，适用于加工中等硬度材料。

b. 当 $2\kappa_r>118°$ 时，两主切削刃的形状为凹曲线。顶角大，则切削刃短、定心差，钻出孔容易扩大，但也造成前角增大，切削省力。

c. 当 $2\kappa_r<118°$ 时，两主切削刃的形状为凸曲线。顶角小，则切削刃长、定心准，钻出孔不容易扩大，但也造成前角减小，切削阻力大。

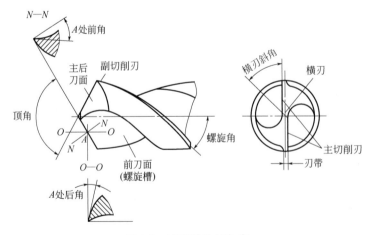

图 3-3 麻花钻几何角度

3.1.4 内孔车刀

（1）内孔车刀种类

内孔车刀又叫镗孔刀，可分为通孔车刀和盲孔车刀，如图 3-4 所示。

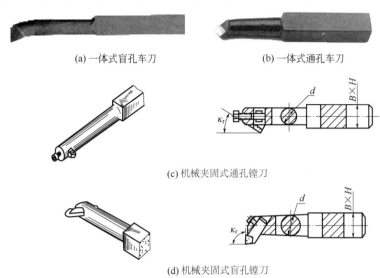

(a) 一体式盲孔车刀   (b) 一体式通孔车刀

(c) 机械夹固式通孔镗刀

(d) 机械夹固式盲孔镗刀

图 3-4　内孔车刀

（2）内孔车刀几何角度

内孔车刀几何角度如图 3-5 所示。

① 通孔车刀　$\kappa_r = 60° \sim 75°$，$\kappa_r' = 15° \sim 30°$，$\lambda_s = 6°$。

② 盲孔台阶孔车刀　$\kappa_r = 90° \sim 93°$，$\kappa_r' = 6°$，$\lambda_s = -2° \sim 0°$。

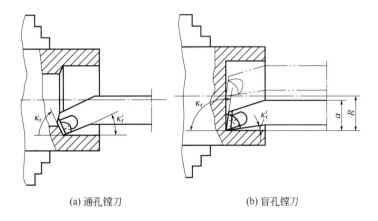

(a) 通孔镗刀   (b) 盲孔镗刀

图 3-5　通孔镗刀和盲孔镗刀

3.1.5 车内孔的关键技术

车削内孔是孔加工方法之一，既可粗加工也可以精加工，其关键技术是解决内孔车刀的刚性问题和排屑问题。车孔精度可达到 IT7～IT8，表面粗糙度达到 Ra（1.6～3.2）μm。

（1）刚性因素

为了增加车削刚性，防止产生振动，要尽量选择粗刀杆，装夹时刀杆伸出长度尽可能短，只要略大于孔深即可。

（2）排屑因素

内孔加工过程中，主要是通过控制切屑流出的方向来解决排屑问题。精车孔时要求切屑流向待加工表面，采用正刃倾角。加工盲孔时，应采用负的刃倾角，使切屑从孔口排出。

3.1.6　测量孔径的量具

测量孔径的量具主要有内侧千分尺、内径千分尺等。常用的是内径百分表、内侧千分尺。内径百分表简单实用，本节只介绍内径百分表。

（1）内径百分表的结构

内径百分表是内量杠杆式测量架和百分表的组合，用以测量或检验零件的内孔、深孔直径及其形状精度。在精加工之前（试切）常用内径百分表来测量尺寸，以此来判断与最终尺寸相差多少。

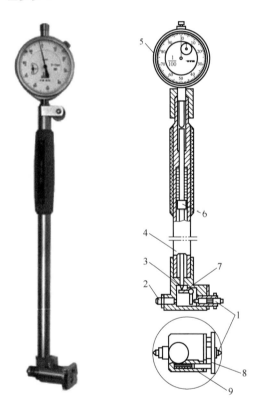

图3-6　内径百分表结构

1—活动测量头；2—可换测量头；3—三通管；
4—连杆；5—百分表；6—活动杆；
7—杠杆；8—定心护桥；9—弹簧

内径百分表测量架的内部结构如图 3-6 所示。在三通管 3 的一端装着活动测量头 1，另一端装着可换测量头 2，垂直管口一端，通过连杆 4 装有百分表 5。活动测量头 1 的移动，使传动杠杆 7 回转，通过活动杆 6，推动百分表的测量杆，使百分表指针产生回转。由于杠杆 7 的两侧触点是等距离的，当活动测头移动 1mm 时，活动杆也移动 1mm，推动百分表指针回转一圈。所以，活动测头的移动量，可以在百分表上读出来。

两触点量具在测量内径时，不容易找正孔的直径方向，定心护桥 8 和弹簧 9 就起到帮助找正直径位置的作用，使内径百分表的两个测量头正好在内孔直径的两端。活动测头的测量压力由活动杆 6 上的弹簧控制，保证测量压力一致。

对于内径百分表活动测头的移动量，小尺寸的只有 0～1mm，大尺寸的可有 0～3mm，它的测量范围是由更换或调整可换测头的长度来达到的。因此，每个内径百分表都附有成套的可换测头。国产内径百分表的读数值为 0.01mm，测量直径范围有：10～18mm；18～35mm；35～50mm；50～100mm；100～160mm；160～250mm；250～450mm。

内径百分表的指针摆动读数，刻度盘上每一格为 0.01mm，盘上刻有 100 格，即指针每转一圈为 1mm。

（2）内径百分表的使用方法

内径百分表用来测量圆柱孔，它附有成套的可调测量头，使用前必须先进行组合和校对零位。

① 组合时，将百分表装入连杆内，使小指针指在 0~1 的位置上，长针和连杆轴线重合，刻度盘上的字应垂直向下，以便于测量时观察，装好后应予紧固。

② 用内径百分表测量内径是一种比较量法，测量前应根据被测孔径的大小，在外径千分尺上调整好最终加工尺寸，锁紧尺寸，然后将内径百分表置于外径千分尺量砧中，如图 3-7 所示，可通过左、右轻轻摆动找到内径百分表大指针摆动的最大值，此时，转动内径百分表外圈表壳，大指针对好零位并锁紧，即可使用。

③ 测量时，连杆中心线应与工件中心线平行，不得歪斜，同时应在圆周上多测几个点，找出孔径的实际尺寸（孔的最小尺寸），看是否在公差范围以内，如图 3-8 所示。

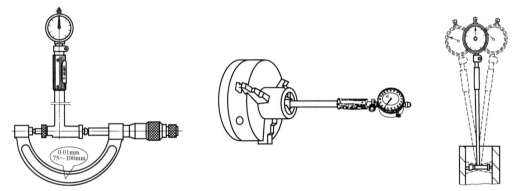

图 3-7　用外径千分尺调整尺寸　　　　　　　图 3-8　内径百分表使用方法

3.1.7　实例练习：零件内孔加工

完成图 3-9 所示零件内孔加工。已知该零件毛坯为 $\phi50mm \times 48mm$，材料为 45 钢，工、量、刃具清单见表 3-2。

（1）图纸

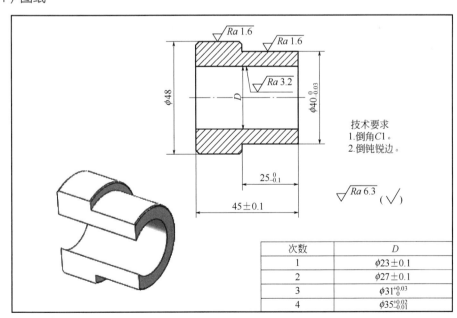

次数	D
1	$\phi23\pm0.1$
2	$\phi27\pm0.1$
3	$\phi31^{+0.03}_{0}$
4	$\phi35^{+0.02}_{-0.01}$

图 3-9　车内孔练习件

表 3-2 工、量、刃具清单

序号	名称	规格	数量	备注
1	游标卡尺	0～150 0.02	1	
2	千分尺	25～50 0.01	1	
3	内径百分表	18～35 0.01	1	
4	端面车刀	45°	自备	
5	外圆车刀	90°	自备	
6	麻花钻	$\phi20mm$	1	
7	内孔车刀		自备	
8	中心钻	B2.5mm	1	
9	其他	铜棒、铜皮、刀垫、毛刷等常用工具		选用

（2）图纸分析

① 尺寸精度分析　图纸内孔有四个尺寸需要练习加工，第一次和第二次练习公差比较大，都是 0.2mm，用游标卡尺就能控制精车尺寸。第二次和第三次公差是 0.03mm，公差较小，要用内径百分表控制精车尺寸。

② 表面粗糙度分析工件内孔表面粗糙度为 $Ra3.2\mu m$，要求较高，需要磨好精车刀的基本角度，前角要适当大些，磨出卷屑槽，后角为正值，要用油石研磨出修光刃；切削用量选择要合理，在粗车时，转速选 400～500r/min，在精车时转速应该选高速区 1200r/min 左右；粗车进给量 0.15mm/r，精车进给量 0.1mm/r；粗车切削深度 1mm，精车切削深度 0.5mm 左右。

③ 装夹定位　装夹定位元件为三爪自定心卡盘，定位基准是毛坯表面。

④ 加工步骤安排

a. 夹毛坯（15mm），车端面（<1mm），钻孔 $\phi20mm$。

b. 粗、精车外圆 $\phi40_{-0.03}^{0}$ mm×25mm。

c. 倒角 C1。

d. 调头，垫铜皮夹于 $\phi40_{-0.03}^{0}$ mm 外圆处（15～20mm），车端面控制总长 50mm。

e. 粗、精车外圆 $\phi48mm$。

f. 倒角 C1。

g. 粗、精车内孔。

h. 内孔倒角 C1。

⑤ 加工注意事项

a. 合理选择切削用量，刃磨出适合内孔的刀杆。

b. 内孔如果采用低速车削，可选取转速不超过 100r/min，同时要加充足的乳化液。

3.1.8　加工技术要点

（1）对刀技术

车内孔的对刀沾刀技术与外圆步骤类同，只是中滑板进刀、退刀方向和车外圆正好相反。

（2）精车内孔操作技术

调好精车转速，刀具伸进工件内孔，此时刀尖距端面 2～3mm，与内孔表面轻轻沾刀出屑，大滑板快速回退工件之外，停止。手转动中滑板手柄逆时针进刀，切削深度 0.1mm 左右，移动大滑板手柄向前试切内孔 2～3mm，停止，转动大滑板手柄，刀具快速回退至工件之外，停车，测量试切内孔直径，与最终尺寸比较得出差值，中滑板进切削深度差值，机动走刀车削内孔，完成精车。

（3）麻花钻的刃磨

① 麻花钻的刃磨要求　麻花钻的刃磨基本要求有三个，一是两条主切削刃要对称，二是横刃斜角为55°，三是刃磨顶角为118°。

② 砂轮的选择　刃磨麻花钻前先选砂轮，应选用白刚玉（代号WA，Al_2O_3），粒度（46～80）中软级（ZR1～ZR2）砂轮，同时要检查砂轮表面是否平整或是否有跳动，若不平整或有跳动则要用金刚石砂轮修整笔修磨砂轮，直到砂轮表面修平、修直为止。金刚石砂轮修整笔如图3-10所示。

③ 钻头刃磨基本步骤　钻头刃磨如图3-11所示。

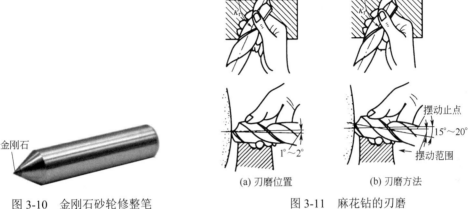

图3-10　金刚石砂轮修整笔

(a) 刃磨位置　　(b) 刃磨方法

图3-11　麻花钻的刃磨

刃磨钻头时要经常蘸水冷却钻头，防止钻头"烧糊"

a. 右手握住钻头前端，左手捏住钻柄，将主切削刃置于水平位置并平行于砂轮外圆，使砂轮外圆素线与钻头轴线成角度 κ_r，同时钻头尾端向下倾斜，见图3-11（a）。

b. 右手握住钻头头部，做定位支承并加刃磨压力。左手捏住钻柄，协助右手做缓慢上下摆动（不能过多），磨出主切削刃和主后刀面，见图3-11（b）。

c. 将钻头旋转180°，重复①、②，磨出另一条主切削刃和主后刀面。

d. 修磨横刃，横刃长度为原先的1/5～1/3。

（4）麻花钻刃磨质量对钻孔的影响

麻花钻刃磨不准确有顶角不对称、顶角对称但切削刃长度不相等、顶角不对称且切削刃长度不相等几种情况，如图3-12所示。

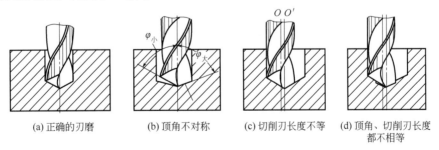

(a) 正确的刃磨　　(b) 顶角不对称　　(c) 切削刃长度不等　　(d) 顶角、切削刃长度都不相等

图3-12　麻花钻刃磨质量对钻孔的影响

① 顶角不对称　顶角不对称时，钻头只有一个切削刃工作，受力不平衡，会使孔径扩大和

倾斜。

② 切削刃长度不等　钻出孔径必定大于要求的尺寸。

③ 顶角、切削刃长度都不相等　钻出的孔不仅会扩大，还会有台阶。

（5）麻花钻刃磨的检测方法

麻花钻磨完以后要经过检验，判断是否合格。可将钻头垂直立起并与眼睛等高，双眼平视，观察两刃是否等长，钻肩是否等高，若不等长则继续修磨，再旋转180°，再观察，直到修磨到两个刃对称即可。

（6）钻孔操作

对于表面粗糙度、尺寸精度要求不高的孔，可以选择对应的钻头直接钻出；对于表面粗糙度、尺寸精度要求高或直径较大的孔，可以采用先钻孔，后扩孔，再车孔的方法或者是先钻孔，再车孔的方法，本节只介绍钻孔。

① 钻头的装夹

直柄麻花钻的装夹：类似于中心钻的装夹，可以用钥匙把直柄麻花钻装夹在钻夹头上，然后把钻夹头撞入尾座的锥孔中，如图3-13所示。

锥柄麻花钻的装夹：锥柄麻花钻可以直接装紧在相应的莫氏锥套（也叫变径套）中，如图3-14所示，然后将莫氏锥套撞入尾座的锥孔中，如图3-15所示。

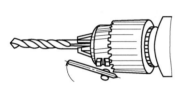
图3-13　直柄麻花钻装夹

图3-14　莫氏锥套

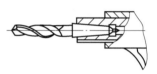
图3-15　锥柄麻花钻装夹

大直径钻头的装夹：可以将钻头直接撞入尾座锥孔中。

专用的钻孔夹具：可装夹在刀架上进行钻孔（图3-16）。

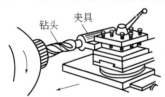
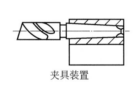
图3-16　专用的钻孔夹具

② 钻孔准备工作：

步骤一：如果是用细长钻头钻孔，应该先钻中心孔，辅助钻头定心。

步骤二：根据孔径选择钻头。

步骤三：端面车平，不留凸头。

步骤四：装夹钻头，注意尾座套筒伸出尽可能短。

步骤五：移动尾座，使钻头靠近工件端面，注意钻头不能与刀架互相干涉、尾座不能与刀架干涉，锁紧尾座。

步骤六：根据钻头直径选择主轴转速。选择原则是钻头直径大则转速低，钻头直径小则转速高，高速钢钻头钻钢件时 $v_c \leqslant 25\text{m/min}$，钻铸铁时略低。

③ 钻孔

a. 钻通孔。

步骤一：试钻削。目的是检查钻头排屑是否对称均匀，如果切屑从螺旋槽单边向外排出，说明钻头刃磨不正确，要卸下钻头重新修磨。

步骤二：钻孔。手转动尾座手轮，要匀速转动进给，如图 3-17 所示，并浇注充足的乳化液，以防钻头发热退火。钻孔到一定深度时要不断退出钻头（退屑），以防堵屑别钻头，造成钻头折断。

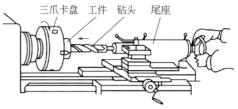

图 3-17　钻孔示意

步骤三：即将钻通时，要减慢进给速度。

步骤四：退出钻头，停车。

b．钻不通孔

步骤一：在钻头上做划线标记，钻头肩部到钻头划线的距离为孔的有效长度（或者用尾座刻度来控制孔深度也可以）。

步骤二：试钻削。与钻通孔方法相同。

步骤三：钻孔，达到所刻度标记（孔深）时，退出钻头，停车。

💬 注意：

较长钻头在刚开始钻孔时容易摆动，这时可在刀架上安装一个刀坯（车刀调头装），左手操作中滑板，用刀坯方面顶住钻头切削刃（顶力不要过大，感觉顶上即可），右手同时匀速转动尾座手轮使钻头进给，观察钻头已经开始稳定时，正式撤掉刀坯，加大进给继续钻孔。

（7）内孔车刀的刃磨

① 内孔车刀刃磨步骤

a．粗磨前刀面，刃磨出前角、刃倾角。

b．粗磨主后刀面，刃磨出后角（正值）。

c．粗磨副后刀面，刃磨出副后角（正值）。

d．刃磨出断屑槽。

e．刃磨过渡刃。

f．油石精磨主、副切削刃，备出修光刃。

② 刃磨注意事项

a．刃磨前刀面、主后刀面时，前刀面、主后刀面要与砂轮的正面相对。

b．一定要磨出双重后角，防止副后刀面与孔壁产生摩擦，如图 3-18 所示。

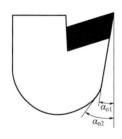

图 3-18　内孔车刀双重后角

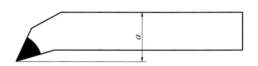

图 3-19　内孔车刀刀尖到外侧距离

c．刀杆外侧到刀尖的距离 a 要小于内孔半径 R，如图 3-19 所示。

（8）内孔车刀的安装

内孔车刀安装注意事项有以下几项。

① 安装高度问题

a. 内孔车刀刀杆较粗时，刚性好，刀尖应与工件中心等高。

b. 内孔车刀刀杆较细且伸出长度较长时，刚性较差，刀尖应稍高于工件中心（0.5mm 左右），这样保证了内孔刀在接触工件端面时，由于受到工件轴向抗力，刀尖正好下沉到工件中心，从而不会产生扎刀现象。

c. 安装车刀时刀垫不应过多，如果刀尖距离工件中心高较大，可选厚垫垫于底部。

② 伸出长度问题　刀柄伸出长度不宜过长，一般比所加工孔长 5~10mm；若过长，车削时易产生振动现象。

③ 其他问题

a. 刀具安装要正，即刀杆轴线基本平行于工件轴线，以避免车到一定深度后与工件孔壁相碰。

b. 加工盲孔或台阶孔时，内孔刀的主切削刃应与孔底平面成 3°~5°的角度。

c. 刀具安装完毕，摇动大滑板手柄，把内孔车刀在孔内试走一遍（刀尖与孔壁不接触），检查是否存在干涉情况。

3.2　车阶台孔和内外沟槽

知识目标

① 了解切断刀（切槽刀）的种类，掌握内外切槽刀的几何参数和装夹要求。
② 掌握切槽方法。

技能目标

① 掌握切断刀（切槽刀）的刃磨技术。
② 巩固内孔加工技术，熟练掌握沟槽的操作技能。
③ 掌握内测千分尺的读测。
④ 会制定阶台孔工件的加工工艺。
⑤ 在规定的时间内独立完成零件加工。

3.2.1　车槽

（1）车槽种类

在工件表面上车沟槽的方法叫切槽，槽按形状常见的有外沟槽、内沟槽和端面槽，如图 3-20 所示。

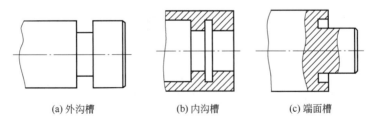

(a) 外沟槽　　　　　(b) 内沟槽　　　　　(c) 端面槽

图 3-20　常见的沟槽形状

（2）切槽刀

① 车外沟槽刀　外切槽刀有高速钢切槽刀和硬质合金切槽刀两种，高速钢切槽刀较常用，加工表面质量较好。切槽刀的几何形状和角度如图 3-21、图 3-22 所示。

a. 高速钢切槽刀。图 3-21 中，加工中碳钢材料时，切刀前角为 20°～30°；加工脆性材料（铸铁）时，前角要小些，为 0°～10°。切刀主偏角为 90°，后角 6°～8°，两个对称副偏角为对称角度，是 1°30′，两个对称副后角为 1°～1.5°。

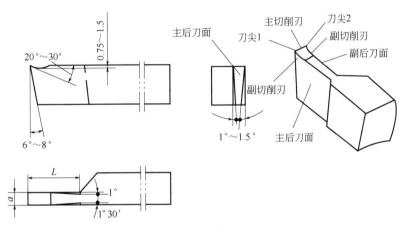

图 3-21　高速钢切槽刀基本角度

b. 硬质合金切槽刀。图 3-22 中，加工塑性材料时，切刀前角为 15°～20°；加工脆性材料（铸铁）时，前角要小些。切槽刀后角为 6°，双重后角为 8°，两个对称副偏角为 1°30′，两个对称副后角为 1°～2°。两个对称刀尖过渡刃角度为 10°～20°，刀体长度 L 一般比切深大 2～3mm。主切削刃宽度 a 不要过宽，一般 2～4mm，以防止车削振动。

② 车内沟槽刀　车内沟槽刀分为整体式内沟槽刀和机械夹固式内沟槽刀，如图 3-23（a）、图 3-23（b）所示。

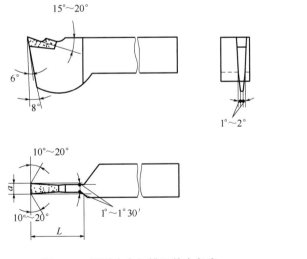

图 3-22　硬质合金切槽刀基本角度

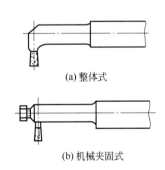

(a) 整体式

(b) 机械夹固式

图 3-23　车内沟槽刀

3.2.2 切断刀

（1）切断刀种类

切断刀主要用于工件的切断，其形状和几何角度和外切槽刀类似，也可用于切槽。它主要分为高速钢切断刀、硬质合金切断刀和弹性切断刀，如图 3-24 所示。

（2）切断刀选用

高速钢切断刀、弹性切断刀一般用于直径较小、表面质量要求高的工件的切断，采用低速切削。硬质合金切断刀一般用于切断直径较大的工件，采用较高转速（一般 500r/min 左右）切削。弹性切断刀适用于直径较小的工件，通常是将较窄的高速钢切断刀装在弹性刀杆上，如图 3-25 所示，刀杆具有弹性的特点，当进给过快时，刀头在弹性刀杆的作用下会自动产生让刀，这样就不容易出现轧刀而使车刀折断的现象。

(a) 高速钢切断刀　　(b) 硬质合金切断刀　　(c) 弹性切断刀

图 3-24　切断刀　　　　　　　　　　　　图 3-25　弹性切断刀

3.2.3 测槽常用量具

（1）内测千分尺

内测千分尺结构如图 3-26 所示，能够测量孔径、外沟槽宽度等尺寸，其特点是容易找正内孔直径，测量方便。国产内测千分尺的测量精度为 0.01mm，常用测量范围有 5～30mm 和 25～50mm 两种。在使用内测千分尺前一定要用校对环规校核好零位，其读数方法与外径千分尺相同，只是套筒上的刻线尺寸方向与外径千分尺相反，另外它的测量方向和读数方向也都与外径千分尺相反。其使用方法与游标卡尺测内径方法相同，读数原理与外径千分尺相同。

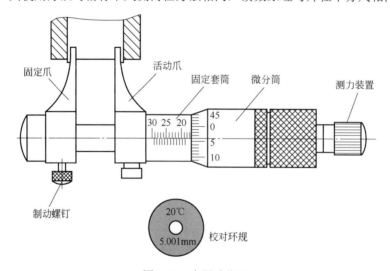

图 3-26　内测千分尺

（2）内沟槽卡尺

内沟槽直径尺寸可用内沟槽（带表）卡尺或内沟槽数显卡尺检测，内沟槽卡尺如图 3-27、图 3-28 所示，其使用方法与游标卡尺测内径方法类似。

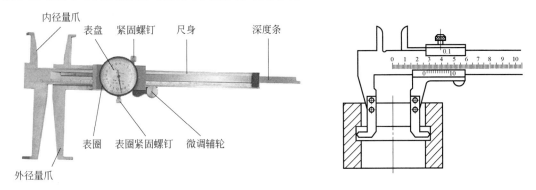

图 3-27　内沟槽带表卡尺

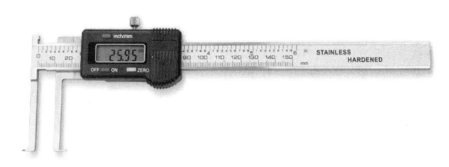

图 3-28　内沟槽数显卡尺

（3）带表卡尺

① 带表卡尺的读数　带表卡尺是在普通游标卡尺的基础上装了一个表盘装置，表盘上面每一小格为 0.02mm，如图 3-29 所示。带表卡尺可测量外径、内径、深度、阶差、外槽宽等。

读数时，先读主尺（尺身）上面的刻度值，再读表盘上面的值。当主尺上面的值为偶数时，则在表盘上读"0"右半圈的数值；当主尺上面的值为奇数时，则在表盘上读"0"左半圈的数值。例如图 3-30 读数为 4.66mm，图 3-31 读数为 5.94mm。

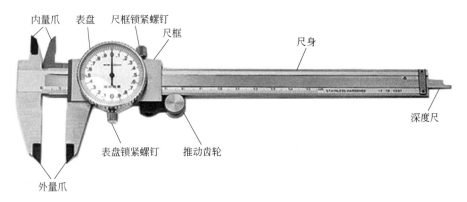

图 3-29　带表游标卡尺

图 3-30　读数 1　　　　　　　　　　　　　　　　图 3-31　读数 2

② 带表卡尺使用注意事项　带表卡尺使用方法是否正确，直接影响精度，使用时应遵守下列要求：

a. 使用前应将游标卡尺擦干净，然后拉动尺框，沿尺身滑动应灵活、平稳，不得有时紧时松或卡住现象。用紧固螺钉固定尺框时读数不应发生变化。

b. 检查零位。轻轻推动尺框，使两测量爪的测量面合拢，检查两测量面接触情况，不得有明显漏光现象，并且表盘指针指向"0"，同时，检查尺身与尺框是否在零刻度线对齐。

c. 测量时，用手慢慢推动和拉动尺框，使量爪与被测零件表面轻轻接触，然后轻轻晃动游标卡尺，使其接触良好。不得用力过大，以免影响测量精度。

3.2.4　实例练习：阶台孔、沟槽复合件的加工

完成图 3-32 所示零件的加工。已知该零件毛坯为 ϕ50mm×63mm，材料为 45 钢，工、量、刃具清单如表 3-3 所示。评分标准如表 3-4 所示。

（1）图纸

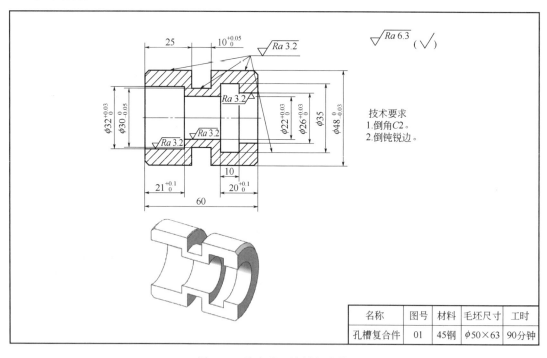

图 3-32　阶台孔、沟槽复合件

表 3-3 工、量、刃具清单

序号	名称	规格	数量	备注
1	游标卡尺	0～150 0.02	1	
2	外径千分尺	25～50 0.01	1	
3	内测千分尺	5～30 0.01	1	
4	内径百分表	18～35 0.01	1	
5	深度游标卡尺	0～150 0.02	1	
6	端面车刀	45°	自备	
7	外圆车刀	90°	自备	
8	麻花钻	$\phi 20$mm	1	
9	内孔车刀		自备	
10	切槽刀（可焊接）	4mm	自备	
11	内切槽刀（可焊接）	4mm	自备	
12	其他	铜棒、铜皮、刀垫、毛刷等常用工具		选用

表 3-4 评分标准

班级		姓名		学号		
考核项目	序号	技术要求	配分	评分标准		得分
主要项目	1	$\phi 48_{-0.02}^{0}$mm	12	超差 0.01mm 扣 6 分		
	2	$\phi 35$mm	10	超差 0.01mm 扣 6 分		
	3	$\phi 26_{0}^{+0.03}$mm	12	超差 0.01mm 扣 6 分		
	4	$\phi 22_{0}^{+0.03}$mm	12	超差 0.01mm 扣 1 分		
	5	$\phi 32_{0}^{+0.03}$mm	12	超差 0.01mm 扣 1 分		
	6	$Ra3.2\mu$m（7 处）	14	一处达不到要求扣 3 分		
一般项目	7	$20_{0}^{+0.1}$mm	8	超差 0.02mm 扣 1 分		
	8	$21_{0}^{+0.1}$mm	8	超差 0.02mm 扣 1 分		
	9	$10_{0}^{+0.05}$mm	12	超差 0.02mm 扣 1 分		
其他项目	10	未注公差尺寸		一处超过 IT14，从总分中扣除 1 分		
	11	倒角，倒钝锐边		一处不符合要求，从总分中扣除 1 分		
	12	$Ra6.3\mu$m		一处达不到要求，从总分中扣除 1 分		
安全操作规范	13	按企业标准		违反一项规定，从总分中扣除 2 分		
综合得分						

（2）图纸分析

① 整体分析　该零件加工是一个综合件加工，包含着外圆加工、内孔加工以及内外沟槽加

工。尺寸精度、表面粗糙度要求较高。外槽直径和长度尺寸公差小，加工起来难度较大，为了达到技术要求，工序要分为粗、精车两个阶段，粗车转速 450r/min，双边留 0.6mm 精车余量，精车转速 800r/min，轴向进给量 0.1r/min。槽测量要精确，外槽刀对刀尺寸定位要准确。内槽尺寸为自由公差，槽宽较宽，要注意粗、精车进刀方向及方法。零件没有形位公差要求，按照毛坯尺寸，调头加工即可。

② 工艺路线

a. 夹毛坯（夹 20mm 长），车平端面，钻通孔 20mm。

b. 粗、精车外圆 $\phi 48_{-0.03}^{0}$ mm×35mm，倒角 C2。

c. 粗、精车内孔 $\phi 22_{0}^{+0.03}$ mm×61mm，$\phi 32_{0}^{+0.03}$ mm×21$_{0}^{+0.1}$ mm，倒钝锐边。

d. 切外槽 $\phi 30_{-0.05}^{0}$ mm。

e. 卸工件，调头，垫铜皮于已加工外圆 $\phi 48_{-0.03}^{0}$ mm 处，车端面，控制总长 60mm。

f. 粗、精车外圆 $\phi 48_{-0.03}^{0}$ mm，倒角 C2。

g. 粗、精车内孔 $\phi 26_{0}^{+0.03}$ mm×20$_{0}^{+0.1}$ mm，倒钝锐边。

h. 粗、精车内槽 $\phi 35$ mm×10mm。

3.2.5 加工技术要点

（1）外切槽刀（切刀）的刃磨方法和步骤

① 刀具前刀面向上，粗磨左侧副后刀面，刃磨出左侧副后角 $\alpha_{oL}' = 1°\sim2°$ 和副偏角 $\kappa_r' = 1°\sim1.5°$，如图 3-33（a）所示。

② 刀具前刀面向上，粗磨右侧副后刀面，刃磨出右侧副后角 $\alpha_{oR}' = 1°\sim2°$ 和副偏角 $\kappa_r' = 1°\sim1.5°$，如图 3-33（b）所示，不断观察左、右副后角是否对称相等。

③ 主后刀面对好砂轮正面，粗磨主后刀面，刃磨出后角 $\alpha_o = 6°\sim8°$，如图 3-33（c）所示。

④ 前刀面对准砂轮正面，粗磨前刀面，刃磨出前角 $\gamma_o = 15°\sim20°$，如图 3-33（d）所示。

⑤ 刃磨出卷屑槽。

⑥ 磨出刀尖处过渡刃。

⑦ 用油石研磨车刀。

（2）内切槽刀的刃磨方法和步骤

内切槽刀的刃磨方法和步骤与外切槽刀类同，这里不再赘述。

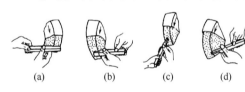

| (a) | (b) | (c) | (d) |

图 3-33　切槽刀刃磨

（3）切槽（切断）刀的安装方法

切槽刀安装要符合两个要求：

① 刀具安装高度与工件中心等高。

② 刀具安装必须要正，否则车出的槽底不直。安装时，安装基准可为车床导轨，即观察主切削刃与车床导轨是否平行，若不平行则调整为平行。

（4）沟槽的车削操作方法

① 外沟槽车削方法

a. 确定外沟槽的入刀位置。如果槽在轴肩（阶台）处，则刀具在阶台端面沾刀后直接入刀即可。非轴肩沟槽的定位方法：一种是用钢直尺测量车槽刀的大概位置，试切下刀后再去测量相关尺寸，再调整进刀；另一种方法是利用床鞍或小滑板的刻度盘控制车槽的入刀位置。例如，工艺路线步骤 d 中，切刀与工件右端面轻轻沾刀后，沿径向退出，向左侧移动 34mm，再径向进刀，如图 3-34 所示。

b．粗车外沟槽。槽两侧各留 0.5～1mm 的精车余量，槽直径留 0.6mm 左右的精车余量。零件槽深单边 9mm，粗车采用分层径向（横向）直进（如果槽浅则采用径向直进），最后一刀在槽底轴向进给一次，将槽底车平整。粗车槽宽采用床鞍和小滑板的刻度结合来控制。

c．精车外沟槽。精车沟槽时应先保证槽宽尺寸，再保证槽径尺寸。设定好精车转速和进给量，在槽右侧面径向试切 0.1mm，记下中滑板刻度值，槽底轴向向左进给，径向退刀，停车，用带表卡尺测量槽径。精车槽左侧面，保证长度 25mm，径向进刀到先前记下的中滑板刻度值，然后将槽右侧面精车（保证槽宽 $10^{+0.05}_{0}$mm），再径向进切削深度（比较尺寸差值），轴向左向进给精车槽底，径向轻微退刀，轴向轻微退刀，最后径向退刀（以防止破坏槽侧面和槽外圆表面粗糙度）。

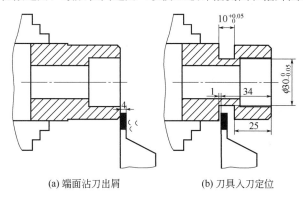

(a) 端面沾刀出屑   (b) 刀具入刀定位

图 3-34　切槽刀定位

② 内沟槽车削方法　窄内沟槽可以用等宽的切削刃一次车出，宽内沟槽可分几刀车出。如果内沟槽很浅，宽度又很宽，可以采用纵向进给的方法。轴向位置尺寸用床鞍和小滑板配合控制，槽深用中滑板控制。

本例题中车内沟槽时，内沟槽刀对刀基准是右侧面，采用左刀尖与端面沾刀，如图 3-35 所示，利用床鞍和小滑板的刻度盘结合控制车槽的入刀位置。内槽径是自由公差，加工精度不高，单边切削深度 4.5mm，可采用径向直进，再轴向进给车槽底的方法。槽宽 10mm，利用小滑板控制比较简便。

（5）沟槽的检测方法

① 外沟槽的检验

a．目测项。主要检查外沟槽槽底与轴线是否平行、外沟槽表面粗糙度、外沟槽是否清根等。

b．尺寸检测项。槽宽尺寸精度低则常用游标卡尺测量，精度高则常用内测千分尺、带表游标卡尺测量。槽径精度较低的可用带表卡尺、游标卡尺等量具检测，精度高的常用外径千分尺、带表外卡规等量具检测，如图 3-36 所示。

② 内沟槽的检验

a．目测项。主要检查内沟槽槽底与轴线是否平行、内沟槽表面粗糙度、内沟槽是否清根等。

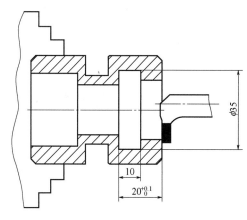

图 3-35　内沟槽刀对刀

b．尺寸检测项。内沟槽槽宽轴向尺寸可用样板、游标卡尺测量，如图 3-37、图 3-38 所示。内槽轴向尺寸可用钩形深度卡尺检测，如图 3-39 所示。内沟槽直径可用内沟槽（带表）卡尺、内沟槽数显卡尺、带表内卡规等量具检测，如图 3-40 所示。内阶梯孔或内槽长度尺寸用深度卡尺检测，如图 3-41 所示。

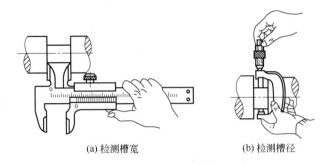

(a) 检测槽宽   (b) 检测槽径

图 3-36　外沟槽测量的基本方法

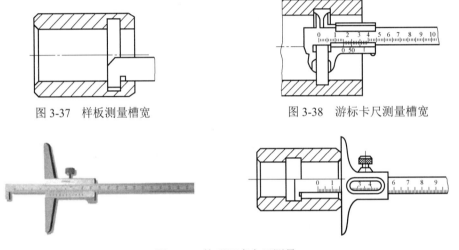

图 3-37　样板测量槽宽   图 3-38　游标卡尺测量槽宽

图 3-39　钩形深度卡尺测量

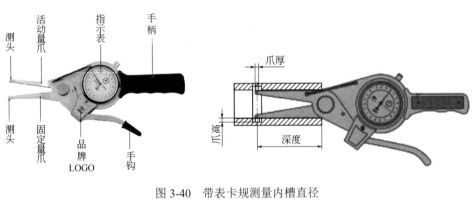

图 3-40　带表卡规测量内槽直径

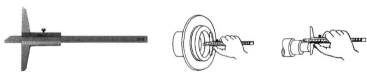

图 3-41　深度游标卡尺测量

（6）加工注意事项

① 中滑板刻度已到槽深尺寸时，要停留几秒，可使槽底经主切削刃修正后，表面粗糙度值减小。

② 径向退刀时，要确认内槽刀在孔中已经完全退出才能纵向退刀，否则横向退刀不足，刀刃会碰坏已加工槽，但也不能退刀超量，否则刀杆与孔壁会碰撞干涉。

③ 加工槽时要加注切削液进行充分冷却。

第**4**章

圆锥类零件的车削加工

　　本章内容主要包括圆锥相关基础知识和圆锥类零件加工的装夹方法、车削方法。通过转动小滑板车圆锥的基本操作练习，初步掌握内、外锥零件的车削技术，并且能根据圆锥的形状和尺寸大小确定加工工艺，正确调整机床，达到合格锥度比，使内、外锥面配合接触面积达到 60% 以上。

4.1　车圆锥体

知识目标

①　掌握圆锥的基本参数及其相关计算。
②　掌握转动小滑板法车圆锥的方法和角度的计算。
③　了解标准工具圆锥知识。
④　了解偏移尾座法车圆锥及尾座偏移量 S 的计算。

知识目标

①　掌握转动小滑板法车圆锥的技术方法。
②　会应用万能角度尺正确检验圆锥锥度并进行圆锥半角调整。
③　掌握外圆锥零件的粗、精车技术。
④　独立完成练习零件的加工。

4.1.1　圆锥的定义及用途

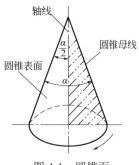

图 4-1　圆锥面

（1）圆锥定义
　　圆锥表面是由与轴线成一定角度且一端交于轴线的一条直线段，绕该轴线旋转一周所形成的表面。由圆锥表面和一定轴向尺寸、径向尺寸所限定的几何体，称为圆锥，如图 4-1 所示。圆锥分为外圆锥和内圆锥两种，如图 4-2 所示。
（2）圆锥用途
　　在机床和工具中，常遇到使用圆锥面配合的情况。例如：车床主轴锥孔与前顶尖锥柄的配合及车床尾座锥孔与麻花钻锥柄的配合等，如图 4-3 所示。

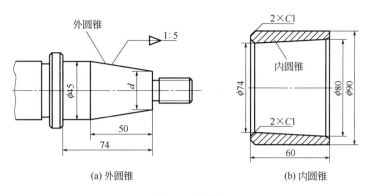

(a) 外圆锥   (b) 内圆锥

图 4-2 圆锥

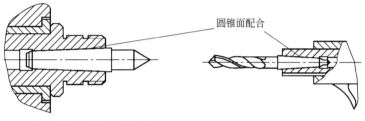

(a) 车床主轴锥孔与前顶尖锥柄配合   (b) 车床尾座锥孔与麻花钻锥柄配合

图 4-3 圆锥配合

4.1.2 圆锥的基本参数

圆锥的基本参数如图 4-4 所示。

① 最大圆锥直径 D，简称大端直径。

② 最小圆锥直径 d，简称小端直径。

③ 圆锥长度 L，最大圆锥直径与最小圆锥直径之间的轴向距离。

④ 锥度 C，圆锥的最大圆锥直径和最小圆锥直径之差与圆锥长度之比。计算公式为

$$C = (D-d)/L$$

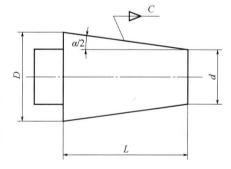

图 4-4 圆锥的基本参数

锥度一般用比例或分数形式表示，如 1：7 或 1/7。

⑤ 圆锥半角 $\alpha/2$，圆锥角 α 是在通过圆锥轴线的截面内两条素线（母线）之间的夹角。圆锥角的一半即圆锥半角 $\alpha/2$，其计算公式为

$$\tan\frac{\alpha}{2} = \frac{D-d}{2L} = \frac{C}{2}$$

当圆锥半角小于 6°时，可用近似公式计算：$\dfrac{\alpha}{2} \approx 28.7° \times C$。

注意：

锥度确定后，圆锥半角可以由锥度直接计算出来，因此，圆锥半角与锥度属于同一参数，但不能同时标注。

4.1.3 标准工具圆锥

为了制造和使用方便，降低生产成本，机床、工具和刀具上的圆锥多已标准化，使用时只要号码相同，就能互换。

常用标准工具圆锥有莫氏圆锥和米制圆锥。

（1）莫氏（Morse）圆锥

莫氏圆锥是机械行业中应用最广泛的一种标准工具圆锥，如车床主轴锥孔、顶尖、钻柄等都属于莫氏圆锥。莫氏圆锥分为0、1、2、3、4、5和6号七种，最小的是0号，最大的是6号，如表4-1所示。

表4-1　莫氏圆锥种类

号数	锥度	圆锥角
0	1：19.212≈0.05205	2°58′54″
1	1：20.047≈0.04988	2°51′26″
2	1：20.020≈0.04995	2°51′41″
3	1：19.922≈0.050196	2°52′32″
4	1：19.254≈0.051938	2°58′31″
5	1：19.002≈0.0526265	3°0′53″
6	1：19.180≈0.052138	2°59′12″

（2）米制圆锥

米制圆锥共7个号码：4号，6号，80号，100号，120号，160号，200号。号码代表最大圆锥直径，其锥度固定不变，规定为C=1：20。

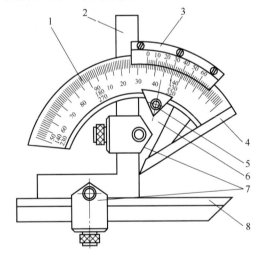

图4-5　万能角度尺结构

1—尺身；2—角尺；3—游标；4—基尺；
5—制动器；6，7—卡块；8—直尺

4.1.4 万能角度尺结构及其应用

（1）万能角度尺结构

外锥的检验常用万能角度尺进行检测，如图4-5所示。

万能角度尺示值一般分为2′和5′，2′较为常用。万能角度尺尺身刻度线每格1°。由于游标上刻有30格，所占的总角度为29°，因此，两者每格刻线的度数差是$1°-\dfrac{29°}{30}=\dfrac{1°}{30}=2′$，即万能角度尺的精度为2′。

（2）万能角度尺测读

① 万能角度尺的读数方法　先读出游标零线前的角度是几度，再从游标上读出角度"分"的数值，两者相加就是被测零件的角度数值。

② 万能角度尺的应用　可以测量0°～320°的任何角度，如表4-2所示。

表 4-2　万能角度尺测量

测量方法	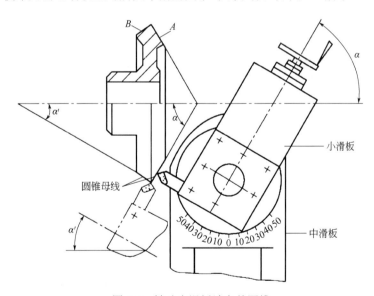 略图			
角度	0°～50°	50°～140°	140°～230°	230°～320°
结构变化	将被测工件放在基尺和直尺的测量面之间	卸下 90°角尺，用直尺代替	卸下直尺，装上 90°角尺	卸下 90°角尺、直尺和卡块，由基尺和尺身上的扇形板组成测量面

注：1. 角尺和直尺全装上时，可测量 0°～50°的外角度；仅装上直尺时，可测量 50°～140°的角度；仅装上角尺时，可测量 140°～230°的角度；把角尺和直尺全拆下时，可测量 230°～320°的角度。

2. 万能角度尺的尺身上，基本角度的刻线只有 0°～90°，如果测量的零件角度大于 90°，则在读数时，应加上一个基数（90°；180°；270°）。当零件角度为 90°～180°时，被测角度=90°+量角尺读数；当零件角度为 180°～270°时，被测角度=180°+量角尺读数；当零件角度为 270°～320°时，被测角度=270°+量角尺读数。

3. 用万能角度尺测量回转类工件角度时，应使基尺与工件端面重合，直尺与零件母线方向一致，对光检查其缝隙的大小，且工件应与量角尺的两个测量面的全长接触良好，以免产生测量误差。

4.1.5　转动小滑板车削圆锥

（1）概念

转动小滑板法车圆锥是把小滑板工件的圆锥半角 $\alpha/2$ 转动一个相应的角度，采取用小滑板进给的方式，使车刀的运动轨迹与所要车削的圆锥母线平行，如图 4-6 所示。

图 4-6　转动小滑板法车外圆锥

（2）小滑板的转动方向

车外锥工件时，若大端直径在左，小端直径在右，则小滑板逆时针方向转动$\alpha/2$（圆锥半角），如图 4-6 中 A 面（正锥）；反之，则顺时针方向转动$\alpha'/2$（圆锥半角），如图 4-6 中 B 面（倒锥）。

（3）转动小滑板车圆锥的特点

转动小滑板车圆锥适用于加工圆锥半角较大且锥面不长的工件，可车削各种角度的内、外圆锥，适用范围广。该操作方法简便，能保证一定的车削精度，但由于只能用手动进给，所以操作劳动强度较大，表面粗糙度较难控制，同时车削锥面的长度受小滑板行程限制。

4.1.6 偏移尾座法

（1）偏移尾座的基本原理

采用偏移尾座法车外圆锥面，必须将工件用两顶尖装夹，把尾座向里（车正外圆锥面）或向外（车倒外圆锥面）横向移动一段距离 S 后，使工件回转轴线与车床主轴轴线相交，并使其夹角等于工件圆锥半角$\alpha/2$，如图 4-7 所示。由于床鞍是沿平行于主轴轴线的进给方向移动的，工件就车成了一个圆锥体。

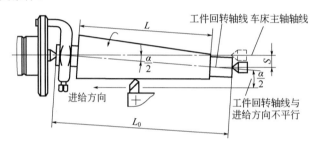

图 4-7　偏移尾座法车外锥

（2）尾座偏移量 S 的计算

尾座偏移量不仅与圆锥长度 L 有关，还与两顶尖之间的距离有关（两顶尖之间的距离一般可近似看作工件全长L_0）。尾座偏移量的近似公式：

$$S = L_0 \times \frac{D-d}{2L} \text{ 或 } S = \frac{C}{2}L_0$$

式中　S——尾座偏移量，mm；
　　　D——最大圆锥直径，mm；
　　　d——最小圆锥直径，mm；
　　　L——圆锥长度，mm；
　　　L_0——工件全长，mm；
　　　C——锥度。

（3）偏移尾座法车圆锥的特点

① 偏移尾座法车圆锥适合于加工锥度小、精度不高、锥体较长的外圆锥工件。

② 偏移尾座法车圆锥可用纵向机动进给，使表面粗糙度 Ra 值减小，圆锥的表面质量较好。

③ 由于顶尖在中心孔中是歪斜的，所以存在顶尖和中心孔磨损不均匀、接触不良现象。可以采取的措施为用球头顶尖或 R 型中心孔，如图 4-8、图 4-9 所示。

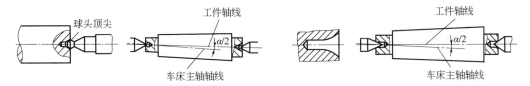

图 4-8　球头顶尖偏移尾座车圆锥　　　　　图 4-9　R 型中心孔与 60°顶尖接触方式

4.1.7　实例练习：圆锥复合件的加工

完成图 4-10 所示零件的加工。已知该零件毛坯为ϕ50mm×68mm，材料为 45 钢，工、量、刃具清单以及评分标准见表 4-3、表 4-4。

（1）图纸

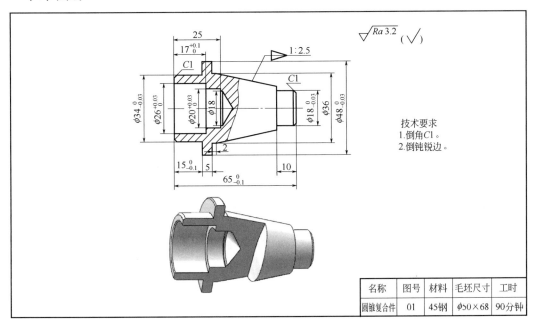

图 4-10　圆锥复合件

表 4-3　工、量、刃具清单

序号	名称	规格	数量	备注
1	游标卡尺	0～150　0.02	1	
2	外径千分尺	25～50　0.01	1	
3	万能角度尺	0°～320°	1	
4	内径百分表	18～35　0.01	1	
5	深度游标卡尺	0～150　0.02	1	
6	端面车刀	45°	自备	
7	外圆车刀	90°	自备	
8	麻花钻	ϕ18mm	1	
9	内孔车刀		自备	
10	其他	铜棒、铜皮、刀垫、毛刷等常用工具		选用

表 4-4 评分标准

班级		姓名		学号		工时	90min
考核项目	序号	技术要求	配分		评分标准		得分
主要项目	1	$\phi 48_{-0.03}^{0}$ mm	8		超差 0.01mm 扣 6 分		
	2	$\phi 18_{-0.03}^{0}$ mm	8		超差 0.01mm 扣 6 分		
	3	$\phi 34_{-0.03}^{0}$ mm	8		超差 0.01mm 扣 6 分		
	4	$\phi 26_{0}^{+0.03}$ mm	10		超差 0.01mm 扣 6 分		
	5	$\phi 20_{0}^{+0.03}$ mm	10		超差 0.01mm 扣 6 分		
	6	$\phi 36$mm	6		超差全扣		
	7	锥度 1:2.5	10		超差 2′ 扣 2 分		
	8	$Ra3.2\mu m$（8 处）	16		一处达不到要求扣 3 分		
一般项目	9	$17_{0}^{+0.1}$ mm	6		超差 0.02mm 扣 1 分		
	10	$15_{-0.1}^{0}$ mm	6		超差 0.02mm 扣 1 分		
	11	$65_{-0.1}^{0}$ mm	6		超差 0.02mm 扣 1 分		
	12	10	4		超差全扣		
其他项目	13	未注公差尺寸			一处超过 IT14 全扣		
	14	倒角，倒钝锐边	2		一处不符合要求，从总分中扣除 1 分		
安全操作规范	15	按企业标准			违反一项规定，从总分中扣除 2 分		
	综合得分						

（2）图纸分析

① 整体分析 该零件包含着外圆加工、内孔加工以及圆锥加工。尺寸精度、表面粗糙度要求较高。圆锥加工是新学项目，加工时要注意粗、精车进刀方法，以确保圆锥锥度、大小端直径和表面粗糙度达到要求。根据图纸技术要求，工序要分为粗、精车两个阶段，用三爪自定心卡盘定位，外圆为定位基准，加工锥度时，采用调头加工，阶台定位。

锥度车削难以保障表面粗糙度达标，车削时，要备好车刀，用手摇动小滑板时手要匀进，转速采用高速1300r/min。

② 圆锥半角计算 图纸中，圆锥长度较短，采用转动小滑板车圆锥法，小滑板逆时针转动圆锥半角 $\alpha/2$，如图 4-11 所示。圆锥半角 $\tan\dfrac{\alpha}{2}=\dfrac{C}{2}=0.2$，经查三角函数表，$\dfrac{\alpha}{2}=11.3°$。

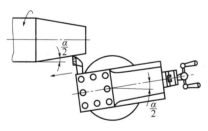

图 4-11 小滑板逆时针旋转

③ 参考工艺路线

a. 夹毛坯，车平端面，钻孔 $\phi 18$mm×35mm。

b. 粗、精车外圆 $\phi 48_{-0.03}^{0}$ mm×25mm、$\phi 48_{-0.03}^{0}$ mm×$15_{-0.1}^{0}$ mm，倒角 C1。

c. 粗、精车内孔 $\phi 20_{0}^{+0.03}$ mm、$\phi 26_{0}^{+0.03}$ mm×$17_{0}^{+0.1}$ mm，倒钝锐边。

d. 卸工件，调头，垫铜皮于已加工外圆 $\phi 34_{-0.03}^{0}$ mm 处，阶台定位。

e. 车端面，控制总长 $65_{-0.1}^{0}$ mm。

f. 粗、精车外圆ϕ36mm，锥度 1：2.5。

g. 粗、精车外圆 $\phi18_{-0.03}^{0}$ mm，倒角 C1。

4.1.8 加工技术要点

（1）圆锥半角的调整

由于小滑板刻度都是整数，小滑板逆时针转过 11.3°（11°18′）是操作者大概的旋转值，在后续操作中要进行角度调整。也就是说，当粗车圆锥长度超过一半时，用万能角度尺开始检测圆锥锥度。这时将万能角度尺的直尺装在卡块中，如图 4-12 所示，调整好角度 11°18′，然后将基尺贴平工件端面，观察直尺与母线的缝隙。如果圆锥母线大端直径有缝隙，这时应将小滑板角度调大一些（逆时针旋转），再试切。如果圆锥母线小端直径有缝隙，应将小滑板角度调小一些（顺时针旋转），再试切，直到直尺和母线贴平无缝隙位置为止。

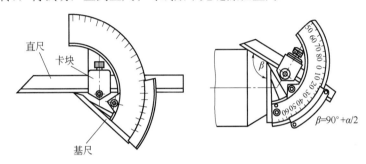

图 4-12　万能角度尺调整测量

（2）外锥精车方法

方法一：

① 粗车最后一刀至不出屑为止（精车前直径预留 0.3～0.8mm 余量）。

② 记住中滑板刻度，中滑板退刀，将大滑板向前移到所要求的外锥长度尺寸（刀尖对准工件外锥长度刻线），小滑板向后摇退至离端面 5mm 左右，将中滑板向前摇到中滑板粗车最后一刀的刻度，向前匀速摇动小滑板直至无屑，完成精车。

方法二：

① 粗车最后一刀至不出屑为止（精车前直径预留 0.3～0.8mm 余量）。

② 停车，用钢直尺测量 L，如图 4-13 所示，根据长度公式 $C=\dfrac{D-d}{L}$ 计算出中滑板应进的刻度（双边吃刀深度 D-d），将车刀移到圆锥端面边缘处的外圆，轻轻沾刀后，中滑板摇进所计算的双边吃刀深度，匀速向前摇动小滑板直至无屑，中滑板退刀，完成精车。

（3）加工注意事项

① 车外锥时，外圆车刀一定要对准中心高，否则车出的锥度母线为双曲线，如图 4-14 所示。

② 端面一定要车平整，否则不能用万能角度尺的基尺通过中心贴平端面来检查锥度。

③ 在车外锥时，一般先将大端直径车出，再调整圆锥半角进行粗车。在保证大端直径、长度、锥度三个基本参数正确的情况下，自然精车出小端直径。

④ 精车锥度时，在刀尖离端面边缘很近的外圆部位进行对刀，轻轻出屑后用小滑板退刀。中滑板进切削深度时还要根据出屑量利用经验适当减去对刀误差。

⑤ 粗车锥度前，要调整机床小滑板镶条，使小滑板在摇动时不过紧或过松。车完锥度后，

将镶条再调回原状态。

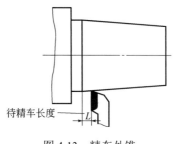

图 4-13　精车外锥

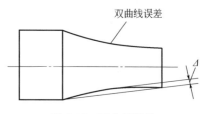

双曲线误差

图 4-14　双曲线误差

4.2　车圆锥孔

4.2.1　转动小滑板车内锥

　　转动小滑板车内锥的方法和车外锥在原理上是一样的，不同的是小滑板顺时针旋转一个圆锥半角（$\alpha/2$），采取用小滑板进给的方式，使车刀的运动轨迹与所要车削的圆锥母线平行，如图 4-15 所示。

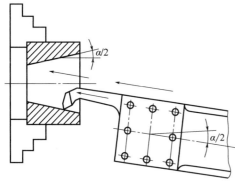

图 4-15　转动小滑板车内锥

4.2.2　涂色法检验锥度

　　涂色法也是检验锥度的常用方法，操作比较简便，适合于配合精度较高的圆锥工件。检验工具为圆锥塞规和圆锥套规，如图 4-16、图 4-17 所示。用圆锥套规检验圆锥，要求工件外锥面表面粗糙度 $Ra<3.2\mu m$ 并且无毛刺，涂色法操作步骤如下。

（1）擦涂显示剂
　　在工件圆锥面涂上薄而均匀的三绺红丹粉显示剂（互成 120°），如图 4-18 所示。
　　（2）检验工件
　　手握套规轻轻套在外锥工件上，稍加轴向推力，旋转半周，如图 4-19 所示。

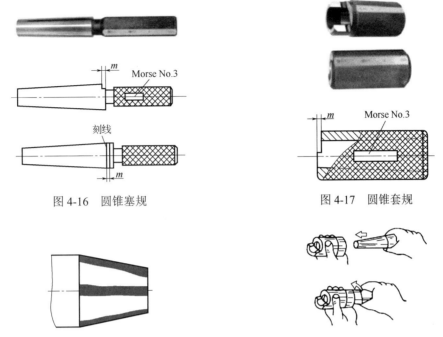

图 4-16　圆锥塞规

图 4-17　圆锥套规

图 4-18　工件锥面涂上红丹粉

图 4-19　用圆锥套规检验外锥

（3）判断锥度是否正确

取下套规，观察显示剂擦去情况。若显示剂全长擦痕均匀，则圆锥锥度正确；若大、小端擦着均匀，中间没擦去，则刀尖未在主轴中心，车出的圆锥母线是双曲线；若大端擦着，小端未擦着，则角度扳大了，应将角度调小些；若大端未擦着，小端擦着，则角度扳小了，应将角度调大些。

检验圆锥孔锥度是否正确，要用圆锥塞规，操作时显示剂均匀涂在塞规表面上，具体检验方法如 4.2.4 节所述。

4.2.3　实例练习：阶台孔、沟槽复合件的加工

完成图 4-20 所示零件的加工。已知该零件毛坯为 ϕ 50mm×62mm，ϕ 35mm×140mm，材料为 45 钢，工、量、刃具清单如表 4-5 所示。评分标准如表 4-6 所示。

（1）图纸

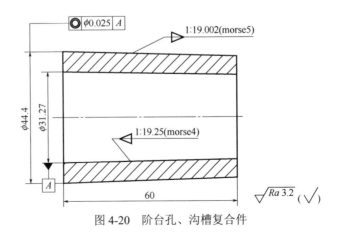

图 4-20　阶台孔、沟槽复合件

表 4-5 工、量、刃具清单

序号	名称	规格	数量	备注
1	游标卡尺	0～150 0.02	1	
2	千分尺	25～50 0.01	1	
3	深度游标卡尺	0～150 0.02	1	
4	圆锥塞规	莫氏 4 号	1	
5	圆锥套规	莫氏 4 号，莫氏 5 号	各 1	
6	端面车刀	45°	自备	
7	外圆车刀	90°	自备	
8	内孔车刀		自备	
9	中心钻	B2.5mm	1	
10	麻花钻	ϕ25mm	1	
11	其他	扳手、铜棒、铜皮、刀垫、毛刷等常用工具	选用	

表 4-6 评分标准

班级		姓名		学号		工时	90min
考核项目	序号	技术要求		配分	评分标准		得分
主要项目	1	ϕ44.4mm		10	超差 0.01mm 扣 8 分		
	2	ϕ31.27mm		10	超差 0.01mm 扣 8 分		
	3	Ra3.2μm（4 处）		20	一处达不到要求扣 3 分		
	4	锥度莫 4		15	接触面积低于 80% 全扣		
	5	锥度莫 5		15	接触面积低于 80% 全扣		
	6	◎ ϕ0.025 A		20	超差 0.01mm 扣 4 分		
一般项目	7	60		10	超差 0.02mm 扣 4 分		
其他项目	8	未注公差尺寸			一处超过 IT14，从总分中扣除 1 分		
	9	倒角，倒钝锐边			一处不符合要求，从总分中扣除 1 分		
安全操作规范	10	按企业标准			违反一项规定，从总分中扣除 2 分		
综合得分							

（2）图纸分析

零件需要加工的是内、外锥面，图样基准是内锥孔大端直径 ϕ31.27mm 的轴线，被测要素外锥大端直径 ϕ44.4mm 的轴线相对于 ϕ31.27mm 的轴线有形位公差 ◎ ϕ0.025 A 要求。根据毛坯尺寸 ϕ50mm×62mm，在加工方案中无论是先车外锥还是先车内锥，都不能保证同轴度要求。要解决同轴度问题就要设计夹具，即根据所给的另一个毛坯 ϕ35mm×140mm，设计出外锥心轴，心轴如图 4-21 所示。

图纸加工方案安排大致为先车内锥孔，卸下工件，然后车外锥心轴，最后将内锥套在心轴上，双顶尖装夹车外锥。车心轴时，心轴也采用双顶尖装夹方式车削，以保证前后直径同轴度，如图 4-22 所示。

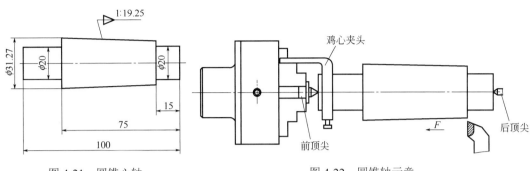

图 4-21　圆锥心轴

图 4-22　圆锥轴示意

（3）双顶尖装夹

双顶尖装夹是轴类工件常用的装夹方式之一，适用于较长的工件经过多次调头装夹的定位。装夹时，利用中心孔定位，前后顶尖为定位元件，同时用鸡心夹头（图 4-23、图 4-24）夹紧并带动工件与卡盘做同步运动。其优点是不用找正，直接双顶尖装夹，装夹定位精度高，但切削深度不能过大。

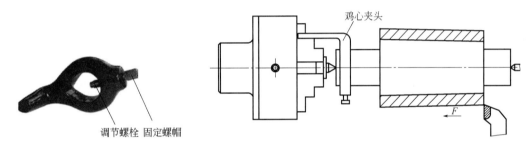

图 4-23　鸡心夹头

图 4-24　精车莫 5 圆锥

（4）工艺路线安排

① 内锥件半成品加工安排

a．夹毛坯 ϕ50mm×30mm，车平端面，钻孔 ϕ25mm。

b．粗车外圆 ϕ46mm×25mm。

c．卸件装夹外圆 ϕ46mm×25mm 处，车端面，控制总长 62mm。

d．粗、精车内锥 1∶19.25，卸件。

先切毛坯 ϕ35mm×32mm，用于车前顶尖。剩下部分 ϕ35mm×103mm 车心轴。

② 心轴加工安排

a．夹毛坯 ϕ35mm×60mm，车平端面，钻中心孔。

b．粗车外圆 ϕ33mm×30mm。

c．卸件，调头装夹外圆 ϕ33mm×30mm，车平端面，控制总长 100mm，钻中心孔。

d．双顶尖装夹，粗、精车左部 ϕ20mm。

e．调头双顶，粗、精车右部 ϕ20mm。

f．粗、精车外锥 1∶19.25，卸件。

③ 预车顶尖（自行设计）

④ 双顶尖装夹心轴和内锥半成品，粗、精车外锥 1∶19.002，卸件。

4.2.4 加工技术要点

（1）涂色法检验锥度

车心轴时，在车到外锥长度的一半或 2/3 锥长时，应检查配合接触面积，再调整圆锥半角。心轴的外锥面用圆锥套规来检测，方法如前所述。在车工件内锥时，用标准塞规或者加工的心轴来检验工件内锥锥度是否合格，也是在车到内锥长度的一半或 2/3 内锥长时开始检查配合接触面积。在加工的心轴（标准塞规）锥表面涂上薄而均匀的三绺红丹粉显示剂（互成 120°），手握心轴（标准塞规）轻轻装在内锥工件中，稍加轴向推力，旋转半周。取下心轴（标准塞规），观察显示剂擦去情况。若显示剂全长擦痕均匀，则圆锥锥度正确；若大、小端擦着均匀，中间没擦去，则刀尖未在主轴中心，车出的圆锥母线是双曲线；若大端擦着，小端未擦着，则角度扳小了，应将角度调大些；若大端未擦着，小端擦着，则角度扳大了，应将角度调小些。

（2）鸡心夹头装夹工件

鸡心夹头套在心轴左端外圆 $\phi 25mm$ 处，将固定螺栓顶紧外圆 $\phi 25mm$ 处的铜皮。然后将心轴装在双顶尖之间，心轴拨杆与三爪卡盘一个卡爪面贴紧，后顶尖一般为活顶尖，顶住工件后，完成装夹。

（3）精车内锥

方法一：计算法。

① 粗车完最后一刀，至不出屑为止，这时精车前直径预留 0.3～0.8mm 余量。

② 停车，外锥插入内锥孔，用游标卡尺测量长度 L，如图 4-25 所示，根据长度公式 $C = \dfrac{D-d}{L}$ 计算出中滑板应进的刻度（双边吃刀深度为 $D-d$），将车刀在圆锥孔端面外边缘处的内孔表面轻轻沾刀出屑，快退小滑板，中滑板进刀 $D-d$，向前匀速摇动小滑板直至无屑，完成精车。

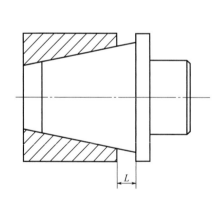

图 4-25 精车内锥孔示意图

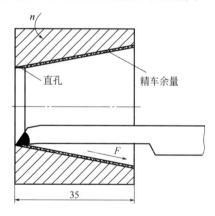

图 4-26 倒车内锥

方法二：倒车锥度法。

① 精车前预留 0.3～0.8mm 余量。

② 车刀沿孔方向移动 35mm，将车孔刀与直孔表面沾刀出屑，向后匀速摇动小滑板直至无屑，完成精车，如图 4-26 所示。

（4）圆锥大、小端直径的检验

在图纸中圆锥的基本参数一般会给三个，即锥度、锥长、大端直径或小端直径其中的一个，如果保证了三个参数正确，那么待检测的大端直径或小端直径必然正确。实际当中，圆锥大、小端直径也常用标准塞规、套规来检测。塞规的端面部位有台阶或两个刻线，见图4-16。套规的端面部位有台阶，见图4-17，台阶或刻线的长度 m 就是最大或最小圆锥直径是否符合技术要求的长度公差范围。

检测工件外锥时，工件端面在套规台阶之间，说明工件外锥小端直径合格，如图4-27所示。同理，检验工件内锥时，工件端面在塞规台阶（或刻线）之间，说明工件内锥大端直径合格，如图4-28所示。

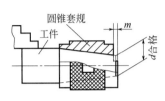

图 4-27　检验外锥最小端直径

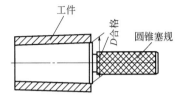

图 4-28　检验内锥最大直径

（5）加工注意事项

① 莫4、莫5的圆锥半角可通过查表4-1得出。

② 车内锥时，内孔车刀一定要对准中心高，否则车出的锥度母线为双曲线，如图4-29所示。

③ 内锥表面、锥度心轴外表面的表面粗糙度数值要小，要车合格，否则影响和圆锥心轴的配合。

④ 在车内锥时，应先将小端直径车出，再调整圆锥半角进行粗车。在保证小端直径、长度、锥度三个基本参数合格的情况下，自然精车出合格的小端直径。

⑤ 精车内锥时，在刀尖离端面边缘很近的内孔部位进行对刀，轻轻出屑后小滑板退刀。中滑板进切削深度时还要根据出屑量适当减去对刀误差。

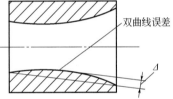

图 4-29　内锥双曲线误差

⑥ 粗车内锥度前，要调整机床小滑板镶条，使小滑板在摇动时不过紧或过松。车完锥度后，将镶条再调回原状态。

⑦ 检验外锥心轴圆锥部分的工具是莫氏4号圆锥塞规，检验内锥孔的锥度部分的工具是莫氏4号圆锥套规，检验零件外锥部分的工具是莫氏5号圆锥套规，均采用涂色法检验接触面积是否达到80%。

⑧ 前顶尖根据毛坯尺寸，自行设计并加工出来，顶尖圆锥面表面粗糙度要好，形状要尖。

⑨ 双顶尖装夹时，后顶尖一般用活顶尖，顶工件时力度要够；如果后顶尖用固定顶尖，顶工件时不要过紧，并且中心孔要加些黄油，防止"烧坏"顶尖。

⑩ 双顶车削外锥时，粗车切削深度要小。

第 **5** 章

普通三角螺纹的车削加工

本章内容主要包括螺纹相关基础知识和螺纹车削方法。通过练习，掌握三角螺纹的车削方法和操作技术要领、螺纹车刀刃磨方法、车床速比调整和螺纹检测方法，达到高速车削螺距 2mm 的内、外螺纹 3～5 刀完成。

5.1 高速车削三角形外螺纹

知识目标

① 了解三角螺纹的分类。
② 掌握三角形外螺纹的基本参数。
③ 掌握三角形外螺纹车刀的选用和几何参数。
④ 了解三角螺纹的加工方法。

技能目标

① 掌握高速钢三角螺纹车刀的安装以及刃磨技术。
② 会制定零件的加工工艺。
③ 掌握高速车削三角螺纹的技术方法。
④ 独立完成零件加工。

5.1.1 螺纹分类

（1）按螺旋线方向
螺纹分为左旋螺纹和右旋螺纹，如图 5-1 所示，右旋螺纹常用。左旋螺纹螺旋线左高右低，右旋螺纹螺旋线右高左低。
（2）按其母体形状
螺纹分为圆柱螺纹和圆锥螺纹。圆柱螺纹指在圆柱表面上形成的螺纹，圆锥螺纹指在圆锥表面上形成的螺纹。
（3）按其在母体上所处位置
螺纹分为外螺纹、内螺纹，如图 5-2 所示。通俗来讲，外螺纹是螺钉、螺栓类，内螺纹是螺母类。
（4）按其截面形状（牙型）
螺纹分为三角形螺纹、矩形螺纹、梯形螺纹、锯齿形螺纹及其他特殊形状螺纹，如图 5-3

所示。三角形螺纹主要用于连接，矩形、梯形和锯齿形螺纹主要用于传动。

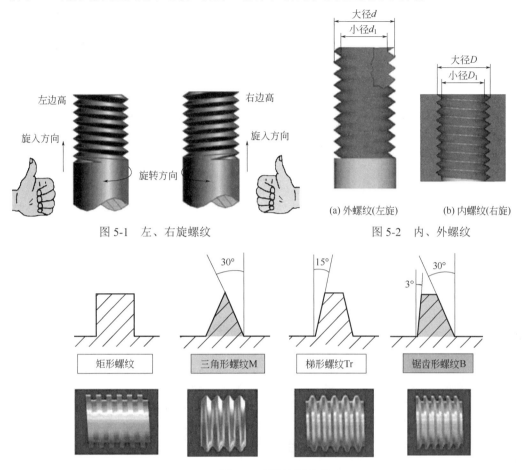

图 5-1 左、右旋螺纹

图 5-2 内、外螺纹

(a) 外螺纹(左旋)　　　(b) 内螺纹(右旋)

图 5-3 螺纹牙型分类

（5）按螺旋线的数量

螺纹分为单线螺纹、双线螺纹及多线螺纹，如图5-4、图5-5所示。连接用的多为单线，传动用的多为双线或多线。

图 5-4 单线螺纹

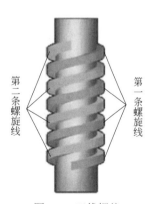

图 5-5 双线螺纹

（6）按牙的大小

普通三角螺纹有粗牙和细牙之分，同一公称直径可以有多种螺距，其中螺距最大者称为粗牙螺纹，其余均为细牙螺纹。通俗来讲，细牙就是螺旋线的牙与牙距离近，比较密，粗牙反之。粗牙不标螺距，细牙必须标注螺距。

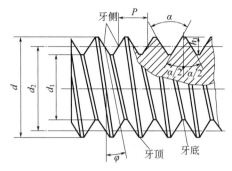

图 5-6　三角形外螺纹参数

5.1.2　三角形外螺纹的基本参数

三角形外螺纹参数如图 5-6 所示，参数含义及相关计算公式见表 5-1。

表 5-1　三角形外螺纹参数及其计算公式

序号	三角形外螺纹参数	符号	含义	计算公式
1	牙型角	α	在螺纹牙型上，相邻两牙侧间的夹角	$\alpha = 60°$
2	牙型高度	h_1	在螺纹牙型上，牙顶到牙底在垂直于螺纹轴线方向上的距离	$h_1 = 0.5413P$
3	螺纹大径	d	与外螺纹牙顶相切的假想圆柱或圆锥的直径，又叫公称直径	$d = D$
4	螺纹小径	d_1	与外螺纹牙底相切的假想圆柱或圆锥的直径	$d_1 = d - 1.0825P$
5	螺纹中径	d_2	一个假想圆柱或圆锥的直径，该圆柱或圆锥的素线通过牙型上沟槽和凸起宽度相等的地方	$d_2 = d - 0.6495P$
6	螺距	P	相邻两牙在中径线上对应两点间轴向距离	
7	导程	P_h	同一条螺旋线上相邻两牙在中径线上对应两点间的轴向距离	$P_h = nP$，n 是线数
8	螺纹升角	φ	在中径圆柱或中径圆锥上，螺旋线的切线与垂直于螺纹轴线的平面的夹角称为螺纹升角，如图 5-7 所示	$\tan\varphi = \dfrac{P_h}{\pi d_2} = \dfrac{nP}{\pi d_2}$

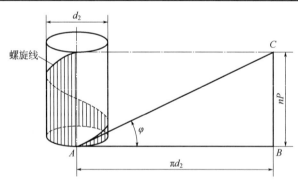

图 5-7　螺纹升角

5.1.3　三角形外螺纹标记方法

（1）三角形外螺纹标注的组成

三角形外螺纹标注由螺纹特征代号、尺寸代号和公差等级代号组成。例如：

M24 LH-6g-L

其中，M 表示公制三角螺纹，24 表示公称直径，LH 表示左旋，6g 表示中径和顶径公差带代号，L 表示长旋合长度。

（2）三角形外螺纹标注说明

① 粗牙普通螺纹不标注螺距。

② 右旋不标旋向代号，是默认的，只有左旋要标注。

③ 旋合长度有长旋合长度 L、中等旋合长度 N 和短旋合长度 S，中等旋合长度不标注。

④ 螺纹公差带代号（以 5g6g 为例）中，前者（5g）为中径的公差带代号，后者（6g）为顶径的公差带代号，两者相同时只标一个。

5.1.4　螺纹车刀

（1）刀片材料

螺纹车刀刀片材料通常有两种，即高速钢和硬质合金。

（2）螺纹车刀的选用

① 低速车削三角螺纹时，选用高速钢车刀。其特点是刀具锋利，韧性好，车出的螺纹表面质量好。

② 高速车削三角螺纹时，选用硬质合金车刀，其特点是刀片硬度高，热稳定性好，但抗冲击力差。

③ 工件材料是有色金属、铸钢时，选用高速钢或 K 类硬质合金；工件材料是钢类时，选用 P 类或 M 类硬质合金。

（3）外螺纹车刀的几何形状

外螺纹车刀几何形状如图 5-8～图 5-12 所示。

图 5-8　硬质合金三角形外螺纹车刀实物

图 5-9　高速钢三角形外螺纹车刀实物

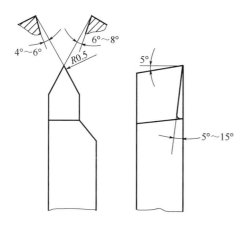

图 5-10　高速钢三角形外螺纹粗车刀

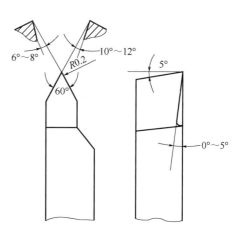

图 5-11　高速钢三角形外螺纹精车刀

（4）螺纹加工方法的选择

三角螺纹加工方法有三种，即直进法、斜进法和左右车削法，如图 5-13 所示。

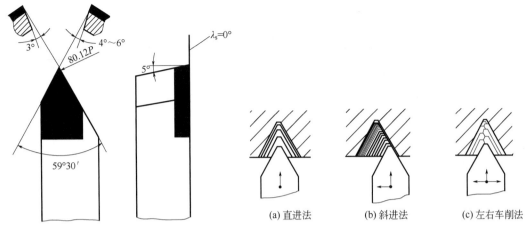

图 5-12　硬质合金三角形外螺纹车刀　　　　　图 5-13　三角螺纹加工方法

① 直进法　车螺纹时，刀具沿横向一个方向进刀，逐渐车到牙底小径，适用于 $P \leqslant 2mm$ 的三角螺纹。

② 斜进法　车螺纹时，中滑板横向进给，同时小滑板向一个方向做微量进给，刀具的行进轨迹是合成运动，即沿某个方向斜向进给，完成粗车，适用于 $P > 2mm$ 的三角螺纹。

③ 左右车削法　车螺纹时，中滑板进给，同时操作小滑板将车刀向左微量进给车削，然后将小滑板向右微量进给车削，之后重复循环，这样，刀具左斜进、右斜进交替进行，最后完成粗车。此种方法适用于 $P > 2mm$ 的三角螺纹。

使用斜进法和左右车削法车削螺纹，属于车刀单刃切削，所以不易产生"扎刀"❶现象。

5.1.5　三角形外螺纹的检测

三角形外螺纹的常用检测工具是螺纹环规和螺纹千分尺。

（1）螺纹环规

螺纹环规分为通规和止规，如图 5-14 所示。环规分为通端（T）和止端（Z），使用时环规检测原则是：通规通，止规止。使用通规检测螺纹应使环规旋转自如，感觉内外螺纹径向间隙较小，每旋转一下环规，环规向前移动一下。使用止规检测，环规旋进外螺纹不超过一个螺距便停止。

（2）螺纹千分尺

螺纹千分尺主要用于测量普通三角螺纹的中径。螺纹千分尺的结构与外径千分尺相似，所不同的是它有两个特殊的可调换的量头 1 和 2，其角度与螺纹牙型角相同，如图 5-15 所示。

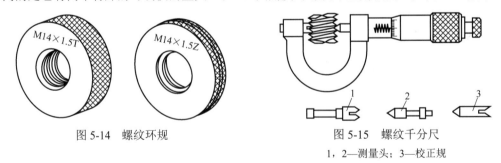

图 5-14　螺纹环规　　　　　　　　　图 5-15　螺纹千分尺

　　　　　　　　　　　　　　　　　　1，2—测量头；3—校正规

---

❶ 扎刀：由于螺纹牙槽窄而深，螺纹车刀左、右、横刃三刃都受力，因此失去平衡，便往工件里扎去，造成螺纹牙侧被破坏，发生"啃刀"现象。

螺纹千分尺测量范围与测量螺距的范围见表 5-2。

表 5-2 普通螺纹中径测量范围

测量范围/mm	测头数量/副	测头测量螺距的范围/mm
0～25	5	0.4～0.5；0.6～0.8；1～1.25；1.5～2；2.5～3.5
25～50	5	0.6～0.8；1～1.25；1.5～2；2.5～3.5；4～6
50～75	4	1～1.25；1.5～2；2.5～3.5；4～6
75～100		
100～125	3	1.5～2；2.5～3.5；4～6

5.1.6 实例练习：螺纹轴零件加工

完成图 5-16 所示零件的加工。已知该零件毛坯为 ϕ50mm×153mm，材料为 45 钢，工、量、刃具清单及评分标准见表 5-3、表 5-4。

（1）图纸

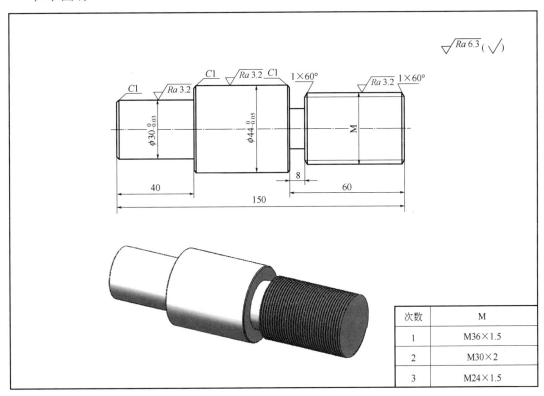

次数	M
1	M36×1.5
2	M30×2
3	M24×1.5

图 5-16 螺纹轴

表 5-3 工、量、刃具清单

序号	名称	规格	数量	备注
1	游标卡尺	0～150 0.02	1	
2	千分尺	25～50 0.01	1	

序号	名称	规格	数量	备注
3	螺纹环规	M36×1.5、M30×2、M24×1.5	1	
4	端面车刀	45°	自备	
5	外圆车刀	90°	自备	
6	硬质合金螺纹车刀		自备	
7	切槽刀		自备	
8	其他	铜棒、铜皮、刀垫、毛刷等常用工具		选用

表 5-4 评分标准

班级			姓名		学号			工时	40min
考核项目	序号	考核内容及技术要求	配分			评分标准			得分
主要项目	1	$\phi30_{-0.03}^{0}$ mm	15			超差 0.01mm 扣 10 分			
	2	$\phi44_{-0.05}^{0}$ mm	15			超差 0.01mm 扣 10 分			
	3	螺纹	20			超过 6g 扣 10 分，超过 7g 扣 20 分			
	4	$Ra3.2\mu m$（螺纹牙侧）	16			一处达不到 $Ra3.2\mu m$ 全扣			
一般项目	5	$Ra3.2\mu m$（2 处）	10			一处达不到 $Ra3.2\mu m$ 扣 2 分，达不到 $Ra6.3\mu m$ 扣 5 分			
	6	150mm	6			超差全扣			
	7	40mm	6			超差全扣			
	8	60mm	6			超差全扣			
	9	8mm	6			超差全扣			
其他项目	10	倒角，倒钝锐边				一处不符合要求，从总分中扣除 1 分			
	11	$Ra6.3\mu m$				一处不符合要求，从总分中扣除 1 分			
安全操作规范	12	按企业标准				违反一项规定，从总分中扣除 2 分，扣分不超过 10 分			
综合得分									

（2）图纸分析

① 任务分析　该零件是高速车削三角形外螺纹的练习件，分三次练习加工。每次螺纹加工完毕，将螺纹车掉，再进行另一次练习，最后一次保留。图纸螺距为 1.5mm、2mm，高速车削螺纹采用直进法，转速 400r/min 左右，切削深度逐步减小，最终加工成形。

② 牙型高度计算　根据表 5-1，牙型高度 $h_1=0.5413P=0.5413×1.5=0.81195$（mm），双边牙型高度 $2h_1=1.6239mm$，这是理论计算方法，实际中用经验公式来计算，即 $2h_1=1.3P=1.3×1.5=1.95$（mm），中滑板应该进 1.95mm。

③ 工艺安排　图纸工艺比较简单，读者可自行安排。

5.1.7 加工技术要点

（1）三角形外螺纹车刀的刃磨方法及注意事项

① 刃磨方法　三角形外螺纹车刀如图 5-17 所示，刃磨参数按照图 5-12，刃磨方法及步骤

如下。

　　a. 粗磨主后刀面，初步形成径向后角 α。

　　b. 粗磨左、右后刀面，车刀刀尖角 ε_{γ}、左后角 α_{oL}、右后角 α_{oR} 初步形成。

　　c. 粗磨前刀面，初步形成径向前角 γ_p。

　　d. 精磨左、右后刀面，用磨刀样板修正刀尖角。

　　e. 精磨前刀面。

　　f. 修磨刀尖，刀尖倒棱宽度约为 $0.1P$。

　　g. 用油石研磨左、右后刀面，前刀面，刀尖圆弧，使其表面粗糙度最低为 $Ra1.6\mu m$。

　　高速车削螺纹通常选用刀片为 YT15 材料的硬质合金车刀，刀尖角磨成 $59°30'$，径向后角 $3°\sim6°$。

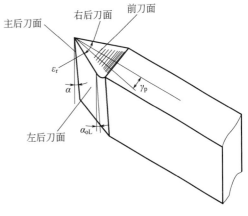

图 5-17　三角形外螺纹车刀

　　② 刃磨注意事项

　　a. 刃磨硬质合金车刀不要蘸水且压力不能过大，否则易刀尖爆裂。刃磨高速钢车刀时如果感觉刀具发热烫手，一定要及时蘸水降温，以防刀具退火，硬度降低。

　　b. 刃磨车刀时要不时用磨刀样板来检测刀尖角是否合格，如图 5-18 所示，在测量时把刀尖角与样板贴紧，对准光源，仔细观察刀具两刃与样板贴合的间隙，并用砂轮进行修磨，直至刀尖角与样板重合方为合格，如图 5-19 所示。

　　c. 刃磨时刀具要拿稳，合理利用砂轮的安全装置（砂轮手托），注意安全。

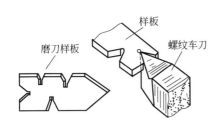

图 5-18　用磨刀样板检测螺纹车刀

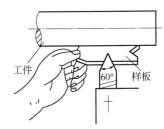

图 5-19　样板装刀

（2）车床的操作调整

　　① 根据工件螺距在车床铭牌表上找到交换齿轮的齿数和手柄位置，并把手柄拨到所需位置上。

　　② 调整中滑板、小滑板镶条间隙，小滑板间隙要稍紧一些，中滑板间隙不要过紧，也不要过松，适当即可。在车螺纹时，开合螺母手柄保证不能自动上抬，因此车螺纹之前最好用重物挂坠。

（3）外螺纹车刀的装夹

　　① 装夹外螺纹车刀时，可用预车小顶尖对刀，刀尖要与顶尖尖头对齐，从而保证螺纹车刀与工件中心等高。

　　② 装车刀时要用对刀样板装刀，如图 5-19 所示，这样才能保证车刀装正，即刀尖角的中心线要与工件轴线垂直，否则车刀装歪，车完工件的牙型向一个方向歪斜。

　　③ 刀杆伸出长度不要过长，一般为 $20\sim25mm$，防止刚性不足。

（4）加工技术方法

　　① 操作方法的选择　车内、外螺纹有两种车削方式——正反车法和提按开合螺母法。当丝杠螺距（12mm）是工件螺距的整数倍时可以选用提按开合螺母的方法车螺纹；反之只能用正

反车法车螺纹。正反车法车螺纹对于任何螺距的三角螺纹都是适用的。该工件螺距为 1.5mm 和 2mm，丝杠螺距（12mm）是其整数倍，因此可以选用提按开合螺母法，也可以用正反车法，如果采用提按开合螺母法则转速可提高一些，设为 600r/min。

② 中途螺纹对刀技术　当刀具达到钝化后出现中途换刀或刃磨后再装刀时，要使刀具进入螺旋槽并合槽，这就是螺纹对刀。其对刀过程是，车刀不切入工件，使主轴正转，按下开合螺母，车刀移到工件外表面处，停车（此时位置不可出现反转现象），摇动中、小滑板，车刀对准螺旋槽进行调整，使车刀的两侧刃与两牙侧无缝接触，然后径向退出车刀，轴向远离工件，进行再次校核，即重复以上动作，刀具进入螺旋槽，观察刀尖是否与螺旋槽切合，如果切合则可以继续进刀车削。

（5）加工注意事项

① 车削螺纹之前最好要空车练好车外螺纹的进退刀动作，转速在 300r/min 左右。

② 重磨螺纹精车刀不用再磨其左、右后刀面，直接刃磨前刀面即可使用，中途换刀或车刀重磨装刀时必须进行对刀。

③ 高速车外螺纹前的外圆直径要小于公称直径 0.15～0.25mm，并要进行倒角。

④ 车螺纹时第一刀切削深度要大些，而后几刀逐渐递减，切削深度参考值见表 5-5。

表 5-5　高速车外螺纹双边背吃刀量

吃刀次数	双边背吃刀量/mm	吃刀次数	双边背吃刀量/mm
第一次	1	第三次	0.4
第二次	0.6	第四次	0.1

⑤ 用螺纹环规检查前，一定要去除毛刺，可用锉刀去除。在使用环规检测时，不能用力过大或用力强拧，以免环规严重磨损以致损坏。

⑥ 当环规或者螺母不能进去时，首先要用游标卡尺测一下大径是否超差，再判断其他原因。

⑦ 高速车螺纹时注意力一定要集中，眼疾手快。为防止中滑板多摇一圈出现危险事故，当刀尖与车螺纹前的外圆表面对刀轻轻出屑时，最好将中滑板的"0"刻度对准刻度基准线，这样以"0"来计算吃刀深度会比较方便、可靠。

⑧ 车好螺纹后，应立即提起开合螺母，将丝杠旋转状态转变为光杠旋转状态。

5.2　高速车削三角形内螺纹

知识目标

① 掌握三角形内螺纹的基本参数。
② 掌握内螺纹底孔直径的计算。
③ 了解三角形内螺纹车刀的选用和几何参数。
④ 能够制定内螺纹零件的加工工艺。

技能目标

① 掌握内螺纹车刀的装夹和刃磨技术。
② 掌握内螺纹高速车削技术和检测方法。
③ 独立完成零件加工。

5.2.1 内螺纹基本参数及其计算

三角形内螺纹牙型截面如图 5-20 所示，其基本参数与三角形外螺纹一样，只是参数符号用大写拉丁字母表示。参数含义及相关计算公式见表 5-6。

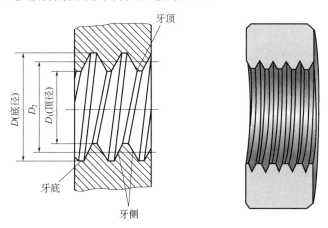

图 5-20 三角形内螺纹牙型截面

表 5-6 三角形内螺纹参数及其计算公式

序号	三角形内螺纹参数	符号	含义	计算公式
1	牙型角	α	在螺纹牙型上，相邻两牙侧间的夹角	$\alpha=60°$
2	牙型高度	H_1	在螺纹牙型上，牙顶到牙底在垂直于螺纹轴线方向上的距离	$H_1=0.5413P$
3	螺纹底径	D	与外螺纹牙顶相切的假想圆柱或圆锥的直径，又叫公称直径，大径	
4	螺纹顶径	D_1	与外螺纹牙底相切的假想圆柱或圆锥的直径，又叫小径	$D_1=D-P$
5	螺纹中径	D_2	一个假想圆柱或圆锥的直径，该圆柱或圆锥的素线通过牙型上沟槽和凸起宽度相等的地方	$D_2=d_2=d-0.6495P$
6	螺距	P	相邻两牙在中径线上对应两点间轴向距离	
7	导程	P_h	同一条螺旋线上相邻两牙在中径线上对应两点间的轴向距离	$P_h=nP$，n 是线数
8	螺纹升角	φ	在中径圆柱或中径圆锥上，螺旋线的切线与垂直于螺纹轴线的平面的夹角称为螺纹升角，如图 5-7 所示	$\tan\varphi=\dfrac{nP}{\pi D_2}$

5.2.2 普通三角形内螺纹标记方法

三角形内螺纹标记方法和外螺纹是一样的，只是中径和顶径用大写拉丁字母标识。例如：

$$M16\times1\text{-}6H7H$$

其中，M 表示公制三角螺纹，16 表示公称直径，6H 表示中径公差带代号，7H 表示顶径公差带代号。

5.2.3 普通三角形内螺纹车刀几何形状

内螺纹车刀刀片材料通常有高速钢和硬质合金两种，几何参数如图 5-21、图 5-22 所示。

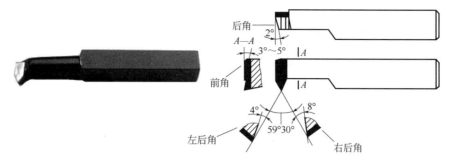

图 5-21 硬质合金内螺纹车刀

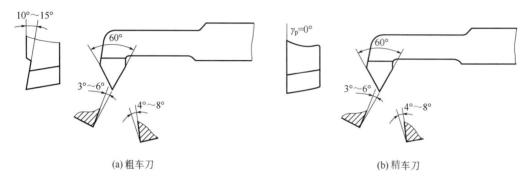

(a) 粗车刀　　　　　　　　　　　　(b) 精车刀

图 5-22 高速钢内螺纹车刀

5.2.4 内螺纹底孔直径计算

车削三角形内螺纹的流程是先钻孔，然后车内螺纹底孔（内螺纹小径），最后车内螺纹，因此车削螺纹之前要计算好底孔直径。根据毛坯材料的不同，底孔直径计算公式有两个。

（1）毛坯材料为塑性金属

当毛坯材料为塑性金属时，用 $D_孔=D-P$ 公式计算。

（2）毛坯材料为脆性金属

当毛坯材料为脆性金属时，用 $D_孔=D-1.05P$ 公式计算。

例如：车削材料为 45 钢的内螺纹 M27×2，其底孔直径为 $D_孔=D-P=27-2=25$（mm）。

5.2.5 三角形内螺纹的检测

三角形内螺纹通常用螺纹塞规来检测，并符合"通规通，止规止"的原则。螺纹塞规有通端（T）和止端（Z），如图 5-23 所示。

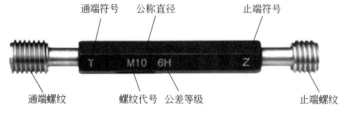

图 5-23 螺纹塞规

5.2.6 实例练习：三角形内螺纹加工

完成图 5-24 所示零件的加工。已知该零件毛坯为 φ50mm×38mm，材料为 45 钢，工、量、刃具清单及评分标准见表 5-7、表 5-8。

（1）加工图纸

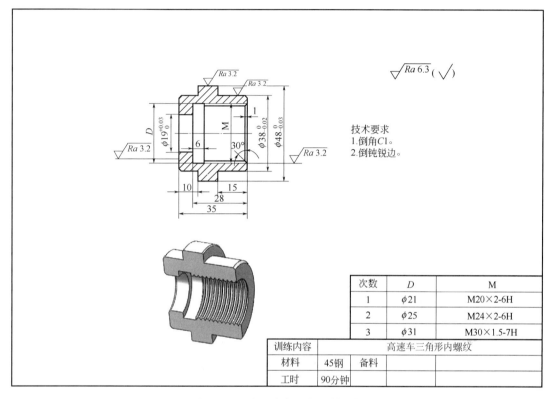

次数	D	M
1	φ21	M20×2-6H
2	φ25	M24×2-6H
3	φ31	M30×1.5-7H

训练内容	高速车三角形内螺纹		
材料	45钢	备料	
工时	90分钟		

图 5-24 三角形内螺纹加工练习件

表 5-7 工、量、刃具清单

序号	名称	规格	数量	备注
1	游标卡尺	0～150 0.02	1	
2	外径千分尺	25～50 0.01	1	
3	内径百分表	18～35 0.01	1	
4	螺纹环规	M20、M24、M30	各 1	
5	端面车刀	45°	自备	
6	外圆车刀	90°	自备	
7	硬质合金内螺纹车刀		自备	
8	硬质合金内孔车刀		自备	
9	内切槽刀		自备	
10	麻花钻	φ16mm	1	
11	其他	铜棒、铜皮、刀垫、毛刷等常用工具		选用

表 5-8　评分标准

班级			姓名		学号			工时	90min
考核项目		序号	考核内容及技术要求		配分	评分标准			得分
主要项目		1	$\phi 38_{-0.02}^{0}$mm		12	超差 0.01mm 扣 10 分			
		2	$\phi 48_{-0.03}^{0}$mm		12	超差 0.01mm 扣 10 分			
		3	$\phi 19_{0}^{+0.03}$mm		12	超差 0.01mm 扣 10 分			
		4	螺纹 M		10	超过 6H、7H 全扣			
		5	$Ra3.2\mu m$（螺纹牙侧）		12	一处达不到 $Ra3.2\mu m$ 全扣			
一般项目		6	$Ra3.2\mu m$（3 处）		12	一处达不到 $Ra3.2\mu m$ 扣 2 分，达不到 $Ra6.3\mu m$ 扣 5 分			
		7	35mm		6	超差全扣			
		8	10mm		6	超差全扣			
		9	15mm		6	超差全扣			
		10	28mm		6	超差全扣			
		11	内槽径 D		6	超差全扣			
其他项目		12	倒角，倒钝锐边			一处不符合要求，从总分中扣除 1 分			
		13	$Ra6.3\mu m$			一处不符合要求，从总分中扣除 1 分			
安全操作规范		14	按企业标准			违反一项规定，从总分中扣除 2 分，扣分不超过 10 分			
综合得分									

（2）图纸分析

① 任务分析　该零件是高速车削三角形内螺纹的练习件，分三次练习。每次内螺纹加工完毕，将螺纹车掉，再进行另一次练习，最后一次保留。图纸螺距为 1.5mm、2mm，丝杠螺距（12mm）是其整数倍，可采用提按开合螺母法加工，也可采用正反车法加工。高速车削螺纹采用直进法，由于是内螺纹加工，又是初次练习，所以转速比外螺纹要低一些。采用前一种方法时，转速选取 400r/min 左右；采用后一种方法时，转速选取 300r/min 左右。加工时切削深度逐步减小，最终加工成形。

② 牙型高度计算　零件毛坯材料为 45 钢，属于塑性材料，因此底孔采用 $D_{孔}=D-P$ 计算。

③ 切削深度的选择　车内螺纹切削深度是逐渐递减的，由于内螺纹车刀刀杆相对刚性差，因此切削深度不能过大，选择参考见表 5-9。

表 5-9　高速车内螺纹双边背吃刀量

吃刀次数	双边背吃刀量/mm	吃刀次数	双边背吃刀量/mm
第一次	0.20	第三次	0.10
第二次	0.15	第四次	0.05

（3）加工方案

工件采用外圆和轴肩定位，先加工外轮廓，再加工内孔、内槽，最后加工内螺纹，图纸工艺比较简单，读者自行安排。

5.2.7　加工技术要点

（1）三角形内螺纹车刀的刃磨方法

三角形内螺纹的刃磨与外螺纹车刀类似，要磨出相应的左后角、右后角、前角和后角，几何角度如图 5-21 所示。

（2）内螺纹车刀的装夹方法

① 样板装刀　为了保证车出的螺纹牙型不歪斜，内螺纹车刀必须采用样板装刀，如图 5-25 所示，将样板一面贴紧卡盘端面，内螺纹车刀伸进样板角度槽中。

② 车刀等高　低速车削内螺纹工件时，装夹内螺纹车刀刀尖位置应与车床主轴轴线等高。高速车削内螺纹工件时，硬质合金车刀刀尖应略高于车床主轴轴线 0.2～0.3mm，以免在车刀接触工件端面一瞬间出现"扎刀"以及螺纹牙侧表面质量差等问题。

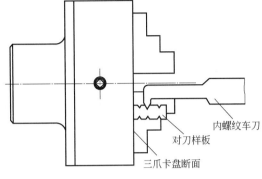

图 5-25　样板装刀

（3）加工技术方法

车螺纹前在刀杆某处刻印作为螺纹车刀退刀标记。

① 正反车法　主轴正转，内螺纹车刀进入底孔中与孔表面进行沾刀出屑，纵向退刀，远离工件 400～500mm，中滑板刻度对零。按下开合螺母，接通丝杠传动路线，车刀纵向前走一小段距离打反车，车刀退出，主轴停止，中滑板逆时针进一个切削深度，提起离合器主轴正转，正车车削螺纹，观察刀具到达刻印标记时，右手立即转动中滑板手柄，使螺纹车刀向前，即退刀，左手同时迅速按下离合器打反车，刀退出工件后，中滑板再进刀，重复以上过程。

② 提按开合螺母法　主轴正转，内螺纹车刀进入底孔中与孔表面进行沾刀出屑，纵向退刀，远离工件 150～200mm，中滑板刻度对零，中滑板进一个切削深度，按下开合螺母，接通丝杠传动路线，当刀具到达刻印标记时，右手立即转动中滑板手柄使螺纹车刀向前，即退刀，左手移动大滑板纵向退刀，中滑板再进刀，重复以上过程。

（4）加工注意事项

① 车内螺纹进刀、退刀方向与车外螺纹反向，逆时针为进刀，顺时针为退刀，且退刀不要过大，以防刀具碰撞孔壁。

② 中滑板切忌多摇一圈，如果判断不好，先不要车削，让车刀靠近工件后，停车观察一下刀尖所处位置。

③ 车内螺纹之前，要空载练熟进退刀动作，注意左右手的协调性。

④ 倒角在车螺纹时起到导向作用，因此在车完底孔后，不要忘记用螺纹车刀刀刃进行倒角。

⑤ 内螺纹车刀装夹后，刀具要伸进工件孔里观察刀杆与工件是否产生摩擦干涉，若产生则要进行修磨。

⑥ 内螺纹刀杆装夹时伸出不要过长，刀具伸出距离大于螺纹长度 20mm 左右，刀尖加上刀杆后的径向长度应比螺纹底孔直径小 3～5mm。

第 **6** 章

梯形螺纹的车削加工

本章内容主要包括梯形螺纹的车削技术、车刀刃磨技术、相关操作方法和测量方法等。通过系统学习，达到熟练采用低速正反车技术加工梯形螺纹，掌握斜进法或左右车削法车梯形外螺纹。

知识目标

① 了解梯形螺纹的作用、种类和几何形状。
② 掌握梯形螺纹的标记、牙型。
③ 掌握外梯形螺纹的尺寸计算和检测方法。

技能目标

① 掌握梯形螺纹车刀的刃磨和车削方法。
② 掌握梯形螺纹的测量技术。

6.1 基础知识

6.1.1 梯形螺纹的作用及分类

（1）梯形螺纹的作用

梯形螺纹是一种传动螺纹，在机械行业中应用比较广泛。例如平口钳丝杠、普通车床长丝杠、小滑板丝杠等都是梯形螺纹，如图 6-1 和图 6-2 所示。由于存在传动，工作部分又较长，所以对其精度要求较高，相对于三角螺纹而言加工难度加大。

图 6-1　普通车床丝杠

图 6-2　平口钳丝杆

（2）梯形螺纹的分类

梯形螺纹分为米制和英制两种。我国国家标准规定梯形螺纹牙型角为 30°，英制梯形螺纹的牙型角为29°。英制的在我国很少采用，常用的为公制梯形螺纹。

6.1.2 梯形螺纹牙型及其参数计算公式

（1）梯形螺纹牙型

梯形螺纹牙型如图6-3所示。

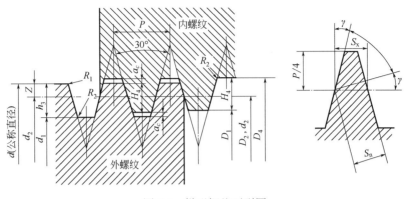

图 6-3 梯形螺纹牙型图

（2）梯形螺纹参数及其计算公式（表6-1）

表 6-1 梯形螺纹参数及其计算公式

名称		代号	计算公式			
牙型角		α	$\alpha=30°$			
螺距		P	由螺纹标准确定			
牙顶间隙		a_c	P / mm	1.5～5	6～12	14～44
			a_c / mm	0.25	0.5	1
外螺纹	大径	d	公称直径			
	中径	d_2	$d_2 = d - 0.5P$			
	小径	d_1	$d_1 = d - 2h_3$			
	牙高	h_3	$h_3 = 0.5P + a_c$			
内螺纹	大径	D_4	$D_4 = d + 2a_c$			
	中径	D_2	$D_2 = d_2$			
	小径	D_1	$D_1 = d - p$			
	牙高	H_4	$H_4 = h_3$			
牙顶宽		f, f'	$f = f' = 0.366P$			
牙槽底宽		w, w'	$w = w' = 0.366P - 0.536a_c$			
轴向齿厚		S_x	$S_x = 0.5P$			
法向尺厚		S_n	$S_n = 0.5P\cos\gamma$ （γ 为螺纹升角）			

6.1.3 梯形螺纹基本标注

梯形螺纹的标记由螺纹代号（Tr）、公称直径×螺距、螺纹旋向、公差带代号及旋合长度代号组成。

（1）外梯形螺纹

外梯形螺纹的基本标注形式如下：

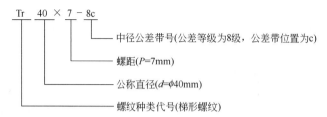

（2）内梯形螺纹

内梯形螺纹的基本标注形式如下：

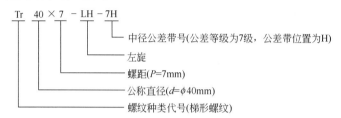

（3）说明

① 梯形螺纹旋向分左旋和右旋，左旋螺纹旋向标记为LH，右旋不标记。

② 梯形螺纹旋合长度代号分N、L两组，其中N表示中等旋合长度，L表示长旋合长度。

③ 梯形螺纹公差带代号仅标注中径公差带，如7H、7e，大写为内螺纹，小写为外螺纹。

6.1.4 梯形螺纹车刀

根据刀头材料，梯形螺纹车刀通常分为硬质合金车刀和高速钢车刀两类，较为常用的是高速钢车刀。

（1）高速钢梯形外螺纹粗车刀

高速钢梯形外螺纹粗车刀如图 6-4 所示。其中，γ 为螺纹升角，径向前角为 $10°\sim15°$，径向后角 $8°$，刀尖宽度（横刃）要小于齿根槽宽，两侧后角进刀方向为（$3°\sim5°$）$+\gamma$，背进刀方向为（$3°\sim5°$）$-\gamma$。

（2）高速钢梯形外螺纹精车刀

高速钢梯形外螺纹精车刀如图 6-5 所示，径向前角为 $0°$，径向后角 $8°$，两侧后角进刀方向为 $10°$［（$5°\sim8°$）$+\gamma$］，背进刀方向为 $6°$［（$5°\sim8°$）$-\gamma$］，可适当磨出卷屑槽，增大前角。

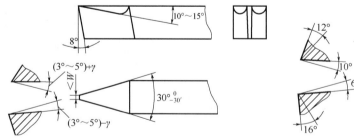

图 6-4 高速钢梯形外螺纹粗车刀

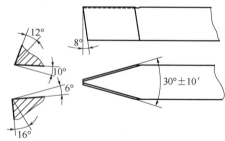

图 6-5 高速钢梯形外螺纹精车刀

（3）硬质合金梯形外螺纹车刀

硬质合金梯形螺纹车刀适合于车削一般精度的梯形螺纹，由于采用高速车削，因而加工效率相对提高。其几何角度如图 6-6 所示。

（4）高速钢梯形内螺纹车刀

高速钢梯形内螺纹车刀如图 6-7 所示。其中，径向前角为 10°～15°，径向后角为 8°～10°，两侧后角进刀方向为 5°+γ，背进刀方向为 5°-γ 进刀，可适当磨出卷屑槽，增大前角。

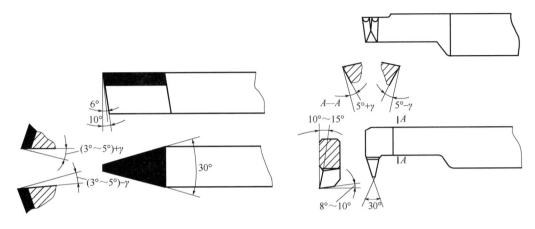

图 6-6　硬质合金梯形外螺纹车刀　　　　　　图 6-7　高速钢梯形内螺纹车刀

6.1.5　梯形螺纹的测量方法

梯形螺纹测量方法常用的有四种：三针法、单针法、综合测量法及法向尺厚测量法。

（1）三针法

三针法是一种精密测量螺纹的方法，常适用于螺纹升角小于 4° 的三角螺纹、梯形螺纹、蜗杆的中径尺寸，如图 6-8 所示。

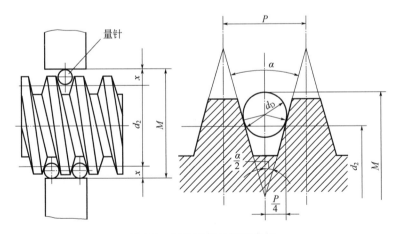

图 6-8　三针法测量螺纹中径

测量方法：三根量针放在相对应螺旋槽内，用千分尺测量出量针距离 M，再换算出螺纹中径的实际尺寸。其 M 值的选择如表 6-2 所示。

表 6-2　**M 值计算公式**

螺纹牙型	M 计算公式	量针直径 d_D		
		最大值	最佳值	最小值
30°	$M=d_2+4.864d_D-1.866P$	$0.656P$	$0.518P$	$0.486P$
40°	$M=d_1+3.924d_D-4.316m_x$	$2.446m_x$	$1.675m_x$	$1.61m_x$
60°	$M=d_2+3d_D-0.866P$	$1.01P$	$0.577P$	$0.505P$
55°	$M=d_2+3.166d_D-0.961P$	$0.894P-0.029$	$0.564P$	$0.481P-0.016$

注：量针直径选取要合适，最佳量针直径是量针横截面与螺纹牙侧相切于螺纹中径时的量针直径。

（2）单针法

单针法测量比三针法方便，但测量精度稍微差些，测量如图 6-9 所示。

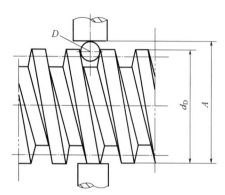

图 6-9　单针法测量螺纹

测量方法：把一根量针放入螺旋槽，另一侧以大径为基准，用千分尺测量出量针最高点与另一侧大径之间的距离 A。

公式：$A=\frac{1}{2}(M+d_0)$。其中 d_0 是螺纹的大径的实际尺寸。

（3）综合测量法

对于精度不高的梯形螺纹，用标准的梯形螺纹环规进行综合检测，达到"通端通，止端止"。

（4）法向尺厚测量法

齿厚游标卡尺（图 6-10）可用来测量齿轮（或蜗杆）的法向齿厚和齿顶高，也可以用来测量梯形螺纹的法向齿厚。这种游标卡尺由两个互相垂直的主尺组成，因此它就有两个游标。A 的尺寸由垂直主尺上的游标调整，测量的是螺纹的齿（牙）顶高。B 的尺寸由水平主尺上的游标调整，刻线原理和读法与一般游标卡尺相同，测量的是螺纹的法向尺厚。这种测量方法测量精度比三针法差些。

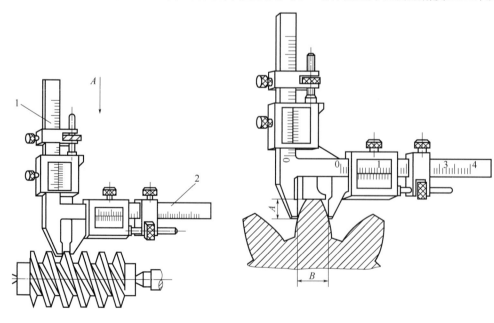

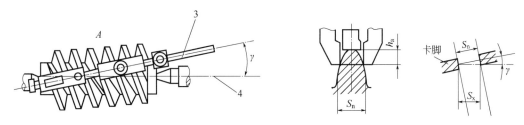

图6-10　齿厚游标卡尺测量齿轮与蜗杆

1—齿高卡尺；2—尺厚卡尺；3—刻度所在卡尺的平面；4—蜗杆轴线

测量螺纹时，把齿厚游标卡尺读数调整到等于齿顶高 h_a，法向卡入齿廓，读数是螺纹中径 d_2 的法向齿厚 S_n。

6.2　加工案例及加工技术要点

6.2.1　实例练习：锥度螺杆的加工

完成图6-11所示零件的加工。已知该零件毛坯为 $\phi50mm\times110mm$，材料为45钢，工、量、刃具清单及评分标准见表6-3、表6-4。

（1）图纸

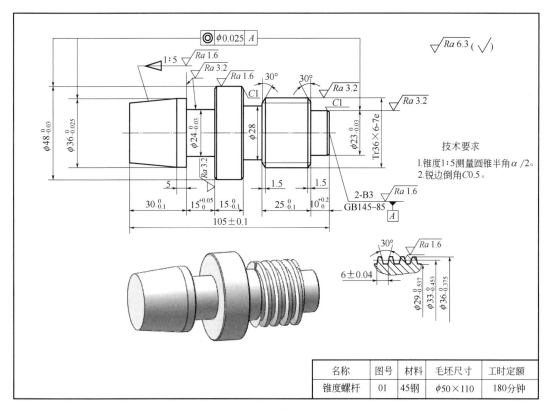

名称	图号	材料	毛坯尺寸	工时定额
锥度螺杆	01	45钢	$\phi50\times110$	180分钟

图6-11　锥度螺杆

表 6-3 工、量、刃具清单

序号	名称	规格	数量	备注
1	游标卡尺	0～150 0.02	1	
2	外径千分尺	0～25 25～50 0.01	1	
3	万能角度尺	0～320°2′	1	
4	量针	$\phi 3mm$	3	
5	端面车刀	45°	自备	
6	外圆车刀	90°	自备	
7	梯形螺纹车刀	Tr36×36	自备	
8	切槽刀	5	自备	
9	中心钻	B3	自备	
10	钻夹头		1	
11	鸡心夹头	自定	1	
12	对刀样板	P=6，30°	1	
13	其他	铜棒、铜皮、刀垫、毛刷、油石等常用工具		选用

表 6-4 评分标准

班级			姓名		学号			工时	
考核项目	序号	考核内容及技术要求		配分		评分标准			得分
主要项目	1	$\phi 48_{-0.03}^{0}$mm，Ra1.6μm		10		超差扣 6 分，表面粗糙度达不到扣 4 分			
	2	$\phi 36_{-0.025}^{0}$mm，Ra1.6μm		10		超差扣 6 分，表面粗糙度达不到扣 4 分			
	3	$\phi 23_{-0.03}^{0}$mm，Ra3.2μm		10		超差扣 6 分，表面粗糙度达不到扣 4 分			
	4	$\phi 24_{-0.03}^{0}$mm，Ra3.2μm		10		超差扣 6 分，表面粗糙度达不到扣 4 分			
	5	$15_{0}^{+0.05}$mm		8		超差全扣			
	6	Tr36×6-7e		8		超过 7e 扣 8 分			
	7	锥度 1:5		6		超差全扣			
	8	Ra1.6μm（Tr36×6-7e 牙侧）		8		一处达不到 Ra1.6μm 扣 4 分，达不到 Ra3.2μm 全扣			
一般项目	9	$\phi 28$mm		2		超差全扣			
	10	$30_{-0.1}^{0}$mm		4		超差全扣			
	11	$15_{-0.1}^{0}$mm		4		超差全扣			
	12	$10_{0}^{+0.2}$mm		2		超差全扣			
	13	105mm±0.1mm		2		超差全扣			
	14	$25_{-0.1}^{0}$mm		2		超差全扣			
	15	◎ $\phi 0.025$ A		6		超差 0.01mm 扣 3 分			
	16	B3 Ra1.6μm（2 处）		2		一处达不到要求扣 1 分			
	17	圆锥 Ra1.6μm		4		达不到要求全扣			
	18	槽 Ra3.2μm（2 处）		2		一处达不到要求扣 1 分			

考核项目	序号	考核内容及技术要求	配分	评分标准	得分
其他项目	19	倒角，倒钝锐边		一处不符合要求，从总分中扣除 1 分	
	20	未注公差尺寸		一处超过 IT14，从总分中扣除 1 分	
	21	$Ra6.3\mu m$		一处不符合要求，从总分中扣除 1 分	
安全操作规范	22	按企业标准		违反一项规定，从总分中扣除 2 分，扣分不超过 10 分	
综合得分					

（2）图纸分析

该零件是轴类复合件，包含着锥度加工和梯形外螺纹加工。工件尺寸精度、形位精度、表面粗糙度要求都很高，加工时应采用粗、精分开，先粗后精的加工原则。

图 6-11 中，基准 A 为左右两端中心孔，左端外圆 $\phi 48_{-0.03}^{0}$ mm 的轴线、$\phi 36_{-0.025}^{0}$ mm 轴线和右端外圆 $\phi 23_{-0.03}^{0}$ mm 的轴线与基准 A 有同轴度要求 ⌾ $\phi 0.025$ A，同轴度要求在定位装夹时采用双顶尖定位装夹。锥度长度较短时可采用转动小滑板法进行加工，同时用万能角度尺检测、控制锥度。梯形螺纹螺距为 6mm，螺距较大，采用斜进法或左右车削法进行加工。

（3）相关计算

① 圆锥半角计算：$\tan\dfrac{\alpha}{2} = \dfrac{C}{2} = 0.1$，经查三角函数表，$\dfrac{\alpha}{2} = 6°$。

② 梯形螺纹参数计算 根据表 6-1 中的公式，梯形外螺纹牙顶宽 $f = 0.366P = 0.366 \times 6 = 2.196 \approx 2$(mm)，牙槽底宽 $w = 0.366P - 0.536a_c = 0.366 \times 6 - 0.536 \times 0.5 = 1.928$(mm)，牙型高度 $h = 0.5P + a_c = 0.5 \times 6 + 0.5 = 3.5$(mm)。

③ 三针测量计算 根据表 6-2，最佳量针选择：$d_D = 0.518P = 0.518 \times 6 = 3.1 \approx 3$(mm)。

$M = d_2 + 4.864d_D - 1.866P = 33 + 4.864 \times 3 - 1.866 \times 6 = 36.396$(mm)，考虑到中径 $\phi 33_{-0.453}^{0}$ mm 的上下偏差值，因此 $M = \phi 36_{-0.057}^{+0.396}$ mm。

④ 法向尺厚计算 测量时，也可以用齿厚卡尺检测法向齿厚（在图纸上实际并不标注法向齿厚，而是标注中径公差），比较方便，如图 6-12 所示。

计算事项（其中，$\alpha =15°$，γ 为螺纹升角。es_x 为轴向齿厚上偏差，ei_x 为轴向齿厚下偏差）：

$$\tan\gamma = \frac{P}{\pi d_2} \approx \frac{6}{3.14 \times 33} \approx 0.058, \quad \gamma \approx 3.3°$$

法向齿厚 $S_n = S_x = \dfrac{P}{2}\cos\gamma \approx 3 \times \cos 3.3° \approx 3$(mm)

中径公差 $T_{中} = es - ei = 0 - (-0.453) = 0.453$(mm)

放大图中，$\tan\alpha = \dfrac{T_s/2}{T_{中}/2}$，$T_s = T_{中} \times \tan\alpha = 0.453\tan a$

轴向齿厚公差 $T_s = T_{中} \times \tan\alpha = (es - ei)\tan\alpha$

法向齿厚上偏差 $es_n = es_x\cos\gamma = es \times \tan\alpha\cos\gamma = 0$

法向齿厚下偏差 $ei_n = ei_x\cos\gamma = ei \times \tan\alpha\cos\gamma \approx 0.453 \times \tan 15°\cos 3.3° \approx 0.121$

结论：法向尺厚尺寸为 $3_{-0.12}^{0}$ mm。

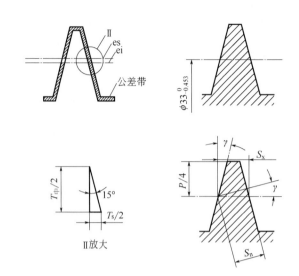

图 6-12　梯形螺纹换算图

（4）工艺路线

① 夹毛坯，平端面，钻中心孔 B3。

② 粗车左部外圆 $\phi49$mm、$\phi37$mm。

③ 切槽 $\phi24_{-0.03}^{0}$mm。

④ 卸件调头，夹外圆 $\phi49$mm，轴肩定位，车端面，控制总长（105 ± 0.1）mm，钻中心孔 B3。

⑤ 粗车右部外圆 $\phi24$mm、$\phi37$mm。

⑥ 精车 $\phi36_{-0.375}^{0}$mm，倒角 1.5mm×30°。

⑦ 切槽 $\phi28$mm。

⑧ 粗、精车 Tr36×6-7e。

⑨ 双顶精车外圆 $\phi23_{-0.03}^{0}$mm、$\phi48_{-0.03}^{0}$mm。

⑩ 调头双顶精车外圆 $\phi36_{-0.025}^{0}$mm。

⑪ 粗、精车锥度 1∶5。

6.2.2　加工技术要点

（1）高速钢梯形螺纹车刀的刃磨

① 刃磨步骤

a. 粗磨左右两侧后刀面，刃磨出左右两侧后角和刀尖角。

b. 精磨左右两侧后刀面，控制好刀头宽度，使其小于牙槽底宽 0.5mm 左右。

c. 粗磨前刀面，刃磨出径向前角。

d. 油石备刀后刀面、前刀面和横刃。

② 刃磨要求

a. 刃磨车刀时，要不断用梯形螺纹样板检查刀尖角是否达到 30°。磨刀样板如图 6-13 所示。

b. 刃磨车刀时，要不断蘸水冷却车刀，防止车刀模糊退火。

图 6-13　梯形螺纹车刀刃磨样板

（2）梯形螺纹车刀后角检测

要根据螺纹升角值刃磨出梯形螺纹车刀合适的左、右后角，由于零件梯形螺纹为右旋螺纹，因此左后角 $\alpha_{oL}=(3°\sim5°)+\gamma=6.3°\sim8.3°$，右后角 $\alpha_{oR}=(3°\sim5°)-\gamma=-0.3°\sim1.7°$，刃磨完后测量方法如图 6-14 所示。

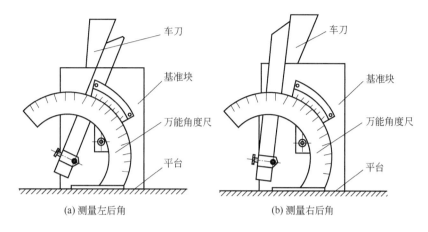

(a) 测量左后角   (b) 测量右后角

图 6-14　测量螺纹车刀后角

（3）梯形螺纹车削技术

① 车螺纹准备工作　安装好 60°三角形外螺纹车刀，把车床各手柄按照螺距铭牌表处于对应位置，提起离合器正车，刀尖在外圆（大径）上轻轻划出一条螺距线，能看清就可以，退刀停车，然后用钢直尺检测螺距是否为 6mm，再转动小滑板手柄使车刀纵向向前移动一个齿顶宽距离 f，在外圆（大径）上再一次轻轻划出一条螺距线，这样在外圆上就划出来一个较宽的加工区域，如图 6-15 所示，这个较宽的区域就是梯形螺纹车刀粗车进刀范围。然后，用 60°三角形外螺纹刀的左、右侧刃倒出两个 1.5mm×60°的倒角。最后，卸下 60°螺纹车刀，用磨刀样板对刀安装好 30°梯形外螺纹刀，准备车削梯形螺纹。

② 加工方法　梯形螺纹螺距为 6mm，螺距较大，切削深度单边 3.5mm，容易产生扎刀，因此必须采用斜进法或左右车削法进行车削。但是为了提高效率，一般是直进法、斜进法、左右车削法三种方法综合运用。即在开始进刀时采用直进法，双边吃刀深度 2mm 左右后，移动小滑板使车刀左斜进车削（每次进刀 0.20～0.30mm），即将出现毛边屑时，小滑板纵向回退使车刀右斜进车削，此后一直左右斜进循环交替车削，如图 6-16 所示，但要注意的是，粗车不能超过所划区域刻线。粗车完毕，进入半精车阶段（光刀），其过程是先对螺纹牙右侧进行微量光刀，表面粗糙度达到要求后，牙右侧不再车削，然后光刀牙左侧，并不断进行螺纹中径测量，直至尺寸合格，完成精车。

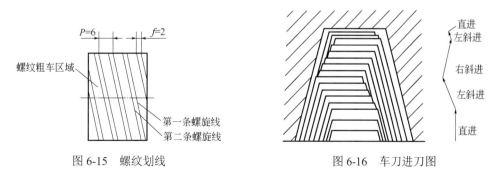

图 6-15　螺纹划线   图 6-16　车刀进刀图

（4）加工注意事项

① 在粗车螺纹时，要注意观察螺旋槽，不要超过齿顶宽刻线，需要不定时地用游标卡尺大概测量一下齿顶宽，以保证留有精车余量。

② 安装梯形螺纹车刀一定要用 30°样板上刀，安装方法与三角形螺纹车刀一样，以保证装刀的正确性。

③ 如果出现扎刀现象，一定要马上退刀再重新进行对刀，对刀方法与三角形螺纹车刀对刀类同。

④ 加工时要采用低速车削，粗车 30～40r/min，精车 15～20r/min，同时要浇注充足的乳化液进行冷却。

进阶篇
数控车工手工编程及加工

第**7**章

数控车削加工技术基础

本章内容主要包括数控车工工作基本内容，通过系统学习，进一步为车削任务训练打下基础。

7.1 数控车床基础知识

知识目标

① 了解数控车床的功能，掌握数控车床的型号和加工特点。
② 掌握数控车床加工步骤以及加工方案的选择原则。
③ 掌握数控车床安全操作规程，了解数控车床维护保养知识。

7.1.1 数控车床种类及其功能

数控车床是使用计算机数字化信号控制的机床。操作时将程序输入到计算机中，再由计算机指挥机床各坐标轴的伺服电机去控制车床各运动部件，车削出不同形状的工件。

（1）数控车床种类

数控车床按刀架所处位置通常可分为两大类——前置刀架数控车床和后置刀架数控车床。前置刀架数控车床的刀架在操作者俯视一方，一般为四方刀架，能够安装四把刀具；后置刀架数控车床的刀架在操作者目视正前方，一般为回转式圆盘类刀架，能够安装多把刀具。两种数控车床如图 7-1、图 7-2 所示。

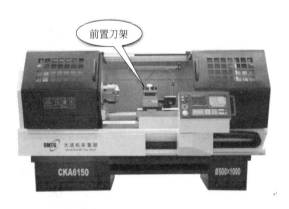

图 7-1　四方刀架数控车床

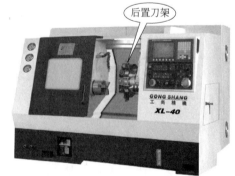

图 7-2　转塔式刀架斜床身数控车床

（2）数控车床功能

普通车床主要加工轴类、盘类、内孔、螺纹、锥类等回转类零件，对于数控车床来讲这些零件都能够加工。另外，数控车床还可以加工普通车床无法加工的复杂零件，例如椭圆、抛物线等特殊曲面的加工。

7.1.2　数控车床型号及其结构

（1）数控车床型号

数控车床的型号与卧式车床类同，例如 CKA6150，读作车 A6150，其中：C 为"车"字汉语拼音首字母（大写），K 为数控的"控"字汉语拼音首字母（大写），A 为 CA6150 型车床经过第一次重大改进代号，6 为组代号（卧式车床组），1 为系代号（卧式车床系），50 为主参数折算值（床身最大工件回转直径 500mm 的 $\frac{1}{10}$ ）。

（2）数控车床结构

数控车床的机床本体与卧式车床类同，不同点在于数控车床采用 CNC（computer numerical control，计算机数控）控制系统和伺服电机装置来控制刀具按照所编制程序进行切削运动，实现了车床的自动化加工。

7.1.3　数控车刀

数控车刀通常采用的是机夹刀具，其结构由刀体、夹紧元件、刀片、刀垫四部分组成，如图 7-3 所示。

数控加工要求数控车刀至少能完成 1~2 个班次的加工，因此对刀片性能提出了很高的要求。常用数控刀片为涂层刀片，它是在硬质合金基体上或高速钢基体表面采用一定的工艺方法，涂覆一薄层（5~12μm）高硬度、难溶的金属化合物（TiC、TiN、Al$_2$O$_3$ 等），使刀片既保持基本强度和韧性，同时表面又具有很高的硬度和耐磨性、更小的摩擦系数和高的耐热性，其使用寿命比普通刀片至少提高 1~2 倍。刀片形状如图 7-4 所示。

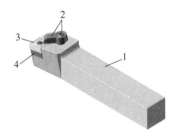

图 7-3　机夹可转位车刀

1—刀体；2—夹紧元件；3—刀片；4—刀垫

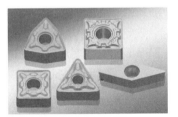

图 7-4　数控涂层刀片

7.1.4　数控车床加工特点

（1）适应性强，柔性好

数控车床随生产加工对象的变化而变化的适应能力比较强，比如两种轮廓相似的零件，后一批零件的加工可以不用再重新编程，而是在原来程序的基础上稍微编辑一下即可使用。

（2）适合复杂型面的加工

一些复杂型面譬如正弦曲线、抛物线、内球面等对于普通机床而言加工难度很大，但是如果用数控车床加工就会比较简单。

（3）加工精准

由于数控车床用程序来控制加工，因此加工精度高，尺寸准确，质量稳定，避免了人为误差。

（4）工序集中，生产效率高

数控加工可在一次装夹中加工零件的许多部分，因此符合工序集中的原则，降低了加工成本。

（5）自动化程度高

数控车床利用数控装置控制车床自动加工零件，与普通机床相比，不仅节约了人力成本，而且使劳动强度大大降低。

（6）维修成本高

数控车床与普通机床相比价格较高，结构复杂，维修调试要求由具有较高技术水平的专业人员进行操作。

7.1.5　数控车床加工工件的步骤

（1）分析图纸，确定工艺方案

加工前首先要对图纸进行分析，设计好工艺方案。工艺方案主要包括工序（或工步）安排、刀具选择、刀具进给路线、切削参数以及夹具方案等等。

（2）编制加工程序

加工方案确定好后，依据工序安排，要对每一个工步进行程序编制。

（3）调试加工程序

程序是否合格需要进行验证，这一步就是调试程序。调试程序可通过仿真软件进行模拟仿真，也可将程序传至机床系统，然后把机床锁住，在空运行的模式下运行程序和模拟图形，如有问题可进行编辑修改。

（4）对刀试切工件

调试好程序后，装夹好车刀，装夹并找正毛坯，开始对刀试切加工。通过检验工件加工质量，进一步分析产生误差的原因并不断地调整改进，直至加工出合格工件。

（5）批量生产工件

工件试切合格后，整理好程序、加工方案，就可以进行大批量加工。

7.1.6　数控车床加工方案的选择原则

（1）先粗后精原则

数控车加工可分为粗加工、半精加工和精加工三个阶段，半精加工相当于试切阶段。

（2）先近后远原则

在加工工件时，通常安排离起刀点近的部位先加工，远的部位后加工，以便缩短刀具移动距离，减少空行程，提高效率，这也是编制程序的原则。这和普通车床加工略显不同。

（3）先内后外原则

对有内、外轮廓的零件，通常先加工内轮廓，再加工外轮廓。

7.1.7　数控车床安全操作规程

数控车床安全操作规程是正确操作数控车床必须遵守的原则，具体规定如下。

① 操作时请戴上防护目镜，穿上安全防护鞋。

② 戴安全帽，工作服的袖口和衣边应系紧。

③ 操作过程中不能戴手套。

④ 操作数控系统前，应检查两侧的散热风机是否正常，以保证良好的散热效果。应该仔细检查车床各部分机构是否完好，还应按要求认真检查数控系统及各电器附件的插头、插座是否可靠连接。

⑤ 操作数控系统时，对各按键操作不得用力过猛，更不允许用扳手或其他工具进行操作。

⑥ 机床周围环境应干净、整洁、光线适宜，附近不能放置其他杂物，以免给操作者带来不便。

⑦ 未经过安全操作培训的人，不能操作机床。

⑧ 操作者尽量不要更换或增加夹具、工装和辅助设备。

⑨ 机床上所用的夹具、工装必须具有足够的刚性，安装时必须采取防松措施。

⑩ 机床，特别是机床的运动部件上不能放置工件、工具等东西。

⑪ 数控系统在不使用时，要用布罩套上，防止进入灰尘，并应定期进行内部除尘或细微清理。

⑫ 在清除沉积在机床、配电板以及 NC 控制装置上的灰尘、碎屑时，避免使用压缩空气。

⑬ 操作和维修人员必须特别注意安全标牌上的有关安全警告说明，操作时应完全按照说明进行。

⑭ 机床上的固定防护门、各种防护罩、盖板，只有在调试机床时才能打开，NC 控制单元以及配电柜的门更不能随便打开。

⑮ 安全装置均不得随意拆卸或改装，如行程两端的限位撞块以及电气互锁装置的限位开关。

⑯ 调整和维修机床时所用的扳手等工具必须是标准工具。

⑰ 记住急停按钮的位置，以便于在紧急情况下能够快速按下。

⑱ 在机床运转时，身体各部位不能接近运转部件。

⑲ 清理铁屑时，应先停机，注意不能用手清理刀盘及排屑装置里的铁屑。

⑳ 先停机，再调整冷却喷嘴的位置。

㉑ 安装刀具时，应使主轴及各运动轴停止运转，注意其伸出长度不得超过规定值。刀盘转位时要特别注意，防止刀尖和床身、拖板、防护罩、尾座等发生碰撞。

㉒ 当自动转位刀架未回转到位时，不得强行用外力使刀架非正常定位，以防止损坏刀架的内部结构。

㉓ 完成对刀后，要做模拟换刀过程试验，以防止正式操作时发生撞坏刀具、工件或设备等事故。

㉔ 工件装夹时应尽量平衡，未平衡时不能启动主轴。

㉕ 虽然数控车削加工过程是自动进行的，但并不属无人加工性质，仍需要操作者经常观察，不允许随意离开生产岗位。

㉖ 下班时，按规定切断电源，然后把机床各部位（包括导轨）擦干净，再按使用说明书中的规定给导轨和各运动部位涂上防锈油。还应认真做好交接班工作，必要时，应做好文字记录（如加工程序及程序执行情况等）。

7.1.8　数控车床的维护与保养

数控车床的维护与保养是减少数控车床故障的重要保障。对其进行定期维护与保养，不仅可延长元器件的使用寿命，也是保护数控系统的一种手段。

（1）保养原则

数控车床一般按机床操作使用说明书进行保养，其常见保养见表 7-1。

表 7-1　数控车床保养要求

序号	检查周期	检查部位	检查要求
1	每天	导轨润滑油箱	检查油量，及时添加润滑油；润滑泵是否定时启动、打油或停止
2	每天	主轴润滑恒温油箱	工作是否正常，油量是否充足，温度范围是否合适
3	每天	机床液压系统	油箱泵有无异常声音，工作油面高度是否合适，压力表指示是否正常，管路及各接头有无漏油
4	每天	压缩空气源压力	气动控制系统压力是否在正常范围之内
5	每天	X、Z 导轨面	清除切屑和脏物，检查导轨面有无划伤损坏，润滑油是否充足
6	每天	各防护装置	机床防护罩是否齐全有效
7	每天	电气柜各散热通风装置	各电气柜中冷却风扇是否工作正常，风道过滤网有无堵塞，及时清理过滤网
8	每周	各电气柜过滤网	清洗沾附的尘土
9	不定期	冷却液箱	随时检查液面高度，及时添加冷却液，若太脏应及时更换
10	不定期	排屑器	经常清理切屑，检查有无卡住现象
11	半年	检查主轴驱动带	按说明书要求调整驱动带松紧程度
12	半年	各轴导轨上镶条，压紧滚轮	按说明书要求调整松紧状态
13	一年	检查和更换电机碳刷	检查换向器表面，去除毛刺，吹净碳粉，磨损过多的碳刷应及时更换
14	一年	液压油路	清洗溢流阀、减压阀、滤油器、油箱、过滤液压油（或更换）
15	一年	主轴润滑恒温油箱	清洗过滤器，油箱，更换润滑油
16	一年	冷却油泵过滤器	清洗冷却油池，更换过滤器
17	一年	滚珠丝杠	清洗丝杠上旧的润滑脂，涂上新油脂

（2）保养注意事项

① 通电时，先强电后弱电，断电时则与之相反。

② 除进行必要的调整和检修外，不允许随便开启柜门，更不允许敞开门加工。

③ 一般情况下，电池即使未失效也应该每年更换一次，确保系统正常工作。更换电池时，要在通电情况下进行，以避免数据丢失。

④ 若数控车床长期闲置不用，要经常给系统通电，把机床锁住进行空运行，每月 2～3 次，每次通电时间不少于 1 小时，这样利用电气元件本身的发热来驱散数控装置中的潮气，保证电气元部件的稳定、可靠及充电电池的能量足够。

7.2　数控车床面板认知与操作

知识目标

掌握 FANUC 0i Mate-TD 系统数控车床操作面板功能。

技能目标

掌握面板相关操作技能，在 10 分钟内独立完成面板测试题。

7.2.1 数控车床面板认知

数控车床 FANUC 系统逐步在升级，面板已有多款。虽然界面不同，但基本按键功能是一样的，只不过是位置可能发生变化。

数控车床面板可分为系统操作面板和用户操作面板两部分，以 FANUC 0i Mate-TD 为例，如图 7-5 所示，其中，实线矩形范围为系统操作面板，虚线范围为用户操作面板。

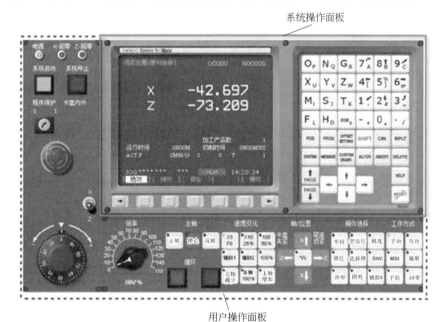

图 7-5　FANUC 0i Mate-TD 系统数控车床面板

（1）FANUC 0i Mate-TD 数控系统操作面板

数控系统操作面板按键的功用见表 7-2。

表 7-2　系统面板各键功用

序号	用户操作面板按键	名称	功用
1	RESET	复位键	按下这个键可以使 CNC 系统复位或者取消报警
2	HELP	帮助键	当用 MDI 键操作有疑问时，按下这个键可以获得帮助
3	◄ □□□□□ ►	软键	软键功能在显示屏幕的底端，按下这些键对应屏幕不同画面
4	地址和数字键盘	地址和数字键	按下这些键可以输入字母 、数字或者其他字符
5	↑ SHIFT	SHIFT 键	在键盘上某些键具有两个功能，按下 SHIFT 键可以在这两个功能之间进行切换

序号	用户操作面板按键	名称	功用
6	INPUT	输入键	当按下一个字母键或数字键时，数据被输入到缓冲区，并且显示在屏幕上，按下该键后数据进入偏置寄存器
7	CAN	取消键	用于删除最后一个进入输入缓存区的字符或符号
8	ALTER	替换键	用以替换原来的指令字
9	INSERT	插入键	每输入一个字符或程序段后按此键，字符或程序段后便进入显示屏
10	DELETE	删除键	删除相应选中的字
11		光标移动键	上、下、左、右移动光标位置
12	PAGE	翻页键	将屏幕显示页面向前或向后翻页
13	POS	位置键	按下此键以显示位置屏幕，出现绝对坐标、相对坐标和机械坐标
14	PROG	程序键	按下此键以显示程序屏幕
15	OFS SET	刀补键	按下此键以显示刀具偏置（形状、磨耗）、设置（SETTING）和坐标系屏幕
16	SYSTEM	系统键	按下此键以显示系统参数屏幕
17	MESSAGE	信息键	按下此键以显示信息屏幕
18	CSTM GRPH	轨迹显示键	按下此键，显示屏显示图形界面
19	E EOB	分号键	按下此键，显示屏会出现分号

（2）FANUC 0i Mate-TD 数控系统用户操作面板

系统操作面板按键、旋钮及其功用见表 7-3。

表 7-3 操作面板各部件功用

序号	系统操作面板按钮	名称	功用
1	系统启动 系统停止	系统启动/停止开关	控制 NC 通电和 NC 断电，用来开启和关闭数控系统
2		急停按钮	按下时，锁住机床，主轴停止转动，刀具停止进给运动

序号	系统操作面板按钮	名称	功用
3		手轮选择旋钮	在手轮模式下，扳动右上角 X、Z 上下方向选择开关，刀具按照手轮倍率做相应 X、Z 进给方向运动
4		进给倍率旋钮	用来调节自动模式进给倍率。调整范围为 0～150%
5		主轴旋转按键	按下键后，开启主轴正转、主轴停止、主轴反转
6		循环启动/停止按钮	在自动加工和 MDI 模式下用来开启或停止自动加工，包括模拟加工
7		主轴倍率按键	按下键后，调整主轴转速
8		手摇快速倍率按键	×1、×10、×100 代表手摇倍率，F0、25%、50%代表快速倍率
9		进给轴和方向选择键	在手动模式下，选择该键后，刀具做相应 X、Z 方向进给运动
10	DNC	DNC 按键	通过 RS232 通信接口，用电缆线连接 PC 和数控机床，选择程序传输加工
11	单段	单段按键	按下此键，程序执行单句加工
12	空运行	空运行按键	按下此键，机床运行时，程序 G01 以 G00 速度运行
13	锁住	机床锁住键	按下此键，机床的各方向轴将不会移动
14	跳选	选择跳选键	自动运行时将执行跳段程序，也就是程序段前有"/"时将不执行
15	选择停	选择停止按键	按下此键，程序执行到 M01 语句时程序停止
16	手动	手动按键	按下此键为手动模式，完成主轴正转、反转、停止、坐标轴运动、手动换刀等系列操作
17	自动	自动按键	按下此键，开启自动加工模式
18	MDI	手动输入程序键	按下此键，开启手动输入程序模式，当程序执行完后自动消失，不会存储
19	编辑	编辑按键	按下此键，开启程序编辑模式，可以检查程序、编辑修改程序
20	手摇	手摇按键	按下此键，开启手轮模式，可以操作手轮
21	回零	回参考点按键	此键同 X 与 Z 方向键共同使用，执行回相应的 X、Z 方向的零点

7.2.2　数控车床操作流程

数控车床开机后拉开机床门，先观察刀具位置，如果刀具位置不在车床导轨中间范畴，要在手轮模式或手动模式下将车床刀架沿 X 方向移动到与燕尾槽导轨正面平齐，Z 向移动到导轨中间范畴，如图 7-6 所示，然后回机床参考点，把刀架再移动到车床导轨中间范畴，此后才可以安全地进行其他操作。

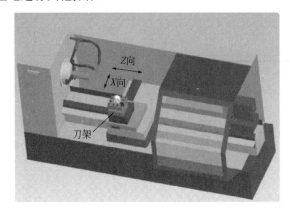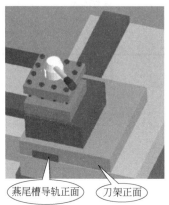

图 7-6　刀架位置

7.2.3　数控车床开关机

数控车床电源开关合上以后，要进行开机和返回车床参考点的操作，然后按照车床保养要求检查车床是否处于正常状态，只有在机床正常时才能进行其他工作。

（1）开机

首先合上电源，电源指示灯[图]显示已亮，然后按 NC 系统启动开关[图]，等待一分钟，系统启动，CRT 显示屏启动，显示屏出现坐标画面。屏幕有"EX1000 EMERGENCY STOP"的报警信息，释放急停按钮，进行复位，CRT 显示屏无报警信息。此后，让机床返回参考点，机床就进入正常工作状态。

（2）关机

工作完毕后，要进行关机。首先按下急停按钮，再按下 NC 系统停止开关[图]，最后关上电源开关。

7.2.4　回参考点操作

在机床开机后或重新开机、出现报警、突然停电、出现事故按下急停按钮且急停解除之后，都需要对机床的原点进行确认，也就是要回机床参考点。

（1）回参考点的目的

回机床参考点的目的就是要建立机床坐标系绝对原点。原点建立后，数控车刀在这个坐标系下显示移动位置，使车刀移动有了依据，从而避免发生机床碰撞。

（2）回参考点的几种情况

当机床操作过程中出现超程、撞刀事故、停电、开机情况时，必须返回参考点。

（3）回参考点操作方法

① 执行程序回参考点　点"MDI"键。选择 MDI 模式，点"程序"键，出现图 7-7（a）

所示界面，点软键"MDI"，出现图7-7（b）所示界面，输入"G28 U0. W0.;"，光标返回程序头 O0000，见图 7-7（c），快速倍率选 25%，最后按循环启动按钮，执行程序。机床返回参考点后，用户操作面板左上角 X-回零、Z-回零显示灯变亮。

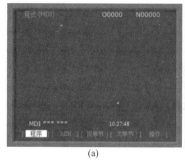 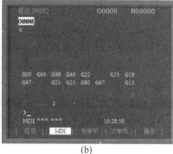 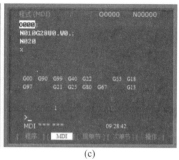

(a)   (b)   (c)

图 7-7　回参考点界面

② 利用机床回零按键操作　在手动模式下，点"回零"键，快速倍率选 25%，点 X↓键，➡Z 键，回零灯变亮即可。

7.2.5　急停功能的使用及解除

（1）使用条件

① 在加工过程中，若出现危险情况或意外事故，可按机床操作面板上的急停按钮，机床立即停止运动。

② 开机要解除急停按钮报警信息，关机前要按下急停按钮。

（2）解除方法

将故障排除后，按下按钮的同时顺时针方向旋转按钮即可释放，切不可直接旋转或直接拔出。

7.2.6　建立新程序操作步骤

点"编辑"键，选择编辑模式，点"PROG"键，输入 O0001，点"EOB"键，点"INSERT"插入键，界面如图 7-8（a）所示，就可以在这个界面下进行程序输入、编辑了。点"DIR"软键，出现图 7-8（b）所示界面，则 1 号程序 O0001 已经建好且存在数控系统中。

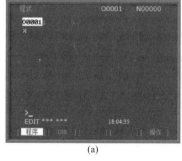 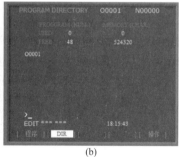

(a)   (b)

图 7-8　新建程序

7.2.7　删除程序操作步骤

在图 7-8 画面中输入"O0001"，如图 7-9（a）所示，点"DELETE"键，如图 7-9（b）所

示，则程序 O0001 已经删除。

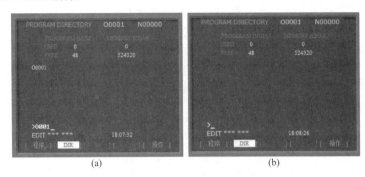

图 7-9　删除程序

7.2.8　调用程序操作步骤

数控系统中要经常调出存储的程序，常用的方法如下。

（1）方法一

打开 DIR 显示界面，如图 7-10（a）所示，在此界面下输入"O0002"，点光标移动键的下箭头键 则 O0002 程序显示出来，如图 7-10（b）所示。

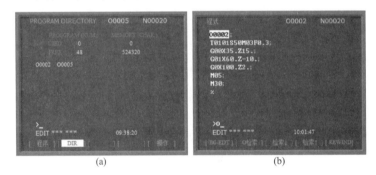

图 7-10　调出程序方法一

（2）方法二

点"编辑"键，选择编辑模式，点"PROG"键，如图 7-11（a）所示，输入程序"O0002"，出现图 7-11（b）所示检索界面，点软键中的"检索"键 ，调出图 7-11（c）所示 O0002 程序。

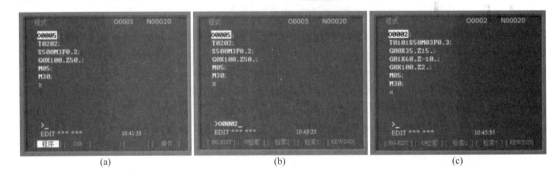

图 7-11　调出程序方法二

7.2.9 超程解除操作

当刀具在 X 方向或 Z 方向超过行程时，CRT 屏幕出现过行程报警信息，只需在手轮模式下将刀具摇到过行程的反方向一段距离后，再按复位键即可排除报警。

7.2.10 调试程序操作

（1）方法一

将刀具移动到导轨中间，调出程序，光标移动到程序名处，点"锁住"键、"空运行"键，点"自动"键，按循环启动键。

（2）方法二

在对刀（后将论述）完毕后，点击"OFS/SET"键，出现图 7-12（a）所示界面，在 X 后输入 100，点 INPUT 键，如图 7-12（b）所示。光标移动到 Z 后，在 Z 后输入 200，点"INPUT"键，如图 7-12（c）、（d）所示。将刀具移动到导轨中间，调出程序，光标移动到程序名处，点"空运行"键，点"自动"键，按循环启动键。

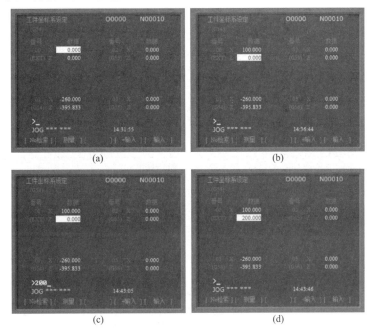

图 7-12　调试程序设置

7.2.11 面板练习题

【题 1】数控车床面板程序编辑

① 以 O0110 为程序名新建一个程序。

② 输入表 7-4 中的程序。

表 7-4　编辑练习程序

N1 T0101 S500 F0.15 G40 G97 G99；	N10 X26.0；
N2 G00 X45.0 Z5.0；	N11 X28.0 Z-21.0；

N3 G70 U1.5 R0.5;	N12 Z-50.0;
N4 G70 P5 Q15 U0.5 W0.0 5;	N13 X35.0;
N5 G00 X0;	N14 G01 Z-82.0;
N6 G01 Z0;	N15 G01 X45.0;
N7 X16.0;	N16 G28 U0 W0;
N8 X18.0 Z-1.0;	N17 M05;
N9 Z-20.0;	N18 M30;

③ 按照以下各项任务要求完成表 7-4 程序的编辑及修改。

a．将 N3、N4 中的 G70 替换为 G71。

b．在 N1 中的 S500 后面加上 M03。

c．在 N13 程序段后加上：

N14 G03 X39.0 W-2.0 R2.0；

d．原程序段号 N14、N15、N16、N17、N18 依次改为 N15、N16、N17、N18、N19。

【题 2】数控面板调试程序与图形仿真

① 以程序号 O0001 为名新建一个程序并手动输入程序，见表 7-5。

表 7-5　模拟调试程序

O0001;	
N10 T0101 S500 M03 F0.2;	N130 G03 X39.0 W-2.0 R2.0;
N20 G00 X42.0 Z2.0;	N140 G01 Z-82.0;
N30 G71 U1.5 R0.5;	N150 G01 X42.0;
N40 G71 P50 Q150 U0.3 W0.05 F0.2;	N160 G00 X200.0 Z200.0;
N50 G00 X16.0;	N170 M05;
N60 Z0;	N180 G00 T0101 S800 M03 F0.08;
N70 G01 X18.0 Z-1.0;	N190 G42 X42.0 Z2.0;
N80 Z-20.0;	N200 G70 P50 Q150;
N90 X26.0;	N210 G40 G00 X100.0 Z100.0;
N100 X28.0 W-1.0;	N220 M05;
N110 Z-50.0;	N230 M30;
N120 X35.0;	

② 在机床锁住和空运行的模式下对以上程序进行图形仿真并进行调试。

7.3　数控车床坐标系的确定与对刀

知识目标

① 了解笛卡儿坐标系，掌握数控车床坐标系的规定。

② 掌握编程原点、机床参考点、机床原点、对刀点、换刀点的概念和区别。

① 掌握外圆刀、切刀、螺纹刀的对刀方法。
② 在 5 分钟内完成外圆刀、切刀、螺纹刀三把刀的准确对刀。

7.3.1 机床坐标系的规定

（1）右手笛卡儿坐标系

数控机床加工零件时，机床的动作是由数控系统发出指令来控制的，为了确定刀具运动的位移（屏幕坐标）和运动方向，需要用坐标系，这个坐标系叫作机床坐标系。

数控机床坐标系采用右手笛卡儿坐标系的原则，如图 7-13 所示。规定直线进给坐标轴用 X、Y、Z 表示，旋转轴用 A、B、C 表示，其方向采用右手螺旋定则来判定。右手的拇指、食指、中指互相垂直，并分别代表 $+X$、$+Y$、$+Z$ 轴。围绕 $+X$、$+Y$、$+Z$ 轴的回转运动分别用 $+A$、$+B$、$+C$ 表示，与 $+X$、$+Y$、$+Z$、$+A$、$+B$、$+C$ 相反的方向用带 " $'$ " 的 $+X'$、$+Y'$、$+Z'$、$+A'$、$+B'$、$+C'$ 表示。

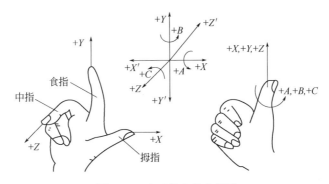

图 7-13　右手笛卡儿坐标系

（2）数控车床坐标系

规定：数控车床 Z 轴与车床主轴轴线相重合，设 Z 轴远离工件的方向为 Z 正方向。X 轴垂直于 Z 轴，对应于刀架的径向移动，设 X 轴远离工件轴线的方向为 X 轴的正方向。图 7-14（a）为平床身前置刀架数控车床坐标系，图 7-14（b）为斜床身后置刀架数控车床坐标系。其中 Y 轴为车床虚设轴，是与 X、Z 轴一起构成遵循右手笛卡儿法则的坐标轴。

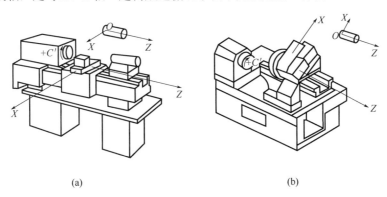

（a）　　　　　　　　　　　　　　　（b）

图 7-14　数控车床坐标系

7.3.2 机床原点和参考点

（1）机床原点

机床坐标系的原点又称为机床原点或机床零点，是由机床制造厂家确定的。机床原点的位置大多在主轴轴线与装夹卡盘的法兰盘端面的交点上，是数控车床进行加工运动的基准参考点。

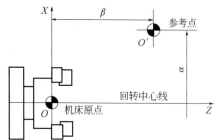

图 7-15　机床原点、参考点位置示意图

（2）机床参考点

机床参考点是机床厂家设定的，是相对于机床原点的一个可以设定的参考值，通常设定在 X 轴和 Z 轴的正向最大行程处的那一点。机床参考点可以与机床原点重合，也可以不重合，但是数控车床一般不重合。

工件回参考点的目的是建立机床坐标系，从而确定机床坐标系原点的位置。一般数控车床系统启动后，首先要回机床参考点。

机床原点、参考点位置如图 7-15 所示。

7.3.3 编程原点、对刀点、换刀点

（1）编程原点

① 概念　编程原点指的是工件的编程原点，又叫工件坐标系原点，是由编程人员在编程时根据加工零件图样及加工工艺要求选定的编程坐标系的原点。

② 选择原则

a．编程原点的选择要尽量满足编程简单、尺寸换算少、引起的加工误差少等条件。

b．一般情况下，编程原点选在尺寸标注的基准或定位基准上。相对于数控车床，工件坐标系原点一般选在工件轴线与右端面的交点上，如图 7-16 所示。

（2）对刀点及换刀点

对刀点是数控加工开始前刀具相对于工件运动的起点，是零件程序加工的起始点。换刀点是刀架转位换刀时所在的位置，其选择原则是可选在远离工件和尾座便于换刀的位置，设定时是个安全点。

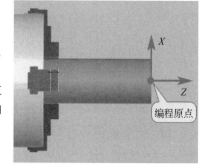

图 7-16　编程原点

7.3.4 CRT 坐标

FANUC 数控系统 CRT 屏幕显示有三个坐标，即绝对坐标、相对坐标、机械坐标，分别对应于图 7-17（a）、（b）、（c）。

（1）绝对坐标

绝对坐标指的是刀具移动时的当前坐标，是一种绝对位置，程序中用 X、Z 表示。在没执行程序时，它指的是在机床坐标系下的绝对位置，其坐标值和机械坐标值一样。在执行程序的时候，它指的是刀具当前点在工件坐标系（编程坐标系）中的绝对位置。

（2）相对坐标

它指的是刀具移动时后一点相对于前一点的坐标，前一点就是基准位置。相对坐标是一种

相对位置，程序中用 U、W 表示，其中 U 相当于 X，W 相当于 Z。

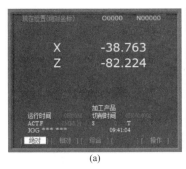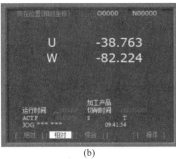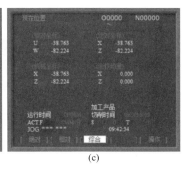

| (a) | (b) | (c) |

图 7-17　数控系统坐标

（3）机械坐标

机械坐标指的是刀具在机床坐标系下的坐标，程序中用 X、Z 表示。

💡 注意：

在执行程序加工时，操作者主要观察的是绝对坐标以及余移动量（刀具剩下的移动量）。

7.3.5　对刀目的和基本步骤

（1）车刀对刀目的

零件加工前，首先要进行对刀，对刀目的就是建立工件坐标系，以确定工件坐标系原点在机床坐标系中的位置。

（2）车刀对刀步骤

坐标系原点通常设在工件端面中心，简而言之，对刀就是把该中心点位置存储在系统中。数控车刀对刀采用试切法，其步骤是：

① 工件旋转，用 1 号刀（基准刀）车平端面。

② 利用 OFS/SET 的测量功能输入"Z0."，按测量键。

③ Z 向退刀，X 向退刀。

④ 用 1 号刀（基准刀）试切削出一小段（5mm 左右）可供测量的光滑外圆表面。

⑤ 沿 Z 轴退出车刀，此时刀具 X 向不可移动。

⑥ 用游标卡尺测量试切的外圆柱面直径 D，利用 OFS/SET 的测量功能输入 XD，按测量键。

⑦ 2 号刀、3 号刀等都以 1 号刀加工出来的外圆表面和端面为基准，刀尖轻触上述表面后（不可再次试切），利用 OFS/SET 的测量功能输入刀具补正值（重复步骤②和⑥）。

7.3.6　外圆车刀对刀操作

（1）端面对刀

① MDI 模式下，输入程序段 S500 M03 T0101；并运行。换 1 号刀，手动模式下，刀具快速移动到工件端面附近（倍率 50%），见图 7-18（a）。

② 改成手轮模式，倍率放低，刀具 Z 向轻轻与端面沾刀出屑，见图 7-18（b）。

③ X 向迅速退出，打开相对坐标位置界面，点 W 键，W 后坐标闪动，点软键 ORIGIN 归零，

见图 7-18（c）。

④ 手轮切换到 Z 向，进 1mm，见图 7-18（d）；手轮切换到 X 向，车端面直到没屑为止，见图 7-18（e）。

⑤ 点"OFS/SET"键打开刀具补偿形状画面，见图 7-18（f）；光标移动到 G0001 一行 Z 下，输入"Z0."，见图 7-18（g）；点软键测量键，见图 7-18（h），则刀具在 Z 向的零点位置存储在寄存器中，Z 向对刀完毕。

⑥ 手轮模式下，刀具沿 Z 向迅速退出，X 向退出，见图 7-18（i）。

(a) 靠近端面

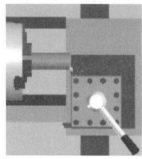

(b) 端面沾刀出屑

(c) W 归零

(d) Z 向进 1mm

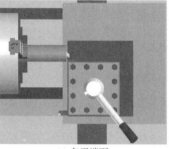

(e) 车平端面

(f) 形状画面

(g) 输入 Z0 值

(h) 测量键画面

(i) 退刀

图 7-18 Z 向对刀步骤

（2）外圆对刀

① 刀具迅速靠近工件外圆，见图 7-19（a）；手轮倍率放低，切换到 X 向轻轻沾刀出屑，见图 7-19（b）；切换到 Z 向，刀具迅速退出，见图 7-19（c）。

② 打开相对坐标位置画面，点"U"键，U 后坐标闪动，点软键 ORIGIN 归零，见图 7-19（d）。

③ 手轮切换到 X 向，进 1mm，见图 7-19（e）；沿 Z 向车外圆进 5～10mm，见图 7-19（f），

Z 向迅速退出，主轴停止。

④ 用游标卡尺测量车过的外圆直径 46.92，打开刀具补偿形状画面，光标移动到 G0001 一行 X 下，输入 X46.92，见图 7-19（g）；点软键测量键，见图 7-19（h）。

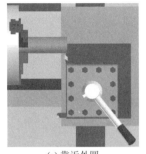

(a) 靠近外圆

(b) 外圆沾刀

(c) Z 向迅速退出

(d) U 归零

(e) U 进 1mm

(f) 车外圆

(g) 输入 X 直径值

(h) 测量键画面

图 7-19　X 向对刀步骤图

7.3.7　外螺纹车刀对刀操作

（1）Z 向对刀

① 将刀架移动到安全点，MDI 模式下，输入 "T0202;"，调出螺纹刀。

② 主轴正转，刀具靠近已经车过的外圆端面边缘，观察对齐后，打开刀补画面，输入 "Z0."，点 "测量" 键，过程如图 7-20（a）～（d）所示。

（2）X 向对刀

① 刀具靠近外圆，轻轻沾刀出屑，打开刀补画面，光标移动到 G0002 一行 X 下，输入 X46.92，点软键测量键。过程如图 7-21（a）～（d）所示。

② X向退刀，Z向退刀。

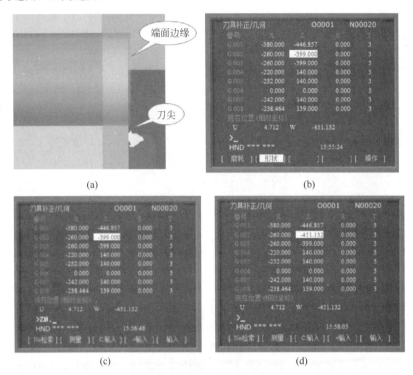

图 7-20　螺纹车刀 Z 向对刀

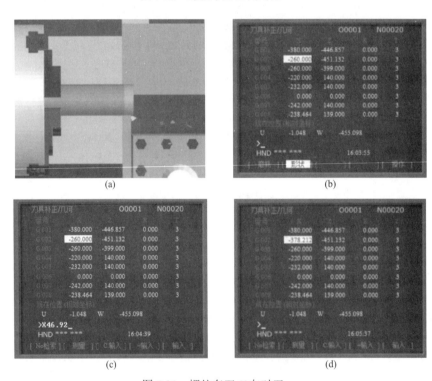

图 7-21　螺纹车刀 X 向对刀

7.3.8　切断刀对刀操作

（1）Z向对刀

① 将刀架移动到安全点，MDI 模式下，输入"T0303；"，调出切刀。

② 主轴正转，刀具靠近已经过的外圆端面边缘，观察对齐后，打开刀补画面，输入"Z0."，点"测量"键。过程如图 7-22（a）～（d）所示。

③ X向退刀，Z向退刀。

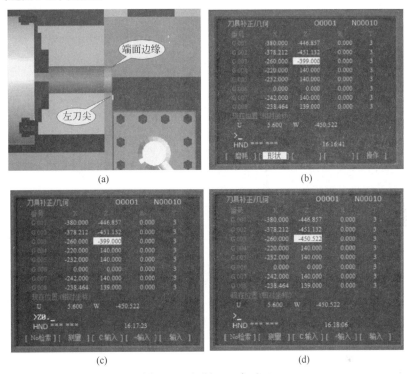

图 7-22　切断刀 Z 向对刀

（2）X向对刀

① 刀具靠近外圆，轻轻沾刀出屑，打开刀补形状画面，光标移动到 G0003 一行 X 下，输入 X46.92，点软键测量键，过程如图 7-23（a）～（d）所示。

② X向退刀，Z向退刀。

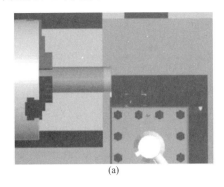
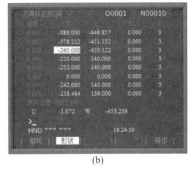

图 7-23

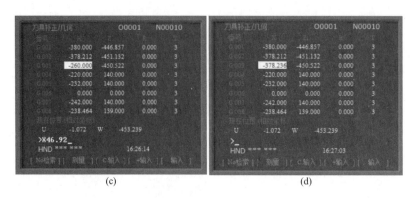

(c)   (d)

图 7-23   切断刀 X 向对刀

7.3.9   操作注意事项

① 外圆车刀、切刀、螺纹刀装刀要正确，车刀左外侧面要与刀架左侧平面对齐贴平。

② 1 号基准刀将基准端面、外圆车好后，2 号刀、3 号刀等不必再车端面和外圆，在对刀时轻轻对准外圆和端面沾刀出屑并输入相应数据即可。

③ 对刀之前要恢复所有轴，然后再对刀。

恢复所有轴操作步骤：在绝对坐标画面，点操作软键，点▶软键，点所有轴软键。

第 **8** 章

简单轴类零件的数控车削加工

本章内容主要包括数控车工轴类零件的编程与加工知识，通过系统学习，掌握轴类零件的基本编程技巧和加工技巧。

8.1 台阶轴加工

知识目标

① 掌握 N、F、M、G 等功能指令。
② 掌握 G00、G01、G90 指令及其应用。
③ 能够对台阶轴进行数控车削工艺分析。

技能目标

① 熟练装夹工件和刀具，迅速找正工件。
② 掌握案例的工艺与编程，独立完成圆球零件的加工。

8.1.1 数控程序结构

（1）程序组成

一个完整的数控程序由程序名、程序内容和程序结束组成，程序内容由若干程序段组成。例如：

```
O0001;           程序名
N01 G21 G40;     程序段
N10 T0101;       程序段
N20 G00 X50 Z2;  程序段
N30 G01 Z0;      程序段
…  …            程序段       程序内容
N80 M30;         程序结束
```

（2）程序段格式

程序段的格式为

```
N__  G__  X(U)__  Z(W)__  F__  S__  T__  M__;
```

其中，N 为顺序号，在程序段首位，其范围是 N1～N99999999，间隔一般为 10；G 为准备功能字；X、Z 为尺寸字；F 为进给指令字；S 为主轴转速功能字；T 为刀具功能字；M 为辅助功能字。

8.1.2 功能代码概述

（1）准备功能（G）

准备功能字的地址符是 G，又称为 G 功能或 G 指令，用于建立机床或控制系统工作方式。G 后面数字一般为 2 位正整数，如 G00、G01 等。

G 指令有模态指令和非模态指令两种。模态指令是一组可以相互注销的代码，这些代码一经使用便一直有效，直至同组的另一个 G 指令出现后才被注销。非模态指令只在所规定的程序段中有效，程序段结束时被注销。常用的模态代码有直线、圆弧、循环指令等，如表 8-1 所示。

表 8-1 常用模态指令

G 代码	组别	说明
G00	01	定位
G01		直线切削
G02		顺时针切圆弧
G03		逆时针切圆弧
G70	00	精加工循环
G71		内外径粗切循环
G72		台阶粗切循环（径向粗切循环）
G73		成形粗切循环
G74		钻孔循环
G75		切槽循环
G76		螺纹切削循环
G20	06	英制输入［单位为英寸（in），1in=25.4mm］
G21		公制输入（单位为 mm）
G40	07	取消刀尖半径补偿
G41		刀尖圆弧半径左补偿
G42		刀尖圆弧半径右补偿

（2）主轴功能（S）

主轴转速功能字的地址符是 S，又称为 S 功能或 S 指令，用于指定主轴转速。S 后面一般为整数转速值，如 S1000。

① G50 设定主轴最高转速指令，其格式为"G50 S___ ;"，转速单位为 r/min，例如"G50 S1500;"。

② G96 设定主轴恒线速度指令，其格式为"G96 S___ ;"，转速单位为 m/min，例如"G96 S50;"。

③ G97 设定主轴转速指令，其格式为"G97 S____ ;"，转速单位为 r/min，具有取消 G96 功能。例如"G97 S500;"。

注意：

采用 G96 方式加工零件时，当线速度保持不变时，随着直径逐渐变小，主轴转速会越来越高。为防止主轴转速过高，离心力过大，产生危险以及影响机床的使用寿命，采用此指令来限制主轴的最高转速。该指令一般与 G96 配合使用，格式为 G50 S___ ；G96 S___ ;。例如 G50 S3000；G96 S30;。

（3）刀具功能（T）

刀具功能字的地址符是 T，又称为 T 功能或 T 指令，用于指定加工时所用刀具的编号。其后面数字为 4 位正整数，前两位数字代表刀具编号，后两位数字代表刀具补偿号，刀具号和补偿号一般相同，如"T03 03；"。

（4）进给功能（F）

进给功能字的地址符是 F，又称为 F 功能或 F 指令，用于指定切削的进给速度。其后面是一组数字。

① G98　每分钟进给量。格式"G98 F__；"。F 设定的进给量单位是 mm/min。例如"G98 F100；"。

② G99　每转进给量。格式为"G99 F__；"。F 设定的进给量单位是 mm/r。例如"G99 F0.3；"。

（5）辅助功能（M）

辅助功能字的地址符是 M，又称为 M 功能或 M 指令，用于指定数控机床辅助装置的开关动作。M 后面数字一般为 2 位正整数，如 M01、M30 等。常用辅助功能指令见表 8-2。

表 8-2　常用辅助功能指令

指令	说明	指令	说明	指令	说明
M00	程序暂停	M04	主轴反转	M08	冷却液开
M01	选择停止	M99	子程序结束	M09	冷却液关
M02	程序结束	M05	主轴停止	M98	调用子程序
M03	主轴正转	M06	换刀	M30	子程序结束

注：M02、M30 的区别在于执行完 M02 指令后，光标停留在 M02 上；执行完 M30 指令后，光标停留在程序名上。

8.1.3　G00、G01、G90 和 G94 指令的应用

（1）快速点定位指令（G00）

① 定义　刀具以点定位控制方式从刀具当前点快速运动到下一个目标位置。

② 格式　G00 X（U）__Z（W）__；

其中，X、Z——刀具终点坐标；U、W——后一点相对于前一点的相对坐标。X 后采用直径编程，U 后采用直径增（减）量。

【例 8-1】如图 8-1（a）所示，O 为编程原点，刀具从当前点 M（50，25）快速移动到 A 点，分别用绝对编程、相对编程和混合编程编写程序。

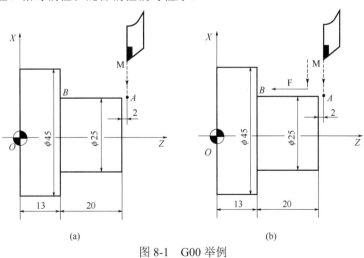

(a)　　　　　　　　　　　　(b)

图 8-1　G00 举例

a. 绝对编程　G00 X25.0 Z35.0；（M-A）

b. 增量编程　G00 U-25.0 W0.；（M-A）

c. 混合编程

或
```
G00 X25 W0.;(M-A)

G00 U-25.0 Z2.0;(M-A)
```

注意：

① G00 是模态指令，其移动速度是由厂家预先设定的。执行指令时，刀具的实际运动路线有时不是直线而是折线，要注意干涉。

② G00 一般用于加工前的快速定位或快速退刀。

（2）直线插补指令（G01）

① 定义　规定刀具在 XOZ 平面内以插补联动方式并以进给速度 F 做任意直线运动。

② 格式　G01 X（U）__ Z（W）__ F__；

其中，X、Z——刀具终点坐标；U、W——后一点相对于前一点的相对坐标；F——刀具进给量。X 后采用直径编程，U 后采用直径增（减）量。

【例 8-2】如图 8-1（b）所示，O 为编程原点，刀具从当前点 M（50，25）快速移动到 A 点，再从 A 点直线进给到 B 点，进给速度 0.3mm/min，分别用绝对编程、相对编程和混合编程编写程序。

a. 绝对编程
```
G00  X25.0  Z35.0 ;(M-A)

G01  X25.0  Z13.0 F0.3;(A-B)
```

b. 增量编程
```
G00  U-25.0  W0. ;(M-A)

G01  U0.  W-22.0 F0.3;(A-B)
```

c. 混合编程
```
G00  U-25.0  Z2.0;(M-A)

G01  X25.0  W-22.0 F0.3;(A-B)
```

注意：

① G01 指令后是绝对编程还是增量编程，由编程者根据情况确定。

② 进给速度由 F 决定，F 也是模态指令。

（3）单一形状固定循环指令（G90）

① 走刀路线　G90 常用于单一外圆（内孔）表面加工以及阶梯轴（孔）零件加工，其走刀路线如图 8-2 所示。刀具快速到循环点 A，每执行一次 G90 指令，刀具就经过循环路线 A→1→2→3→4→循环终点 A 一回。

② 指令格式　G90 X（U）__ Z（W）__ F__；（加工内、外圆柱面）

其中，X（U）、Z（W）——外径、内径切削终点坐标；F——指定切削进给量。

【例 8-3】加工如图 8-3 所示零件，刀具循环点为点 A，X 向单边吃刀深度 a_p 为 2mm，利用 G90 指令编写粗加工程序。

```
… … … …
G00 X40. Z2.0;                    刀具当前点→A
G90 X23.0 Z-25.0 F0.25;           A→E→B′→B→A
X19.0;                            A→E→C′→C→A
X15.0;                            A→E→D′→D→A
… … … …
```

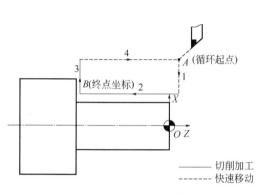

图8-2 G90走刀路线

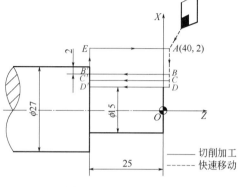

图8-3 G90指令举例

（4）端面切削循环指令（G94）

① 指令格式 G94 X（U）＿＿ Z（W）＿＿ F＿＿；

其中，X（U）、Z（W）——端面切削终点坐标；F——切削进给量。

② 指令走刀路线 G94常用于车端面或者粗车外圆，其走刀路线如图8-4所示，刀具快速到循环点A，每执行一次G90指令，刀具就经过循环路线A→1→2→3→4→循环终点A一次。

【例8-4】加工如图8-5所示零件，Z向吃刀深度 a_p 为3mm，利用G94指令编写粗加工程序。

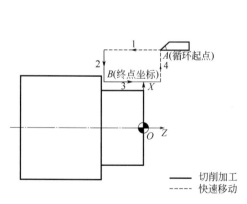

图8-4 端面切削循环

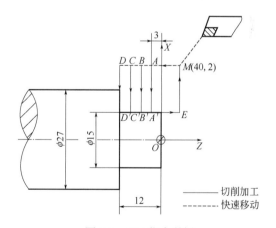

图8-5 G94指令举例

```
… … … …
G00 X40. Z2.0;                    刀具当前点→M
G90 X15.0 Z-3.0 F0.25;            M→A→A′→E→M
```

```
Z-6.0;                          M→B→B′→E→M
Z-9.0;                          M→C→C′→E→M
Z-12.0;                         M→D→D′→E→M
... ... ... ...
```

8.1.4 实例：阶梯轴的加工

（1）图纸

完成图 8-6 所示零件的加工。已知该零件毛坯为ϕ45mm×63mm，材料为硬铝。

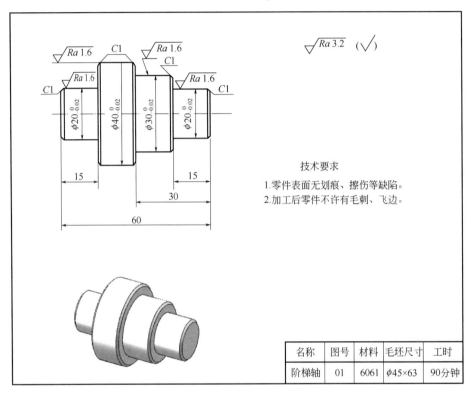

技术要求

1. 零件表面无划痕、擦伤等缺陷。
2. 加工后零件不许有毛刺、飞边。

名称	图号	材料	毛坯尺寸	工时
阶梯轴	01	6061	ϕ45×63	90分钟

图 8-6 阶梯轴图纸

（2）工、量、刃具清单和评分标准

① 工、量、刃具清单　工、量、刃具清单如表 8-3 所示。

表 8-3　工、量、刃具清单

序号	名称	规格	数量	备注
1	游标卡尺	0～150　0.02	1	
2	千分尺	0～25，25～50　0.01	1	
3	93°外圆仿形刀	25×25	2	
4	其他	铜棒、铜皮、毛刷等常用工具		选用

② 阶梯轴评分标准　阶梯轴评分标准见表 8-4。

表 8-4 阶梯轴评分标准

班级		姓名		学号		
项目	序号	技术要求	配分	评分标准		得分
外圆部分	1	$\phi 20_{-0.02}^{0}$ （2 处）	12	超差全扣		
	2	$\phi 40_{-0.02}^{0}$	12	超差全扣		
	3	$\phi 30_{-0.02}^{0}$	12	超差全扣		
长度部分	4	60	4	超差全扣		
	5	15（2 处）	4	超差全扣		
	6	30	4	超差全扣		
表面粗糙度	7	$Ra1.6$（4 处）	16	一处达不到扣 8 分		
	8	$Ra3.2$（2 处）	4	一处达不到扣 2 分		
倒角	9	C1（5 处）	5	1 处不符合要求扣 1 分		
编程与操作	10	切削工艺制定正确	5			
	11	切削用量合理	4			
	12	程序正确、简单规范	8			
	13	操作规范	10			
综合得分						

（3）工艺流程

① 图纸技术要求分析 该零件加工是简单轴类加工，包括外圆加工和端面加工。外圆三个工件尺寸公差均为 0.02mm，表面粗糙度是 $Ra1.6\mu m$，长度尺寸为自由公差，外圆尺寸精度、表面粗糙度要求都很高，加工时应采用粗、精分开，先粗后精的加工原则。为了达到技术要求，加工分粗加工、半精加工、精加工三个阶段，半精加工相当于试切，半精加工和精加工转速、进给量保持相同。

② 装夹分析 根据毛坯尺寸 $\phi 45mm\times 63mm$，工件需要调头装夹。定位元件是三定心卡盘，定位基准是毛坯和 $\phi 20_{-0.02}^{0} mm$ 的外圆。

③ 加工刀具的选择 根据工、量、刃具清单，选择加工刀具，如表 8-5 所示。

表 8-5 刀具卡

序号	刀具号	刀具名称	刀尖半径/mm	数量	加工表面
1	T0101	93°外圆仿形车刀	0.8	1	外圆
2	T0202	93°外圆仿形车刀	0.4	1	外圆、端面

④ 工艺安排 零件工艺安排见表 8-6。

表 8-6 零件加工工艺卡

工步号	工步内容	刀具号	切削用量		
			吃刀深度 a_p/mm	进给速度 F/（mm/r）	主轴转速 n/（r/min）
1	夹毛坯，手动车端面	T0202	小于 1	0.2	800

工步号	工步内容	刀具号	切削用量		
			吃刀深度 a_p/mm	进给速度 F/(mm/r)	主轴转速 n/(r/min)
2	粗车右部外圆ϕ30.8mm、ϕ20.8mm	T0101	2	0.25	500
3	精车外圆至$\phi 30_{-0.02}^{0}$ mm、$\phi 20_{-0.02}^{0}$ mm,倒角 $C1$	T0101	0.4	0.15	1500
4	调头,垫铜皮于外圆$\phi 20_{-0.02}^{0}$ mm 处,找正夹紧,手动车端面,控制总长 60mm	T0202	≤1(每刀)	0.2	800
5	粗车左部外圆ϕ40.8mm、ϕ20.8mm	T0101	2	0.25	450
6	精车外圆至$\phi 40_{-0.02}^{0}$ mm、$\phi 20_{-0.02}^{0}$ mm,倒角 $C1$	T0202	0.4	0.15	1500

⑤ 编程原点、循环点和换刀点的确定

a. 编程原点　工步 2、3 中,编程原点在工步 1 完成后所形成的工件右端面中心处,工步 4、5 中,编程原点在工步 3 完成后所形成的工件右端面中心处。

b. 循环点　循环点在 Z 向距离端面 2mm,X 向为ϕ47mm 处,即(47,2)。

c. 换刀点　换刀点在 Z 向距离端面 100mm,X 向为ϕ100mm 处,即(100,100)。

⑥ 编写程序(参考)　该零件是一个简单轴类零件,因此可用 G90 粗车编程,精车时用 G01、G00 编程。工步 2、3 参考程序见表 8-7,工步 5、6 程序的编写与工步 2、3 参考程序类同,读者可仿照 O0001 程序自行编制。

表 8-7　阶梯轴程序

程序	说明
O0001;	程序名
G21 G40 G97 G99;	程序初始化
T0101 S500 M03 F0.25;	调 1 号外圆刀,主轴正转,转速 500r/min,进给量 0.25mm/r
G00 X47.0 Z2.0;	刀具快速移动到循环点
G90 X41.0 Z-30.0 F0.25;	粗车外圆ϕ30.8、ϕ20.8,留 0.8mm 精车余量
X37.0;	
X33.0;	
X30.8;	
X26.8 Z-15.0;	
X22.8;	
X20.8;	
G00 X100.0 Z100.0;	刀具快速返回换刀点
M05;	主轴停转
M00;	暂停调整、测量
T0202 S1500 M03 F0.15;	调 2 号外圆精车刀,主轴正转,转速 1500r/min,进给量 0.15mm/r
G00 X18.0 Z2.0;	刀具快速到起刀点

程序	说明
G01 Z0.;	刀具进给到端面
G01 X20.0 Z-1.0;	倒角 C1
Z-15.0;	精车外圆ϕ20mm
X28.0;	刀具进给到ϕ28mm
X30.0 W-1.0;	倒角 C1
Z-30.0;	精车外圆ϕ30mm
G00 X100.0 Z100.0;	刀具快速返回安全点
M05;	主轴停转
M30;	程序结束

8.1.5 直径尺寸精度控制技术

直径尺寸精度控制是加工难点，其过程如下。

（1）半精加工

当程序执行到 M00 暂停后（粗加工完毕），打开 OFS/SET 磨耗画面，如图 8-7（a）所示；将光标停在 2 号精车刀刀号下，在 W002 一行中 X 下，输入"0.6"，点"INPUT"键，见图 8-7（b）。切换到程序画面，光标停在 M00 后，循环启动自动加工，程序结束后，实际上加工还没有结束，本次执行的 G70 只是精加工之前的试切过程，即半精加工阶段。此后要对相关直径尺寸进行测量，进行比较调整尺寸，进行精加工。

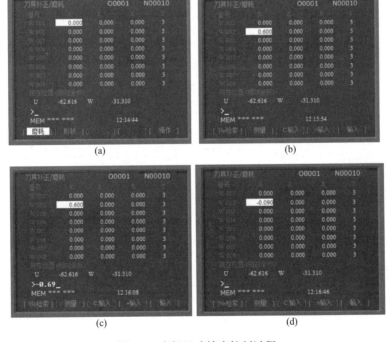

图 8-7 直径尺寸精度控制过程

（2）精加工

用千分尺测量任意一个外圆直径（选$\phi20$），尺寸读数为$\phi20.68$mm，比$\phi20$零线多了0.68mm（实际半精车后直径车下去 0.12mm），根据其尺寸公差，尺寸最好加工到公差中间值，光标移动到磨耗画面W002后X数值下，画面屏幕下方直接输入"-0.69"（-0.68-0.01），见图8-7（c），点软键[+输入]，出现图8-7（d）画面。数值输入完毕，切换到程序画面，将光标置于M00后，按循环启动按钮，进行精加工。

8.1.6 加工注意事项

① 开始加工时，要单段运行，快速倍率选择 F0，待刀具快到循环点时，将进给倍率旋钮旋至 0，刀具停止，观察 CRT 屏幕绝对坐标是否与刀具当前点对应，以判断对刀是否正确。

② 调头装夹工件之前，要在已加工外圆表面包一层铜皮进行装夹，所裹铜皮不能重叠。

8.1.7 编程练习

写出图 8-8 所示零件的工序并用 G90 指令编写程序。已知毛坯尺寸为$\phi45$mm×90mm，材料为 45 钢。

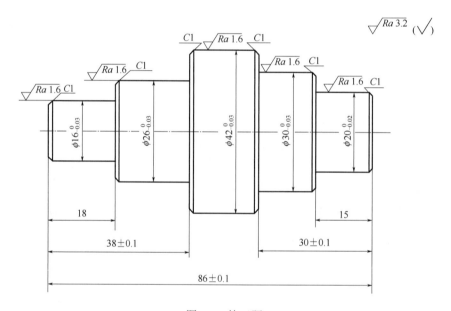

图 8-8　练习题

8.2　圆锥轴类零件加工

知识目标

① 掌握 G90 在圆锥车削中的编程与应用。
② 掌握 G71、G70 指令编程格式及应用。

掌握案例的工艺与编程，独立完成圆球零件的加工。

8.2.1 锥面循环加工指令（G90）

（1）适用条件

对于单一锥面形状的工件可用 G90 来编制程序。

（2）指令格式

```
G90 X(U)___ Z(W)___ I___ F___ ;(加工圆锥面)
```

其中，X（U）、Z（W）——外径、内径切削终点坐标；F——切削进给量；I——圆锥半径差，其值为圆锥起点半径与圆锥终点半径差，I 有正负值，锥面起点 X 坐标大于终点 X 坐标时为正，反之为负；F——切削进给量。

（3）指令走刀路线

G90 指令执行时，走刀路线如图 8-9 所示。

【例 8-5】编写如图 8-10 所示零件圆锥部分的程序，已知毛坯尺寸为 ϕ50mm×60mm。

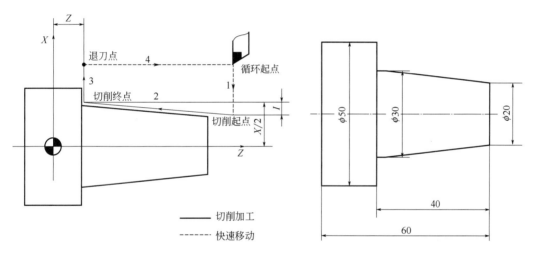

图 8-9　G90 走刀路线　　　　　　　　图 8-10　圆锥零件

分析　由锥度公式计算圆锥锥度：

$$C=(D-d)/L=(30-20)/40=0.25$$

编程原点为右端面中心，刀具起始点 Z 向距离端面 5mm，这时圆锥长度为 45mm，设第一刀小端直径为 50mm，则大端直径：

$$D=CL'+d=0.25×45+50=61.25(mm)$$

编程　计算 I=(61.25-50)/2≈5.6，设待车削圆锥大端直径依次为 57mm，53mm，49mm，……，30mm，编写程序如表 8-8 所示。

表 8-8　G90 锥度编程

程序	说明
O0001；	程序名
T0101 S600 M03 F0.20；	调 1 号外圆刀，转速 600r/min，进给量 0.20mm/r
G00 X65.0 Z5.0；	刀具快速移动到循环点（65，5）
G90 X57.0 Z-40.0 I-5.6；	圆锥循环第 1 刀
X53.0；	圆锥循环第 2 刀
X49.0；	圆锥循环第 3 刀
X45.0；	圆锥循环第 4 刀
X41.0；	圆锥循环第 5 刀
X37.0；	圆锥循环第 6 刀
……	……
X30.0；	圆锥循环最后一刀
G00 X100.0 Z100.0；	刀具回安全点
M05；	主轴停
M30；	程序结束

8.2.2　粗加工循环指令 G71

（1）适用范围

G71 指令适用于工件形状为单调递增或递减的内外径粗车。

（2）指令格式

```
G71 U∆d  R e ；
G71 P ns Q nf  U ∆u  W∆w  F___ S___T___；
```

（3）指令说明

① Δd——粗车时 X 向（直径方向）每次单边切削深度，单位为 mm。一般情况下，碳钢件取 $1\sim2$mm，铝件取 $1.5\sim2.5$mm。

② e——X 向退刀量，半径值，单位为 mm，常取 $0.5\sim1$mm。

③ ns——精加工程序段中的第一个程序段序号。

④ nf——精加工程序段中的最后一个程序段序号。

⑤ Δu——X 向精加工余量，直径值，单位为 mm，常取 $0.4\sim0.8$mm。

⑥ Δw——Z 轴方向的精加工余量，单位为 mm，常取 $0.1\sim0.2$mm。

⑦ F、S、T 分别是进给量、主轴转速、刀具号。粗加工时 G71 中编程的 F、S、T 有效，精加工时处于 ns 到 nf 程序段之间的 F、S、T 有效。

💡 注意：

ns 的程序段必须为 G00/G01 指令编程，在顺序号为 ns 到顺序号为 nf 的程序段中，不包含子程序。

（4）G71 指令走刀路径

① 走刀路线　G71 走刀路径如图 8-11 所示。

② 路径图说明　刀具从当前点快速移动到循环点 A，沿 X 负向快速进给一个 Δd，沿 Z 负向切削进给一刀，沿 45°角右斜向进给退出，X 向退刀量为 e，沿 Z 向快速退出，再沿 X 负向快速进给一个 Δd，沿 Z 负向切削进给一刀，沿 45°角斜向进给退出，X 向退刀量为 e，……接下来几刀为重复进刀，最后一刀 X 向留有 $\Delta u/2$ 精车余量，刀具沿着轮廓进给，最后快速移动到 B（系统自定点），再返回到循环点 A。

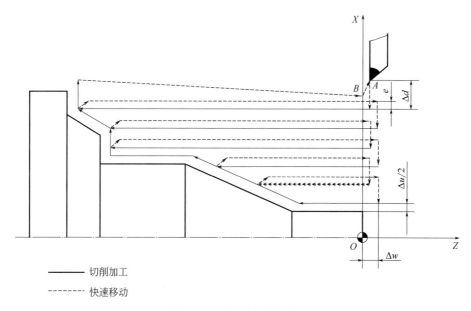

图 8-11　G71 指令走刀路线

8.2.3　精加工循环指令 G70

（1）适用条件

G70 指令适用于外径、内径的精加工，一般在粗加工循环指令结束后使用。

（2）格式

```
G70  P ns  Q nf ;
```

（3）指令说明

ns——精加工形状程序段中的开始程序段号；

nf——精加工形状程序段中的结束程序段号。

8.2.4　实例：圆锥轴的编程与加工

（1）图纸

完成图 8-12 所示零件的编程与加工。已知该零件毛坯为 $\phi 45mm \times 73mm$，材料为硬铝。

（2）工、量、刃具清单及评分标准

① 工、量、刃具清单（表 8-9）

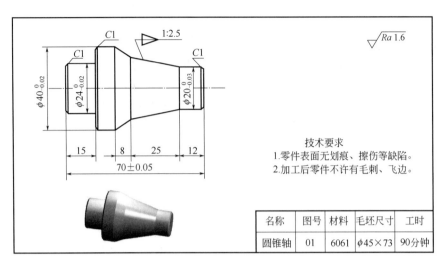

图 8-12　圆锥轴

表 8-9　工、量、刃具清单

序号	名称	规格	数量	备注
1	游标卡尺	0～150　0.02	1	
2	千分尺	0～25，25～50　0.01	1	
3	万能角度尺	0°～320°	1	
4	93°外圆车刀	25×25	2	
5	其他	铜棒、铜皮、垫片、毛刷等常用工具		选用

② 圆锥轴评分标准（表 8-10）

表 8-10　圆锥轴评分标准

班级		姓名		学号		
项目	序号	技术要求	配分	评分标准		得分
外圆部分	1	$\phi20_{-0.03}^{0}$	10	超差全扣		
	2	$\phi24_{-0.02}^{0}$	10	超差全扣		
	3	$\phi40_{-0.02}^{0}$	10	超差全扣		
锥度	4	1∶2.5	6	超差全扣		
长度部分	5	70mm±0.05mm	4	超差全扣		
	6	15mm	4	超差全扣		
	7	25mm	4	超差全扣		
	8	8mm	4	超差全扣		
	9	12mm	4	超差全扣		
表面粗糙度	10	Ra1.6μm（7 处）	14	一处达不到 Ra1.6μm 全扣		
倒角	11	C1（3 处）	3	一处不符合扣 1 分		

项目	序号	技术要求	配分	评分标准	得分
编程与操作	12	切削工艺制定正确	6		
	13	切削用量合理	5		
	14	程序正确、简单规范	10		
	15	操作规范	6		
综合得分					

（3）工艺流程

① 图纸技术要求分析　该零件加工是简单圆锥轴类加工，包括外圆加工、端面加工和圆锥加工。外圆三个工件尺寸公差分别为 0.02mm、0.02mm、0.03mm，表面粗糙度是 $Ra1.6\mu m$、$Ra3.2\mu m$，四个长度尺寸为自由公差，可加工到零线以下 0.1mm，总长公差为 0.10mm。外圆尺寸精度、表面粗糙度要求都很高。为了达到技术要求，加工分粗加工、半精加工、精加工三个阶段，半精加工相当于试切，半精加工和精加工转速、进给量保持相同，而且切削用量选择要合理。

② 装夹分析　根据毛坯尺寸 $\phi 45mm \times 73mm$，工件需要调头装夹。定位元件是三定心卡盘，定位基准是毛坯和 $\phi 24_{-0.02}^{0}$ mm 的外圆。

③ 加工刀具的选择　根据工、量、刃具清单，选择加工刀具，如表 8-11 所示。

表 8-11　刀具卡

序号	刀具号	刀具名称	刀尖半径/mm	数量	加工表面
1	T0101	93°外圆仿形车刀	0.8	1	外圆、锥面
2	T0202	93°外圆仿形车刀	0.4	1	外圆、端面、锥面

④ 工艺安排　零件工艺安排见表 8-12。

表 8-12　零件加工工艺卡

工步号	工步内容	刀具号	切削用量		
			吃刀深度 a_p/mm	进给速度 F/（mm/r）	主轴转速 n/（r/min）
1	夹毛坯，手动车端面	T0202	小于 1	0.2	800
2	粗车左部外圆 $\phi 24_{-0.02}^{0}$ mm、$\phi 40_{-0.02}^{0}$ mm，倒角 C1	T0101	2	0.25	500
3	精车左部外圆 $\phi 24_{-0.02}^{0}$ mm、$\phi 40_{-0.02}^{0}$ mm，倒角 C1	T0202	0.4	0.15	1500
4	调头，垫铜皮于 $\phi 24_{-0.02}^{0}$ mm 的外圆，轴肩定位装夹，手动车端面，控制总长 70mm	T0202	≤1（每刀）	0.2	800
5	粗车右部外圆 $\phi 20_{-0.03}^{0}$ mm、锥度 1：2.5，圆锥、倒角 C1	T0101	2	0.25	450
6	精车右部外圆 $\phi 20_{-0.03}^{0}$ mm、锥度 1：2.5，圆锥、倒角 C1	T0202	0.4	0.15	1500

⑤ 编程原点、循环点和换刀点的确定

编程原点：工步 2、3 中，编程原点在工步 1 完成后所形成的工件右端面中心处，工步 5、6 中，编程原点在工步 4 完成后所形成的工件右端面中心处。

循环点：循环点在 Z 向距离端面 2mm，X 向为 ϕ47mm 处，即（47，2）。

换刀点：换刀点在 Z 向距离端面 100mm，X 向为 ϕ100mm 处，即（100，100）。

⑥ 相关计算

圆锥部分计算：$D=CL+d=(1/2.5)\times25+20=30$(mm)。

⑦ 编写程序（参考）　工步 2、3 是阶梯外圆加工，可用 G90 编程，因为阶梯轴形状单调递增，所以也可以用 G71、G70 编程。工步 5、6 是圆锥和外圆加工，属于复合单调递增形状，用 G90 编程不方便，而用 G71、G70 编程。

a. 工步 2 程序。

编程方法一：利用 G90 编程，如表 8-13 所示。

表 8-13　阶梯外圆程序 1

程序	说明
O0001；	程序名
G21 G40 G97 G99；	程序初始化
T0101 S500 M03 F0.25；	调 1 号外圆刀，主轴正转，转速 500r/min，进给量 0.25mm/r
G00 X47.0 Z2.0；	刀具快速移动到循环点
G90 X41.8 Z-24.0 F0.25；	粗车外圆 ϕ41.8mm、ϕ22.8mm，留 0.8mm 精车余量
X38.0 Z-15.0；	
X35.0；	
X32.8；	
X29.0；	
X26.0；	
X22.8；	
G00 X100.0 Z100.0；	刀具快速返回换刀点
M05；	主轴停转
M00；	暂停调整、测量
T0202 S1500 M03 F0.15；	调 2 号外圆精车刀，主轴正转，转速 1500r/min，进给量 0.15mm/r
G00 X22.0 Z2.0；	刀具快速到起刀点
G01 Z0.；	刀具进给到端面
G01 X24.0 Z-1.0；	倒角 C1
Z-15.0；	精车外圆 ϕ24mm
X38.0 ；	刀具进给到 ϕ38mm
X40.0 W-1.0；	倒角 C1
Z-26.0；	精车外圆 ϕ40mm
G00 X100.0 Z100.0；	刀具快速返回安全点
M05；	主轴停转
M30；	程序结束

编程方法二：利用 G71、G70 编程，如表 8-14 所示。

表 8-14 阶梯外圆程序 2

程序	说明
O0001；	程序名
G21 G40 G97 G99；	程序初始化
T0101 S500 M03 F0.25；	换 1 号刀，主轴正转，转速 500r/min，进给量 0.25mm/r
G00 X47.0 Z2.0；	刀具快速移动到粗车循环点（47，2）
G71 U1.5 R0.5；	
G71 P100 Q200 U0.8 W0.2；	
N100 G00 X22.0；	
G01 Z0.；	
X24.0 Z-1.0；	粗加工，单边吃刀深度 1.5mm，退刀量 0.5mm
Z-15.0；	X 方向精车余量 0.8mm，Z 向 0.2mm
X38.0；	
X40.0 W-1.0；	
Z-26.0；	
N200 G00 X47.0；	
G00 X100.0 Z100.0；	快速返回换刀点
M05；	主轴停转
M00；	暂停加工，测量、调整磨耗值
T0202 S1500 M03 F0.15；	换 2 号外圆精车刀，主轴转速 1500r/min，进给量 0.15mm/r
G00 X47.0 Z2.0；	刀具快速移动到精车循环点
G70 P100 Q200；	精加工
G28 U0. W0.；	刀具返回到参考点
M05；	主轴停转
M30；	程序结束，光标返回程序头

b．工步 5、6 程序。程序见表 8-15。

表 8-15 圆锥程序

程序	说明
O0002；	程序名
G21 G40 G97 G99；	程序初始化
T0101 S500 M03 F0.25；	换 1 号刀，主轴正转，转速 500r/min，进给量 0.25mm/r
G00 X47.0 Z2.0；	刀具快速移动到粗车循环点（47，2）
G71 U1.5 R0.5；	粗加工循环，单边吃刀深度 1.5mm，退刀量 0.5mm

程序	说明
G71 P100 Q200 U0.8 W0.2;	粗加工循环，X 方向精车余量 0.8mm，Z 向 0.2mm
N100 G00 X18.0;	精加工外形轮廓起始程序段，刀具快速到外圆 ϕ18 处
G01 Z0.;	刀具进给到端面
X20.0 Z-1.0;	倒角 $C1$
Z-12.0;	加工 ϕ20 外圆
X30.0 W-25.0;	加工 1：2.5 圆锥
X40.0 W-8.0;	加工小锥
N200 G00 X47.0;	精加工外形轮廓结束程序段，刀具快速移动到 ϕ47
G00 X100.0 Z100.0;	刀具快速移动到换刀点
M05;	主轴停转
M00;	暂停加工，测量、调整磨耗值
T0202 S1500 M03 F0.15;	换 2 号外圆精车刀，主轴转速 1500r/min，进给量 0.15mm/r
G00 X47.0 Z2.0;	刀具快速移动到精车循环点
G70 P100 Q200;	精加工
G00 X100.0 Z100.0;	刀具快速返回安全点
M05;	主轴停转
M30;	程序结束，光标返回程序头

8.2.5 编程练习

写出如图 8-13 所示零件的工序并用 G71、G70 指令编写该零件程序。已知毛坯尺寸为 ϕ45mm×78mm，材料为 45 钢。

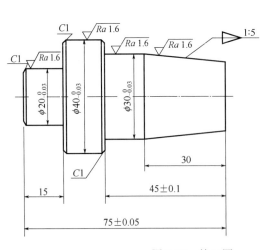

图 8-13 练习图

8.3 圆弧轴类零件加工

📖 **知识目标**

① 掌握圆弧指令的绝对值、增量值编程方法。
② 掌握刀具半径补偿指令的编程知识。
③ 掌握 G73 指令的编程知识。

📖 **技能目标**

① 掌握刀具半径补偿指令的用法。
② 掌握案例的工艺与编程，独立完成圆球零件的加工。

8.3.1 圆弧插补指令（G02、G03）

（1）圆弧插补指令的概念

圆弧插补指令是指刀具沿着工件的圆弧轮廓运动并切出圆弧轮廓的指令。该指令有两个，一个是顺时针圆弧插补指令 G02，另一个是逆时针圆弧插补指令 G03。

（2）顺、逆时针判断

选用圆弧顺、逆时针指令可以利用右手笛卡儿坐标规定来判断。即建立工件坐标系 ZOX 后，为工件坐标系加上 Y 轴，沿+Y 轴负向观察，若走刀方向绕 Y 轴顺时针方向则指令为 G02，反之为 G03，如图 8-14 所示。

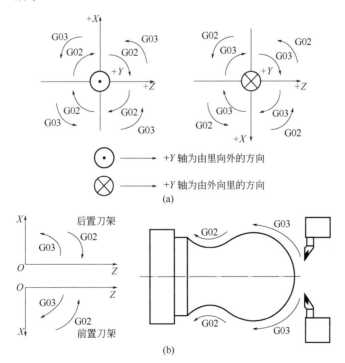

图 8-14 圆弧顺、逆判断

（3）指令格式

① 顺时针圆弧插补　　G02 X（U）＿＿Z（W）＿＿R＿＿F＿＿；或 G02 X（U）＿＿Z
（W）＿＿I＿＿K＿＿F＿＿；

② 逆时针圆弧插补　　G03 X（U）＿＿Z（W）＿＿R＿＿F＿＿；或 G03 X（U）＿＿Z
（W）＿＿I＿＿K＿＿F＿＿；

（4）指令说明

① X、Z——刀具所要到达终点的绝对坐标值。

② U、W——刀具所要到达终点距离现有位置的增量值。

③ R——圆弧半径。

④ F——刀具的进给量，应根据切削要求确定。

⑤ I、K——圆弧的圆心相对圆弧起点在 X 轴、Z 轴方向的坐标增量（I 值为半径量），当
方向与坐标轴的方向一致时为"＋"，反之为"－"。

⑥ 刀具切削圆弧是 X、Z 轴联动的合成运动。

⑦ 当用半径方式指定圆心位置时，由于在同一半径 R 的情况下，从圆弧的起点到终点有
两个圆弧的可能性，为区别两者，规定圆心角 $\alpha \leqslant 180°$ 时，用"＋R"表示，如图 8-15（a）所
示；当 $\alpha > 180°$ 时，用"－R"表示，如图 8-15（b）所示。

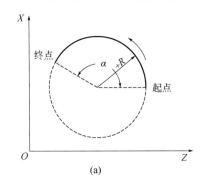 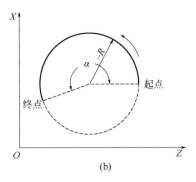

图 8-15　圆弧正负判断

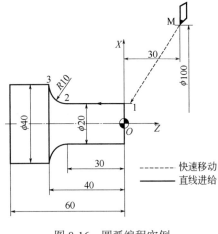

图 8-16　圆弧编程实例

⑧ 当编程时，为了避免出现圆弧方向判断错误，
最好选用后置刀架来编程。

（5）举例

【例 8-6】编写图 8-16 所示零件圆弧的程序。刀具
轨迹为 $M \to 1 \to 2 \to 3$。

① 用 I、K 表示圆心位置

a. 绝对值编程：

```
......
N30 G00 X20.0 Z2.0;(刀具从 M 点快速移动到 1 点)
N40 G01 Z-30.0 F0.15;(刀具从 1 点直线进给到 2 点)
N50 G02 X40.0 Z-40.0 I10.0 K0 F0.10;(刀具
车圆弧,从 2 点进给到 3 点)
......
```

b. 增量值编程：

```
......
N30 G00 U-80.0 W-28.0；(M→1)
N40 G01 U0 W-32.0 F0.15；(1→2)
N50 G02 U20.0 W-10.0 I10.0 K0 F0.15；(2→3)
......
```

② 用 R 表示圆心位置：

a. 绝对值编程：

```
......
N30 G00 X20.0 Z2.0；(M→1)
N40 G01 Z-30.0 F0.20；(1→2)
N50 G02 X40.0 Z-40.0 R10.0 F0.10；(2→3)
......
```

b. 增量值编程：

```
......
N30 G00 U-80.0 W-28.0；(M→1)
N40 G01 U0 W-32.0 F0.20；(1→2)
N50 G02 U20.0 W-10.0 R10.0 F0.10；(2→3)
......
```

（6）注意

① I、K 值均为零时，该代码可以省略。

② 圆弧在多个象限时，该指令可以连续执行。

③ 在圆弧插补程序段内不能有刀具功能指令。

④ 进给功能 F 指令指定切削进给速度，进给速度 F 控制沿圆弧方向的线速度。

⑤ 使用圆弧半径 R 值，要指定小于 180°。

⑥ 当 I、K 和 R 同时被指定时，R 指令优先，I、K 值无效。

8.3.2 刀具半径补偿（G41、G42、G40）

（1）刀尖圆弧半径补偿的目的

数控车床编程时，车刀的刀尖理论上是一个点，但通常情况下，为了提高刀具的寿命及降低零件表面的粗糙度，将车刀刀尖磨成圆弧状，刀尖圆弧半径一般取 0.2～1.6mm，如图 8-17 所示。切削时，实际起作用的是圆弧上的各点。在切削圆柱内、外表面及端面时，刀尖的圆弧不影响零件的尺寸和形状，但在切削圆弧面及圆锥面时，就会产生过切或欠切等加工误差，如图 8-18 所示。零件的精度要求不高或留有足够的精加工余量时，可以忽略此误差，否则应考虑刀尖圆弧半径对零件的影响。

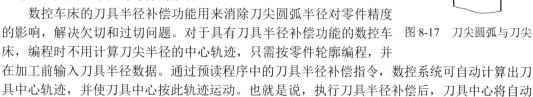

图 8-17 刀尖圆弧与刀尖

数控车床的刀具半径补偿功能用来消除刀尖圆弧半径对零件精度的影响，解决欠切和过切问题。对于具有刀具半径补偿功能的数控车床，编程时不用计算刀尖半径的中心轨迹，只需按零件轮廓编程，并在加工前输入刀具半径数据。通过预读程序中的刀具半径补偿指令，数控系统可自动计算出刀具中心轨迹，并使刀具中心按此轨迹运动。也就是说，执行刀具半径补偿后，刀具中心将自动在偏离工件轮廓一个半径值的轨迹上运动，从而加工出所要求的工件轮廓。

（2）刀尖圆弧半径补偿指令

① G41、G42 指令 逆着+Y 轴方向，观察刀具运动轨迹，刀具在工件左侧时，称为刀具

半径左补偿指令 G41，反之称为刀具半径右补偿指令 G42，如图 8-19 所示。

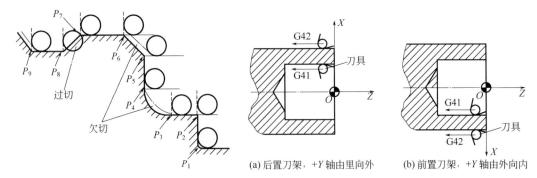

图 8-18　刀尖圆弧造成的过切与欠切　　　图 8-19　刀尖圆弧半径补偿方向的判别

② 取消刀具半径补偿指令 G40　用于取消刀具半径补偿。

③ 指令格式

```
G41 G01(G00)X(U)___ Z(W)___ F___;
G42 G01(G00)X(U)___ Z(W)___ F___;
G40 G01(G00)X(U)___ Z(W)___ ;
```

④ 指令说明

a．G41、G42 和 G40 是模态指令，G41 和 G42 指令不能同时使用，即前面的程序段中如果有 G41，就不能接着使用 G42，必须先用 G40 取消 G41 后，才能使用 G42。

b．只能在 G00 或 G01 指令段建立或取消。

c．指令半径补偿过渡直线段长度必须大于刀尖圆弧半径。

（3）刀具半径补偿的过程

刀具半径补偿的过程可分为三步：

① 刀补的建立，即刀具中心从编程轨迹重合过渡到与编程轨迹偏离一个偏移量的过程。如图 8-20（a）所示，刀具从 2 点进给到起点引入 G42 指令，与编程轨迹偏离一个圆弧半径值。

② 刀补的进行。执行 G41 或 G42 指令的程序段后，刀具中心始终与编程轨迹相距一个偏移量。如图 8-20 所示，刀具从起点一直到终点，始终与编程轨迹偏离一个圆弧半径值。

③ 刀补的取消，即刀具离开工件，刀具中心轨迹过渡到与编程轨迹重合的过程。如图 8-20（b）所示，由终点快速到当前点 1 为 G40 刀补取消的过程。

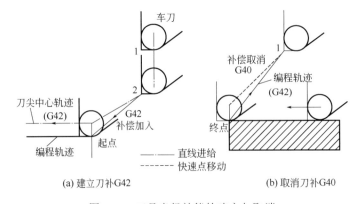

图 8-20　刀具半径补偿的建立与取消

（4）刀尖方位的确定

刀具半径补偿功能的执行除了和刀具刀尖半径大小有关外，还和刀尖的方位有关。不同的刀具，刀尖圆弧的位置不同，刀具自动偏离零件轮廓的方向就不同。如图 8-21 所示，车刀方位有 9 个，分别用参数 0~9 表示。例如车削外圆表面时，方位为 3，将其输入形状画面的对应刀号的 T 中，如图 8-22 所示。

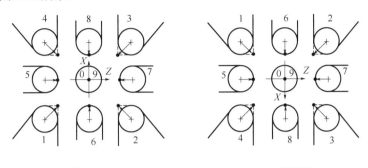

(a) 后置刀架   (b) 前置刀架

图 8-21　刀尖方位号

（5）编程实例

如图 8-23 所示，用刀具半径补偿指令编写程序。

图 8-22　输入方位

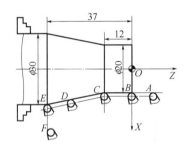

图 8-23　刀具半径补偿实例

以工件右端面中心为原点建立工件坐标系，编写程序如表 8-16 所示。

表 8-16　刀具半径补偿程序

程序	说明
O0001；	程序名
G21 G40 G97 G99；	程序初始化
T0101 S500 M03 F0.20；	换 1 号刀
G00 X20.0 Z10.0；	刀具快速移动到 A
G42 G01 X20.0 Z0.；	右补偿 A~B
Z-12.0；	车外圆 B~C
X30.0 Z-37.0；	车圆锥面 C~E

程序	说明
G40 X50.0;	退刀 E~F，并取消刀补
G00 X100.0 Z100.0;	刀具快速移动到安全点
M05;	主轴停
M30;	程序结束

8.3.3 固定形状粗车循环（G73）

（1）适用情况

① 适用于毛坯形状与零件轮廓形状基本接近的铸锻毛坯件。（常用）

② 适用于圆棒料毛坯，但增加加工时间，效率降低。

③ 适用于工件轮廓形状递增或递减的情况。

④ 适用于工件轮廓成凸凹并存的曲线。（常用）

（2）指令格式

```
G73 Ui Wk Rd;
G73 Pns Qnf UΔu WΔw F_ S_ T__ ;
```

（3）指令说明

① i——X 方向总退刀量或是粗切时径向切除的总余量，单位为 mm。

② k——Z 方向总退刀量或是粗切时轴向切除的总余量，单位为 mm。

③ d——粗切次数，单位为次。

④ ns——精加工形状程序段中的开始程序段号。

⑤ nf——精加工形状程序段中的结束程序段号。

⑥ Δu——X 轴方向精加工余量，单位为 mm，一般取 0.2~0.5mm。

⑦ Δw——Z 轴方向的精加工余量，单位为 mm，一般取 0.1~0.2mm。

⑧ F——进给量，单位为 mm/r。

⑨ S——主轴转速，单位为 r/min。

⑩ T——刀具号。

（4）G73 指令走刀路径

① 走刀路径　G73 走刀路径如图 8-24 所示。

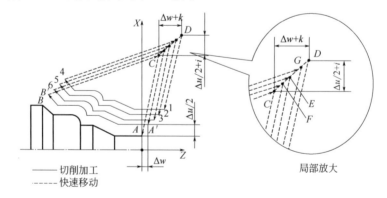

图 8-24　G73 指令走刀路径

② 路径图说明　刀具从当前点快速移动到循环点 C，提刀到 D 点，提刀垂直距离为 $\Delta u/2+i$，之后刀具快速移动到 1 点，再进给到 4 点，然后刀具快速移动到 G，完成一次粗加工，其路线是 $C\to D\to 1\to 4\to G$，到 G 点时，刀具实际已经垂直下降一个切削深度。第 2 次加工、第 3 次加工、第 4 次加工以此类推，分别是 $G\to 2\to 5\to E$、$E\to 3\to 6\to F$、$F\to A'\to B'\to C$。刀具连续走刀路线是 $C\to D\to 1\to 4\to G\to 2\to 5\to E\to 3\to 6\to F\to A'\to B'\to C$，最后一刀结束返回到循环点 C。

③ 参数具体说明

a. X 轴方向总退刀量用半径表示，当向正 X 方向退刀时，该值为正，反之为负。

b. i、k 值的确定应该参考毛坯粗加工余量大小，以使第一次车削时就有合理的切削深度，保证车削出屑，防止空走刀。其近似公式如下：

$$i\approx X\text{轴粗加工余量}-a_{\text{p}}=\frac{\text{待加工表面毛坯最大直径}-\text{待加工表面精车前的最小直径}}{2}-a_{\text{p}}$$

$$k\approx Z\text{轴粗加工余量}-\text{每一次}Z\text{向切削深度}$$

k 通常不写。

c. 切削次数：$d=\dfrac{\text{待加工表面毛坯最大直径}-\text{待加工表面精车前的最小直径}}{2a_{\text{p}}}$。

8.3.4　实例：圆弧轴的编程与加工

（1）图纸

完成图 8-25 所示零件的编程与加工。已知该零件毛坯为 $\phi35\text{mm}\times78\text{mm}$，材料为 45 钢。

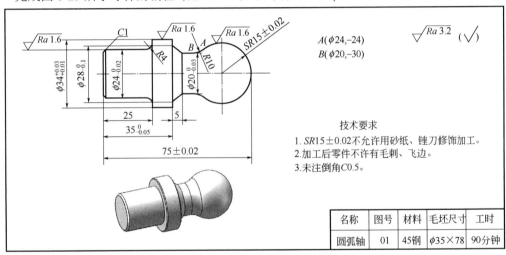

图 8-25　圆弧轴

（2）工、量、刃具清单及评分标准

① 工、量、刃具清单（表 8-17）

表 8-17　工、量、刃具清单

序号	名称	规格	数量	备注
1	带表游标卡尺	0～150　0.02	1	
2	千分尺	0～25、25～50　0.01	各 1	
3	半径样板	R30、R4、R10	各 1	

序号	名称	规格	数量	备注
4	93°外圆仿形刀	25×25	2	
5	磁力百分表	0～10	1	
6	磁力表座		1	
7	其他	铜棒、铜皮、垫片、毛刷等常用工具		选用

② 圆弧轴评分标准（表8-18）

表8-18 圆弧轴评分标准

班级		姓名		学号		
项目	序号	技术要求	配分	评分标准		得分
主要项目	1	$\phi34^{+0.03}_{+0.01}$	8	超差全扣		
	2	$\phi24^{0}_{-0.02}$	8	超差全扣		
	3	$\phi20^{0}_{-0.03}$	8	超差全扣		
	4	$SR15\pm0.02$	8	超差全扣		
	5	$35^{0}_{-0.05}$	6	超差全扣		
	6	75 ± 0.02	6	超差全扣		
	7	$Ra1.6\mu m$（3处）	12	一处达不到$Ra1.6\mu m$扣2分，达不到$Ra3.2\mu m$扣4分		
一般项目	8	$\phi28^{0}_{-0.1}$	4	超差全扣		
	9	$R4$	4	超差全扣		
	10	$R10$	4	超差全扣		
	11	$Ra3.2$（4处）	12	一处达不到要求扣3分		
	12	$C1$	2	一处不符合要求全扣		
其他项目	13	未注公差尺寸		一处超过IT14，从总分中扣除1分		
	14	倒角，倒钝锐边		一处不符合要求，从总分中扣除1分		
编程与操作	15	切削工艺制定正确	4			
	16	切削用量合理	2			
	17	程序正确、简单规范	8			
	18	操作规范	4			
综合得分						

（3）工艺流程

① 零件技术要求分析

a. 该零件加工是圆弧轴类零件加工，包括外圆、端面、圆弧和圆锥面加工。

b. 外圆三个工件尺寸公差为分别为0.02mm、0.02mm、0.03mm，表面粗糙度是Ra1.6μm、Ra3.2μm；长度尺寸25mm、5mm为自由公差，可加工到零线以下0.1mm，两个长度公差分别为0.05mm、0.04mm。

c. 精车前外圆要用千分尺、长度要用带表卡尺精确测量。

d. 外圆尺寸精度、表面粗糙度要求都很高，为了达到技术要求，采用粗精分开、合理选用切削用量的原则。

图8-26　35°外圆仿形车刀

② 装夹分析　根据毛坯尺寸ϕ35mm×78mm，工件需要调头装夹。定位元件是三定心卡盘，定位基准是毛坯和$\phi24_{-0.02}^{0}$mm的外圆。

③ 加工刀具的选择　零件圆弧加工已经超过$\frac{1}{2}$圆，为防止刀具副偏角对工件产生过切，所以选用刀尖角为35°的外圆仿形车刀加工圆弧，如图8-26所示，刀具卡如表8-19所示。

表8-19　刀具卡

序号	刀具号	刀具名称	刀尖半径/mm	数量	加工表面
1	T0101	35°外圆仿形车刀	0.8	1	外圆、球面、锥面
2	T0202	35°外圆仿形车刀	0.4	1	外圆、端面、球面、锥面

④ 工艺安排　零件工艺安排见表8-20。

表8-20　零件加工工艺卡

工步号	工步内容	刀具号	切削用量		
			吃刀深度 a_p/mm	进给速度 F/（mm/r）	主轴转速 n/（r/min）
1	夹毛坯10mm，手动车端面	T0202	≤1	0.2	800
2	粗车外圆ϕ34.5mm×60mm	T0202	1	0.2	500
3	调头，夹ϕ34.5mm外圆，找正，粗车左部外圆$\phi24_{-0.02}^{0}$mm、$\phi34_{+0.01}^{+0.03}$mm，$R4$，倒角$C1$	T0101	1	0.25	500
4	精车左部外圆$\phi24_{-0.02}^{0}$mm、$\phi34_{+0.01}^{+0.03}$mm，$R4$，倒角$C1$	T0202	0.4	0.15	1500
5	调头，垫铜皮于$\phi24_{-0.02}^{0}$mm的外圆装夹找正，手动车端面，控制总长（75±0.02）mm	T0202	≤1（每刀）	0.2	800
6	粗车右部外圆$\phi20_{-0.03}^{0}$mm、$SR15\pm0.02$、$R10$、圆锥	T0101	1	0.25	500
7	精车右部外圆$\phi20_{-0.03}^{0}$mm、$SR15\pm0.02$、$R10$、圆锥	T0202	0.4	0.15	1500

⑤ 编程原点、循环点和换刀点的确定

编程原点：编程原点在工件右端面中心处。

循环点：循环点在 Z 向距离端面 2mm，X 向为 ϕ37mm 处，即（37，2）。

换刀点：换刀点在 Z 向距离端面 100mm，X 向为 ϕ100mm 处，即（100，100）。

⑥ 相关计算

X 方向退刀量：i=(34.5-0)/2-1=16.25≈16(mm)。

粗加工次数：d=(34.5-0)/(2×1)=17.25≈17(次)。

⑦ 编写程序（参考） 工步 2 外圆加工，可用 G90 编程；工步 3、4 轮廓形状单调递增，用 G71、G70 编程。工步 6、7 是圆锥、圆弧、外圆加工，形状凸凹相兼，用 G73、G70 编程。

工步 2 程序，如表 8-21 所示。

表 8-21 工步 2 程序

程序	说明
O0001；	程序名
G21 G40 G97 G99；	程序初始化
T0202 S500 M03 F0.25；	调 2 号外圆刀，主轴正转，转速 500r/min，进给量 0.25mm/r
G00 X37.0 Z2.0；	刀具快速移动到粗车循环点（37，2）
G90 X34.5 Z-60.0 F0.2；	粗车外圆 ϕ34.5mm×60mm
G00 X100.0 Z100.0；	刀具快速返回换刀点
M05；	主轴停转
M30；	程序结束

工步 3、4 程序见表 8-22。

表 8-22 工步 3、4 程序

程序	说明
O0002；	程序名
G21 G40 G97 G99；	程序初始化
T0101 S500 M03 F0.25；	换 1 号刀，主轴正转，转速 500r/min，进给量 0.25mm/r
G00 X37.0 Z2.0；	刀具快速移动到粗车循环点（37，2）
G71 U1.0 R0.5；	
G71 P100 Q200 U0.8 W0.2；	
N100 G00 X22.0；	
G01 Z0.；	
X24.0 Z-1.0；	粗加工，单边吃刀深度 1.0mm，退刀量 0.5mm
Z-21.0；	X 方向精车余量 0.8mm，Z 向 0.2mm
G02 X32.0 Z-25.0 R4.0；	
G01 X33.03 ；	
X34.03 W-0.5；	
Z-35.0；	

程序	说明
N200 G00 X40.0;	
G00 X100.0 Z100.0;	快速返回换刀点
M05;	主轴停转
M00;	暂停加工，测量、调整磨耗值
T0202 S1500 M03 F0.15;	换 2 号外圆精车刀，主轴转速 1500r/min，进给量 0.15mm/r
G00 G42 X37.0 Z2.0;	刀具快速移动到精车循环点，建立右刀补
G70 P100 Q200;	精加工
G00 G40 X100.0 Z100.0;	取消刀补，刀具返回到安全点
M05;	主轴停转
M30;	程序结束，光标返回程序头

工步 6、7 程序见表 8-23。

表 8-23　工步 6、7 程序

程序	说明
O0003;	程序名
G21 G40 G97 G99;	程序初始化
T0101 S500 M03 F0.25;	换 1 号刀，主轴正转，转速 500r/min，进给量 0.25mm/r
G00 X37.0 Z2.0;	刀具快速移动到粗车循环点（37,2）
G73 U16.0 R17.0;	粗加工循环，单边吃刀深度 1mm，粗加工次数为 17 次
G73 P100 Q200 U0.8 W0.2;	粗加工循环，X 方向精车余量 0.8mm，Z 向 0.2mm
N100 G00 X0.;	精加工外形轮廓起始程序段，刀具快速到球心
G01 Z0.;	刀具进给到端面
G03 X24.0 Z-24.0 R15.0;	加工到 A
G02 X20.0 Z-30.0 R10.0;	加工到 B
G01 Z-35.0;	刀具进给车 ϕ20mm
X28.0　W-5.0;	车小锥
X33.0;	刀具进给到 ϕ33mm
X34.0 W-0.5;	倒角 C0.5
N200 G00 X40.0;	精加工外形轮廓结束程序段，刀具快速移动到 ϕ40
G00 X100.0 Z100.0;	刀具快速移动到换刀点
M05;	主轴停转
M00;	暂停加工，测量、调整磨耗值
T0202 S1500 M03 F0.15;	换 2 号外圆精车刀，主轴转速 1500r/min，进给量 0.15mm/r
G00 G42 X37.0 Z2.0;	刀具快速移动到精车循环点，建立右刀补
G70 P100 Q200;	精加工
G40 G00 X100.0 Z100.0;	刀具快速返回安全点，取消刀补
M05;	主轴停转
M30;	程序结束，光标返回程序头

8.3.5 加工技术要点

（1）刀补的输入

① 粗加工循环（G71、G73）过程中，不执行刀补指令，只是在精加工过程中执行刀补指令。

② 1号刀、2号刀在程序O0002和O0003中的刀补画面如图8-27所示。

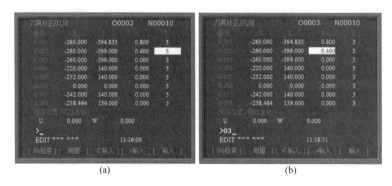

图8-27 刀补画面

（2）长度尺寸控制

长度尺寸 $35_{-0.05}^{0}$ 公差小，需要控制好尺寸。在O0002程序执行到M00暂停后要在磨耗画面中输入数值，如图8-28（a）所示。输入完毕，光标移动到M00处，按循环启动键，完成半精加工。测量外径和长度，与最终尺寸比较，调整数值，X向调整方法见图8-7，如果测量长度大0.21，可如图8-28（b）所示直接输入-0.21，点[+输入]键，得到图8-28（c）画面。打开程序画面，光标在M00后，按循环启动键，完成加工。

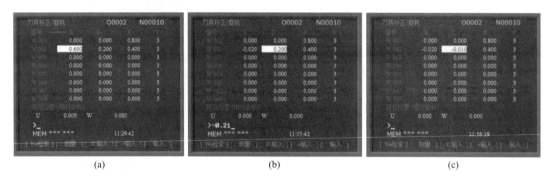

图8-28 长度控制

8.3.6 百分表的使用

百分表主要用来校正零件或夹具的安装位置，检验零件的形状精度或相互位置精度。其测量精度为0.01mm。目前，国产百分表的测量范围（即测量杆的最大移动量）有0～3mm、0～5mm、0～10mm三种，常用的是0～10mm。

（1）百分表的结构

百分表的外形如图8-29所示。表盘上刻有100个等分格，其刻度值（读数值）为0.01mm。当指针转一圈时，小指针即转动一小格，转数指示盘的刻度值为1mm。用手转动表圈时，表盘也跟着转动，可使指针对准任一刻线。测量杆可沿着套筒上下自由移动，套筒可作为安装百分表用。

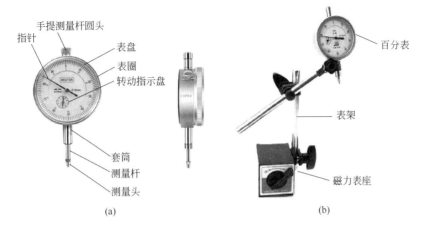

图 8-29　百分表

（2）百分表使用方法

百分表适用于尺寸精度为 IT6～IT8 级零件的校正和检验。使用百分表时，必须注意以下几点：

① 使用前，要检查测量杆的灵活性。轻轻推动测量杆，测量杆在套筒内的移动要灵活自如，没有任何卡的现象，且每次放松后，指针能回到原来刻度位置。

② 使用百分表时，需把它固定在夹持架上，如固定在万能表架或磁性表座上，如图 8-30 所示。夹持架要安放平稳，以免测量结果不准确或摔坏百分表。

图 8-30　安装在专用夹持架上的百分表

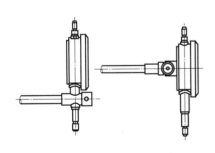

图 8-31　百分表安装方法

③ 用夹持百分表的套筒来固定百分表时，夹紧力不要过大，以免因套筒变形而使测量杆活动不灵活。

④ 用百分表或千分表测量零件时，测量杆必须垂直于被测量表面，否则测量结果不准确。百分表安装方法如图 8-31 所示。

⑤ 测量时，要注意不要使测量杆的行程超过其测量范围，不要使百分表和千分表受到剧烈的振动和撞击，以免损坏百分表而失去精度。

⑥ 用百分表校正或测量零件时，应使测量杆有一定的初始测力。在测量头与零件表面接触时，测量杆应有 0.3～1mm 的压缩量（千分表可小一点，有 0.1mm 即可）。使指针转过半圈左右，然后转动表圈，使表盘的零位刻线对准指针，再开始测量或校正零件。

⑦ 检查工件平整度或平行度，如图 8-32 所示。将工件放在平台上，使测量头与工件表面

接触，调整指针使之摆动半圈左右，然后把刻度盘零位对准指针，跟着慢慢地移动表座或工件，当指针顺时针摆动时，工件偏高，反之偏低。

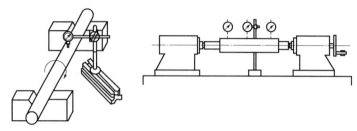

(a) 工件放在V形铁上　　　　　(b) 工件放在专用检验架上

图 8-32　轴类零件圆度、圆柱度及跳动

⑧ 在使用百分表的过程中，要防止水、油和灰尘渗入表内。

⑨ 不使用百分表和千分表时，应使测量杆处于自由状态，以免表内的弹簧失效。如内径百分表上的百分表，不使用时，应拆下来保存。

（3）找正技术

工步 3 装夹时需要用百分表找正，找正前装夹不要过多，夹 15mm 即可，夹紧力不要大，手劲即可，如图 8-33 所示。找正步骤为：

① 用手转动工件，用百分表找到外圆最高点（指针摆动最大），纵向移动，拉第 1 条母线，拉直为止（指针保持不动）。

② 旋转 90°，找到外圆最高点，拉第 2 条母线，纵向移动，拉直为止。

③ 将百分表找外圆最高点，旋转一周，观察圆度不超过 0.02mm；如果超差，观察哪一个卡爪对应的外圆是高点，就在该卡爪垫硬纸片。

百分表

图 8-33　百分表找正

④ 重复步骤①、②、③进行复检，复检过程中夹紧力逐渐加大，直至完全夹紧。

工步 5 的找正与工步 3 类似，这里不再赘述。

8.3.7　编程练习

【题 1】零件如图 8-34 所示，毛坯为 $\phi15mm\times73mm$ 的圆棒料，材料为硬铝，试编制程序。

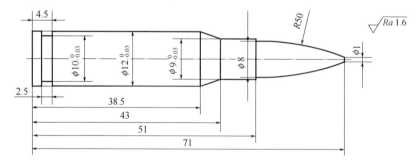

图 8-34　子弹头

【题 2】零件如图 8-35 所示，毛坯为 $\phi30mm$ 的圆棒料，材料为硬铝，试编制程序。

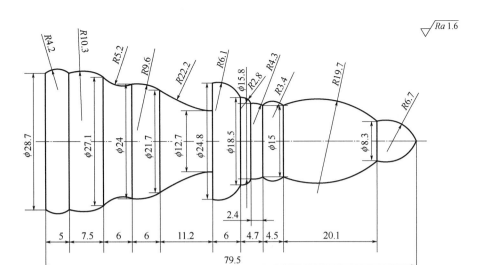

图 8-35　棋子

简单轴类零件的数控车削加工

简单套类零件的数控车削加工

9.1 基础知识

9.1.1 单一孔车削指令 G90

（1）走刀路线

G90 车孔走刀路线如图 9-1 所示。图中，D_1 为毛坯孔径，D_2 为最终加工孔径，A 为循环点，B 为终点。刀具从当前点快速移动到 A，每执行一次 G90 指令，刀具就经过循环路线 $A{\rightarrow}1{\rightarrow}2{\rightarrow}3{\rightarrow}4{\rightarrow}$循环终点 A 一次。

（2）指令格式

```
G90 X(U)___ Z(W)___ F___ ;
```

其中，X（U）、Z（W）——内径切削终点 B 坐标；F——指定切削进给量。

【例 9-1】加工如图 9-2 所示零件，已知底孔 $\phi18mm$，利用 G90 指令编写阶梯孔粗加工程序。

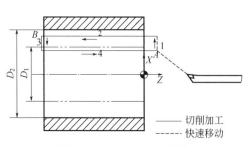

图 9-1　G90 车孔走刀路线

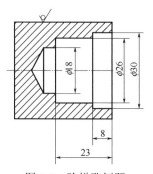

图 9-2　阶梯孔例题

分析：图 9-2 中的孔是阶梯孔，属于单一形状，可用 G90 来编程加工，设编程原点为零件右端面中心处。编制程序见表 9-1。

表 9-1　G90 编制内孔程序

程序	说明
G21 G40 G97 G99;	程序初始化
T0101 S500 M03 F0.25;	调 1 号内孔刀，主轴正转 500r/min，进给量 0.25mm/r
G00 X16.0 Z5.0;	刀具快速移动到循环点
G90 X20.0 Z-23.0;	粗车循环
X22.0;	
X24.0;	
X26.0;	
X28.0 Z-8.0;	
X30.0;	
G28 U0. W0.;	刀具返回到参考点
M05;	主轴停转
M30;	程序结束

9.1.2　G71 指令车内孔

（1）适用范围

G71 指令适用于工件形状为单调递减内孔粗车。

（2）指令格式

```
G71 U∆d Re ;
G71 Pns Qnf U∆u W∆w F___ S___ T___;
```

（3）指令说明

① Δd——粗车时 X 向（直径方向）每次单边切削深度，单位为 mm。一般情况下，碳钢件取 1～1.5mm，铝件取 1.5～2mm。

② e——X 向退刀量，半径值，单位为 mm，常取 0.5mm。

③ ns——精加工程序段中的第一个程序段序号。

④ nf——精加工程序段中的最后一个程序段序号。

⑤ Δu——X 向精加工余量，直径值（双边余量），单位为 mm，常取-0.4～-0.8mm。

⑥ Δw——Z 轴方向的精加工余量，单位为 mm，常取 0.1～0.2mm；

⑦ F、S、T——进给量、主轴转速、刀具号。粗加工时 G71 中编程的 F、S、T 有效，精加工时处于 ns 到 nf 程序段之间的 F、S、T 有效。

【例 9-2】加工如图 9-2 所示零件，已知底孔ϕ18mm，利用 G71 指令编写阶梯孔粗加工程序。

分析：图 9-2 中的孔是阶梯孔，从右至左观察，阶梯孔属于单调递减形状，可用 G71 来编程加工，设编程原点为零件右端面中心处。编制程序见表 9-2。

表 9-2　G71 加工内孔程序

程序	说明
O0001;	程序名
G21 G40 G97 G99;	程序初始化
T0101 S500 M03 F0.2;	换 1 号内孔粗车刀，主轴 500r/min，进给 0.2mm/r
G00 X18.0 Z2.0;	快速移动到循环点
G71 U0.75 R0.5;	粗车循环
G71 P100 Q200 U-0.8 W0.1;	
N100 G00 X30.0;	精加工第一个程序段，刀具快速移动到 φ30
G01 Z0.;	刀具靠近端面
Z-8.0;	车长度为 8，φ30 的内孔
X26.0;	刀具进给到 φ26 处
Z-23.0;	车长度为 23，φ26 的内孔
N200 X18.0;	精加工最后程序段，刀具进给到 φ30
G00 X100.0 Z200.0;	刀具快速到换刀点
M05;	主轴停
M00;	暂停
T0202 S1500 M03 F0.10;	调 2 号内孔精车刀，主轴 1500r/min，进给 0.10mm/r
G00 X18.0 Z2.0;	快速移动到循环点
G70 P100 Q200;	精车循环
G00 X100.0 Z100;	刀具快速到安全点
M05;	主轴停
M30;	程序结束

9.2　加工案例

9.2.1　实例：圆锥套的编程与加工

（1）图纸

完成图 9-3 所示零件的编程与加工。已知该零件毛坯为 φ50mm×48mm，材料为 45 钢。

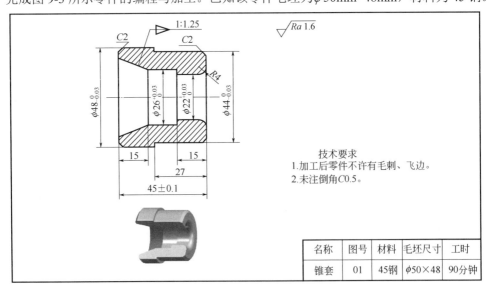

图 9-3　圆锥套

（2）工、量、刃具清单及评分标准
① 工、量、刃具清单（表9-3）

表9-3　工、量、刃具清单

序号	名称	规格	数量	备注
1	带表游标卡尺	0～150　0.02	1	
2	千分尺	25～50　0.01	1	
3	C=1：1.25 的塞规		1	自制
4	内径百分表	18～35　0.01	1	
5	半径规	$R4$	1	
6	93°外圆仿形刀	25×25	1	
7	内孔车刀	ϕ16mm 盲孔	1	
8	麻花钻	ϕ20mm	1	
9	中心钻	ϕ2.5mm	1	
10	附具	莫氏钻套、钻夹头	各1	
11	其他	铜棒、铜皮、垫片、毛刷等常用工具		选用

② 圆锥套评分标准（表9-4）

表9-4　圆锥套评分标准

班级		姓名		学号		
项目	序号	技术要求	配分	评分标准		得分
外圆部分	1	$\phi48_{-0.03}^{0}$mm	10	超差全扣		
	2	$\phi44_{-0.03}^{0}$mm	10	超差全扣		
内孔部分	3	$\phi26_{0}^{+0.03}$mm	10	超差全扣		
	4	$\phi22_{0}^{+0.03}$mm	10	超差全扣		
	5	$R4$	2	不合缝全扣		
表面粗糙度	6	$\sqrt{Ra\,1.6}$（8处）	16	降一级扣2分		
圆锥锥度	7	C=1：1.25	10	接触面积不到60%全扣		
长度部分	8	45mm±0.10mm	4	超差0.02扣1分		
	9	15mm（2处）	4	超差全扣		
	10	27mm	2	超差全扣		
倒角	11	$C2$（2处）	2	一处不合格扣1分		
编程与操作	12	切削工艺制定正确	5			
	13	切削用量合理	5			
	14	程序正确、简单规范	5			
	15	操作规范	5			
综合得分						

（3）工艺流程

① 零件技术要求分析　该零件加工包括外圆、端面、内孔、内圆弧和内锥孔加工。

工件尺寸 $\phi48_{-0.03}^{0}$ mm、$\phi44_{-0.03}^{0}$ mm、$\phi26_{0}^{+0.03}$ mm、$\phi22_{0}^{+0.03}$ mm 公差比较小，为重点保证尺寸。两个内孔长度 15mm 尺寸为自由公差，可加工到零线以上 0.1mm。外轮廓长度比较好保证。

外圆尺寸精度、表面粗糙度要求都很高，为了达到技术要求，采用粗精分开、合理选用切削用量的原则。

半精车后、精车前，外圆要用千分尺、内孔要用内径百分表、长度要用带表卡尺精确测量。

② 装夹分析　根据毛坯尺寸 $\phi50$mm×48mm，工件需要调头装夹。定位元件是三定心卡盘，定位基准是毛坯和 $\phi44_{-0.03}^{0}$ mm 的外圆。

③ 加工刀具的选择　外圆余量较小，选用一把刀即可。内孔车刀形状如图 9-4 所示，刀具卡如表 9-5 所示。

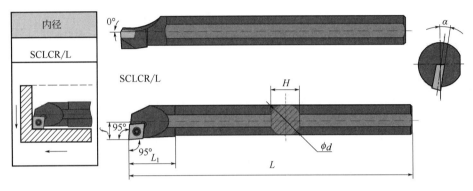

图 9-4　95°内孔仿形车刀

表 9-5　刀具卡

序号	刀具号	刀具名称	刀尖半径/mm	数量	加工表面
1	T0101	93°外圆仿形车刀	0.4	1	外圆
2	T0202	95°内孔仿形车刀	0.4	1	内轮廓

④ 工艺安排　零件工艺安排见表 9-6。

表 9-6　零件加工工艺卡

工序序号	工序内容	刀具号	切削用量			备注
			吃刀深度 a_{p}/mm	进给速度 F/（mm/r）	主轴转速 n/（r/min）	
1	夹毛坯 10mm 左右，手动车端面，钻通孔 $\phi20$mm	T0101	≤1	0.2	800	车端面
					400	钻孔
2	粗、精车外圆 $\phi44_{-0.03}^{0}$ mm、倒角 C2	T0101	1.5	0.2	500	粗车
			0.4	0.1	1200	精车
3	粗、精车内孔 $\phi22_{0}^{+0.03}$ mm、R4	T0202	0.75	0.2	500	粗车
			0.4	0.1	1500	精车
4	调头，垫铜皮于 $\phi44_{-0.03}^{0}$ mm 外圆装夹找正，手动车端面，控制总长（45±0.1）mm	T0101	≤1（每刀）	0.25	500	粗车
			0.4	0.15	1000	精车

工序序号	工序内容	刀具号	切削用量			备注
			吃刀深度 a_p/mm	进给速度 F/（mm/r）	主轴转速 n/（r/min）	
5	粗、精车外圆 $\phi48_{-0.03}^{0}$ mm、倒角 C2	T0101	1.5	0.2	500	粗车
			0.4	0.1	1200	精车
6	粗、精车内孔 $\phi26_{0}^{+0.03}$ mm、内锥孔	T0202	0.75	0.2	500	粗车
			0.4	0.1	1500	精车

⑤ 编程原点、循环点和换刀点的确定

编程原点：编程原点在每次装夹工件右端面中心处。

循环点：工序 2、工序 5 循环点在 Z 向距离端面 2mm，X 向为 $\phi50$mm 处，即（50，2）。工序 3、工序 6 循环点在 Z 向距离端面 2mm，X 向为 $\phi20$mm 处，即（20，2）。

换刀点：换刀点在 Z 向距离端面 200mm，X 向为 $\phi100$mm 处，即（100，200）。

⑥ 相关计算

圆锥大端直径 $D=CL+d=(1/1.25)\times15+26=38$(mm)。

⑦ 编写程序（参考） 工序 2、工序 5 可用 G71、G70 编程，程序略。工序 3、6 内轮廓形状单调递减，用 G71、G70 编程。

工序 3 程序如表 9-7 所示。

表 9-7 工序 3 程序

程序	说明
O0002；	程序名
G21 G40 G97 G99；	程序初始化
T0202 S500 M03 F0.2；	换 2 号内孔粗车刀，主轴正转，转速 500r/min，进给量 0.2mm/r
G00 X20.0 Z2.0；	刀具快速移动到粗车循环点（20，2）
G71 U0.75 R0.2；	粗加工，单边吃刀深度 0.75mm，退刀量 0.2mm X 方向精车余量 0.8mm，Z 向 0.1mm
G71 P100 Q200 U-0.8 W0.1；	
N100 G00 X30.0；	
G02 X22.0 Z-4.0 R4.0；	
G01 Z-15.0；	
N200　X20.0；	
G00 X100.0 Z200.0；	快速返回换刀点
M05；	主轴停转
M00；	暂停加工，测量、调整磨耗值
T0202 S1500 M03 F0.1；	换 2 号内孔精车刀，主轴转速 1500r/min，进给量 0.1mm/r
G00 G41 X20.0 Z2.0；	刀具快速移动到精车循环点，建立左刀补
G70 P100 Q200；	精加工
G00 G40 X100.0 Z200.0；	取消刀补，刀具返回到安全点
M05；	主轴停转
M30；	程序结束，光标返回程序头

工序 6 程序见表 9-8。

表 9-8 工序 6 程序

程序	说明
O0003;	程序名
G21 G40 G97 G99;	程序初始化
T0202 S500 M03 F0.2;	换 2 号刀,主轴正转,转速 500r/min,进给量 0.2mm/r
G00 X20.0 Z2.0;	刀具快速移动到粗车循环点(20,2)
G71 U0.75 R0.2;	内孔粗加工循环,X 向单边吃刀深度 0.75mm,退刀量 0.2mm,X 方向精车余量 0.8mm,Z 向 0.2mm
G71 P100 Q200 U-0.8 W0.2;	
N100 G00 X38.0;	
G01 Z0.;	
X26.0 W-15.0;	
Z-30.0;	
N200 G00 X20.0;	
G00 X100.0 Z200.0;	刀具快速移动到换刀点
M05;	主轴停转
M00;	暂停加工,测量、调整磨耗值
T0202 S1500 M03 F0.10;	换 2 号内孔精车刀,主轴转速 1500r/min,进给量 0.10mm/r
G00 G41 X20.0 Z2.0;	刀具快速移动到精车循环点,建立左刀补
G70 P100 Q200;	精加工
G40 G00 X100.0 Z100.0;	刀具快速返回安全点,取消刀补
M05;	主轴停转
M30;	程序结束,光标返回程序头

9.2.2 内孔车刀对刀

内孔车刀对刀比较简单,对刀之前恢复所有轴。

(1)Z 向对刀

内孔车刀刀尖与已车好的端面轻轻沾刀出屑,在刀补形状画面相应刀号下输入"Z0.",点测量键,Z 向退刀,X 向退刀。

(2)X 向对刀

内孔车刀刀尖与已钻好的孔内表面轻轻沾刀出屑(或是试切 5mm 长的内孔直径),沿 Z 向迅速退出,在刀补形状画面相应刀号下输入 X 直径值,点测量键即可。

9.2.3 内孔直径尺寸精度控制技术

内孔直径尺寸精度控制是加工难点,例如程序 O0002 内孔尺寸调整,过程如下:

(1)半精加工

当程序执行到 M00 暂停后(粗加工完毕),打开 OFS/SET 磨耗画面,如图 9-5(a)所示,将光标停在 2 号精车刀刀号下,在 W002 一行中 X 下,输入-0.6,点 INPUT 键,如图 9-5(b)所示。切换到程序画面,光标停在 M00 后,循环启动自动加工,程序结束后,实际上加工还没有结束,本次执行的 G70 只是精加工之前的试切过程,即半精加工阶段。

(2)精加工

用内径百分表测量内孔 ϕ22,例如尺寸读数为 ϕ21.38mm,比 ϕ22mm 零线少了 0.62mm,光标移动到磨耗画面 W002 后 X 下,在屏幕下方直接输入 0.635(0.62+0.015),即尺寸最好加工到公差中间值，如图9-5（c）所示，点软键[+输入]，出现图9-5（d）画面。数值输入完毕，切换到程序画面，将光标置于M00后，按循环启动按钮，进行精加工。

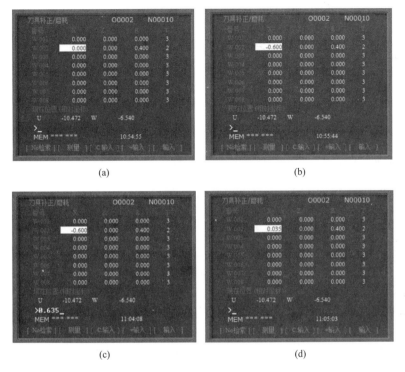

图9-5　内孔直径尺寸精度控制过程

9.2.4　编程练习

零件如图9-6所示，毛坯为ϕ40mm的圆棒料，材料为硬铝，试编制程序。

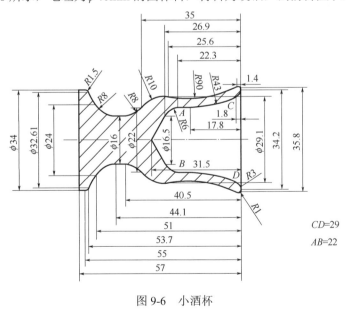

图9-6　小酒杯

第 **10** 章

三角螺纹的数控车削加工

本章内容主要包括三角螺纹类零件的编程与加工知识。通过系统学习，掌握三角螺纹类零件的基本编程和加工技术。

10.1 普通三角螺纹的编程与加工

知识目标

掌握普通三角形内、外螺纹加工指令及其应用。

技能目标

① 掌握三角螺纹车刀安装方法和对刀方法。
② 掌握三角螺纹的加工方法、尺寸精度的控制及检验方法。
③ 掌握案例的工艺、编程并独立完成零件加工。

10.1.1 直进法加工三角螺纹（G92）

（1）直进法车螺纹的加工要求

① 直进法适用于内外表面等螺距（$P \leq 2mm$）的螺纹。

② 吃刀深度要分成几刀，吃刀深度应逐渐递减，如图 10-1 所示。

③ 螺纹长度方向，首尾应各有一段长度 $\geq F$（导程），以避免螺纹车削不完整，如图 10-2 所示。

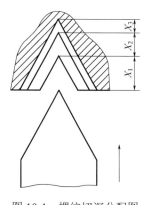

图 10-1 螺纹切深分配图

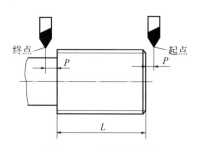

图 10-2 螺纹首尾图

（2）G92 螺纹循环指令

① 指令格式

```
G92 X(U)___ Z(W)___ F___;
```

② 指令说明

X、Z——螺纹终点的绝对坐标；

U、W——螺纹终点相对于螺纹起点的坐标增量；

F——螺纹的导程（单线螺纹时为螺距）。

（3）指令走刀路径

① 走刀路径　G92 指令车普通三角螺纹走刀路径如图 10-3 所示。

② 路径说明　刀具从当前点 M 快速移动到循环起点 A，执行 G92 指令。指令分四步执行动作，第一步为刀具快速移动到螺纹起点 B，第二步为车削进给到螺纹终点 C，第三步为刀具快速退刀至 D 点，第四步为刀具快速退至循环起点 A。

（4）编程示例

【例 10-1】如图 10-4 所示，已知螺纹大径已车至 ϕ29.8mm，退刀槽已加工完成，零件材料为 45 钢，用 G92 编制该螺纹的加工程序。

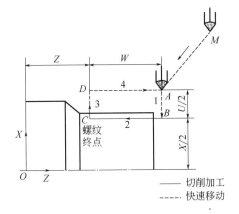

图 10-3　G92 走刀路径

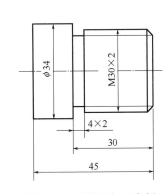

图 10-4　外螺纹加工实例

① 计算螺纹小径：$d_1 \approx d - 1.3P = 30 - 1.3 \times 2 = 27.4$(mm)。

② 以工件右端面中心为编程原点，编程如表 10-1 所示。

表 10-1　【例 10-1】程序

程序	说明
O0001；	程序名
G40 G97 G99 G21 S800 M03；	主轴正转，程序初始化
T0404；	调 4 号螺纹刀
G00 X35.0 Z5.0；	刀具快速移动到螺纹加工循环起点（35，5）
G92 X29.2 Z-28.0 F2.0；	螺纹车削循环第一刀，切深 0.3mm，螺距 2mm
X28.5；	第二刀，吃刀深度 0.35mm
X27.9；	第三刀，吃刀深度 0.3mm
X27.5；	第四刀，吃刀深度 0.2mm

程序	说明
X27.4;	第五刀，吃刀深度 0.05mm
X27.4;	重复一刀，吃刀深度为 0
G00 X200.0 Z100.0;	刀具快速返回换刀点
M05;	主轴停
M30;	程序结束

【例 10-2】如图 10-5 所示，已知内螺纹小径已车至 ϕ28mm，退刀槽和其他表面均已加工完成，零件材料为 45 钢，用 G92 编制内螺纹的加工程序。

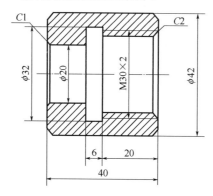

图 10-5　内螺纹加工实例

以工件右端面中心为编程原点，内孔车刀刀杆直径为 16mm，内螺纹加工程序如表 10-2 所示。

表 10-2　【例 10-2】程序

程序	说明
G21 G40 G99 G97 S800 M03 T0303;	程序初始化，主轴 800r/min，调用 3 号螺纹刀
G00 X26.0 Z5.0;	刀具快速移动到循环点（26，5）
G92 X28.8　Z-22.0 F2.0;	车螺纹循环第一刀，吃刀深度 0.15mm
X29.1;	车螺纹第二刀，吃刀深度 0.15mm
X29.4;	车螺纹第三刀，吃刀深度 0.15mm
X29.7;	车螺纹第四刀，吃刀深度 0.15mm
X29.9;	车螺纹第五刀，吃刀深度 0.10mm
X30.0;	车螺纹第六刀，吃刀深度 0.05mm
X30.0;	重复一刀，吃刀深度为 0
G00 X100.0　Z200.0;	刀具快速到安全点
M05;	主轴停
M30;	程序结束

10.1.2　斜进法加工三角螺纹（G76）

（1）G76 指令适用范围

G76 指令叫作螺纹切削复合循环指令，经常用于较大螺距的三角螺纹（$P>2$mm）和梯形螺纹的加工。使用 G76 编程时，刀具为斜进法和分层法进刀，可以避免扎刀现象。

（2）指令格式

G76 P$\underline{m}$ $\underline{r}$ $\underline{\alpha}$ Q $\underline{\Delta d}$min R$\underline{d}$;
G76 X(U) __ Z(W) __ R$\underline{i}$ P$\underline{k}$ QΔd F$\underline{l}$;

（3）指令说明

① m ——精车重复次数，1～99 次，该值为模态值。

② r ——螺纹尾部倒角量（斜向 45°退刀），是螺纹导程（L）的 0.1～9.9 倍，以 0.1 为一挡逐步增加，设定时用 00～99 之间的两位整数来表示。

③ α ——刀尖角度，可以从 80°、60°、55°、30°、29°和 0°等 6 个角度中选择，用两位整数表示，常用 60°、55°和 30°三个角度。

④ m、r 和 α 用地址 P 同时指定，例如：$m = 2$，$r = 1.2L$，$\alpha = 60°$，表示为 P021260。

⑤ $\Delta d_{\min}$ ——切削时的最小背吃刀量，半径值，单位为微米（μm）。

⑥ d ——精车余量，半径值，单位为 mm。

⑦ X(U)、Z(W) ——螺纹终点坐标。

⑧ i ——螺纹半径差，与 G92 中的 R 相同；$i = 0$ 时，为直螺纹车削。

⑨ k ——螺纹牙深，用半径值指定，单位为微米（μm）。

⑩ Δd ——第一次车削深度，用半径值指定，单位为微米（μm）。

⑪ l ——螺纹导程，单位为 mm。

（4）指令走刀路径

① 走刀路线　G76 指令车普通三角螺纹走刀路线如图 10-6 所示。

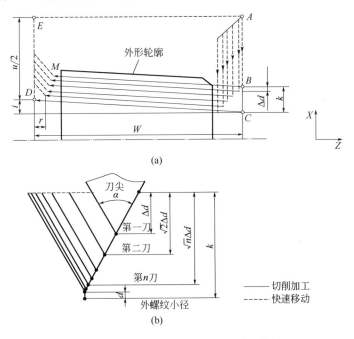

图 10-6　G76 循环的运动轨迹及进刀轨迹

② 路径说明　图 10-6（a）中，当执行 G76 指令后，刀具从循环点 A 沿 X 负向以 G00 方式快速到 B 点 X 处，然后以螺纹进给切削方式到 Z 负向终点 M 处，左上倒角快速退刀至 E，最

后快速返回到循环点 A，准备第二刀车削循环，每次切削加工吃刀深度如图 10-6（b）所示，以此类推，直至切削循环结束。

在 G76 螺纹切削循环时，螺纹刀以斜进方式进行螺纹切削，总的切削深度（牙高 k）以递减方式进行分配，第一刀为 Δd，第 n 次切削深度为 $\Delta d \sqrt{n}$ 。

（5）编程示例

【例 10-3】如图 10-4 所示，已知螺纹大径已车至 $\phi 29.8$mm，退刀槽已加工完成，零件材料为 45 钢，用 G76 指令编制该螺纹的加工程序。

① 计算

螺纹实际牙型高度 $h_1 = 0.65P = 0.65 \times 2 = 1.3$(mm)；

螺纹实际小径 $d_1 \approx d - 1.3P = 30 - 1.3 \times 2 = 27.4$(mm)。

② 确定切削参数

设定精车重复次数 $m = 2$，鉴于退刀槽宽为 4mm，可设螺纹尾倒角量 $r = 0.1L = 0.2$mm；刀尖角度 $\alpha = 60°$。因此 P 及其后参数可写为 P020160。

最小车削深度 $\Delta d_{min} = 0.1$mm，单位变成 μm，因此 Q 及其后参数可写为 Q100。

精车余量 $d = 0.05$mm，因此 R 及其后参数可写为 R50。

螺纹终点坐标（$\phi 27.4$，-28）。

③ 参考程序　如表 10-3 所示。

表 10-3　【例 10-3】程序

程序	说明
O0001	程序名
G40 G97 G99 S800 M03;	主轴正转，转速 800r/min
T0101;	换 1 号螺纹刀
G00 X32.0 Z5.0;	刀具快速至螺纹加工循环起点
G76 P020160 Q100 R50;	螺纹车削复合循环
G76 X27.4 Z-28.0 P1300 Q100 F2.0;	
G00 X100.0 Z100.0;	回安全点
M05;	主轴停
M30;	程序结束

10.1.3　实例：装配件的编程与加工

（1）图纸

完成图 10-7 所示装配件的编程与加工。已知件 1（图 10-8）毛坯尺寸为 $\phi 50$mm×98mm，材料为 45 钢。件 2（图 10-9）毛坯尺寸为 $\phi 50$mm×60mm。

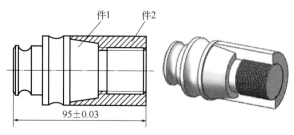

图 10-7　装配图

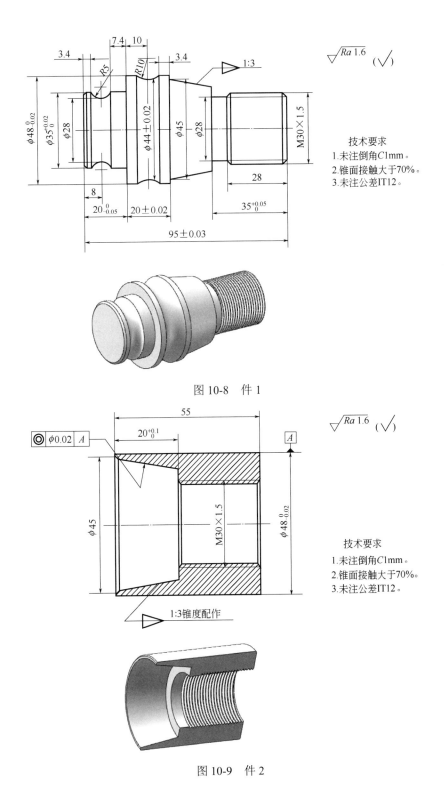

图 10-8　件 1

技术要求
1.未注倒角C1mm。
2.锥面接触大于70%。
3.未注公差IT12。

图 10-9　件 2

技术要求
1.未注倒角C1mm。
2.锥面接触大于70%。
3.未注公差IT12。

（2）工、量、刃具清单及评分标准
① 工、量、刃具清单（表 10-4）

表 10-4 工、量、刃具清单

序号	名称	规格	数量	备注
1	带表游标卡尺	0～150mm　0.02mm	1	
2	千分尺	0～25mm，25mm～50mm　0.01mm	1	
3	百分表及表座	0～10mm	1	
4	螺纹塞规	M30×1.5	1	
5	35°外圆仿形刀	25×25，刀尖角35°	1	
6	内孔车刀	ϕ16mm 盲孔	1	
7	内螺纹刀	ϕ16mm	1	
8	外螺纹刀	25×25	1	
9	切槽刀	25mm×25mm，刀宽 3mm	1	
10	麻花钻	ϕ20mm	1	
11	中心钻	ϕ2.5mm	1	
12	附具	莫氏钻套、钻夹头	各 1	
13	其他	铜棒、铜皮、垫片、毛刷等常用工具		选用

② 工件评分标准（表 10-5）

表 10-5 评分标准

姓名			班级		学号		工时	150min

项目		序号	技术要求	配分	评分标准	得分
件 1	外径	1	$\phi48_{-0.02}^{0}$，Ra1.6	5	超差全扣，Ra 降一级扣 1 分	
		2	$\phi35_{0}^{+0.02}$，Ra1.6	5	超差全扣，Ra 降一级扣 1 分	
		3	ϕ44±0.02，Ra1.6	5	超差全扣，Ra 降一级扣 1 分	
		4	ϕ45，Ra1.6	2	超差全扣，Ra 降一级扣 1 分	
		5	ϕ28（2 处），Ra1.6	4	超差全扣，Ra 降一级扣 1 分	
	圆锥面	6	锥度 1：3	4	超差全扣	
	长度	7	95±0.03	5	超差全扣	
		8	$20_{-0.05}^{0}$	4	超差全扣	
		9	20±0.02	2	超差全扣	
		10	$35_{0}^{+0.05}$	4	超差全扣	
		11	7.4，10，8，3.4（2 处）	5	超差全扣	
	螺纹	12	M30×1.5，Ra3.2	5	超差全扣，Ra 降一级扣 1.5 分	
	外形轮廓	13	R10 圆弧，Ra1.6	2	超差全扣，Ra 降一级扣 0.5 分	
		14	R5 圆弧，Ra1.6	2	超差全扣，Ra 降一级扣 0.5 分	
		15	锥面，Ra1.6	2	Ra 降一级扣 1 分	
		16	4 处 C1	2	1 处达不到要求扣 0.5 分	

项目		序号	技术要求	配分	评分标准	得分
件2	外径	17	$\phi48_{-0.02}^{0}$，$Ra1.6$	5	超差全扣，Ra降一级扣1分	
	长度	18	$20_{0}^{+0.1}$	2	超差全扣	
		19	55	3	超差全扣	
	锥面	20	$Ra1.6$	2	达不到要求全扣	
	螺纹	21	M30×1.5，$Ra3.2$	5	超差全扣，Ra降一级扣1分	
	倒角	22	C1（3处）	3	达不到要求全扣	
	同轴度	23	$\phi0.02$	5	超差全扣	
配合	配合	24	95±0.03	4	超差全扣	
	锥度配合	25	大于70%	3	达不到要求全扣	
总体评价		26	文明生产	3		
		27	工量具摆放整齐	3		
		28	工艺合理	4		
综合得分						

注：1. 每项配分含粗糙度要求，粗糙度分数占每单项分值50%。

2. 在规定时间内加工完成，得文明生产分，超时按照要求扣除基本分。

（3）工艺流程

① 技术要求分析　该件加工是装配件加工，考察的是外圆、端面、圆弧、圆锥配合、内孔、螺纹配合加工，比较全面。

4个外圆直径公差为0.02mm，表面粗糙度是$Ra1.6\mu m$，为主要加工尺寸；5个长度尺寸公差比较小，为主要尺寸。外圆尺寸精度、表面粗糙度要求都很高，为了达到技术要求，采用粗精分开、合理选用切削用量的原则，同时精车前外圆要用千分尺、长度要用带表卡尺做到精确测量。

图10-7装配图是由件1螺纹轴和件2螺纹锥套装配在一起，有着配合尺寸长度95±0.03和锥面配合接触面积大于70%的要求。

图10-9件2有同轴度要求，基准为外圆$\phi48_{-0.03}^{0}$mm的轴线，被测要素为内锥面，即要求内锥孔的轴线相对基准轴线同轴度不超过$\phi0.02$。

② 装夹分析　根据毛坯尺寸$\phi50$mm×98mm、$\phi50$mm×60mm和同轴度要求，工件需要调头装夹。定位元件是三定心卡盘，定位基准是毛坯和$\phi35_{0}^{+0.02}$mm的外圆，采用螺纹配合装夹。

③ 加工刀具的选择　根据刀具清单，圆弧加工选用刀尖角为35°的外圆仿形车刀；螺纹用内、外螺纹车刀加工，如图10-10、图10-11所示，切槽刀见图10-12。刀具卡如表10-6所示。

表10-6　刀具卡

序号	刀具号	刀具名称	刀尖半径/mm	数量	加工表面
1	T0101	35°外圆仿形车刀	0.8	1	外轮廓、端面
2	T0202	内孔车刀	0.4	1	内孔、内锥孔
3	T0303	内螺纹车刀	0.2	1	内螺纹
4	T0404	外螺纹车刀		1	外螺纹
5	T0505	切槽刀		1	外槽

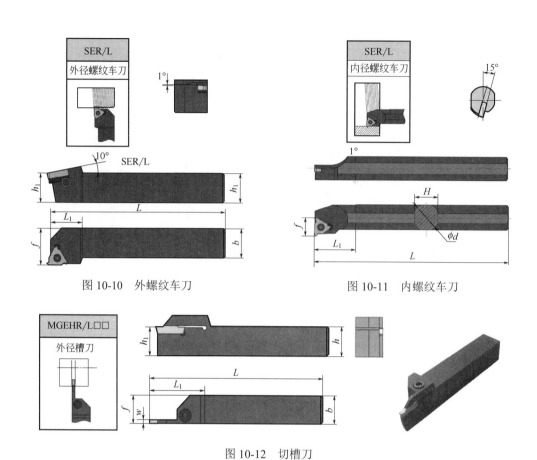

图 10-10　外螺纹车刀　　　　　　　　图 10-11　内螺纹车刀

图 10-12　切槽刀

④ 工艺安排　先加工件 2，再加工件 1，然后将件 2 旋合在件 1 上，车 $\phi48_{-0.03}^{0}$ 保证同轴度。件 2 工艺安排见表 10-7。

表 10-7　零件加工工艺卡

序号	工序内容	刀具号	切削用量			备注
			吃刀深度 a_p/mm	进给速度 F/（mm/r）	主轴转速 n/（r/min）	
1	夹件 2 毛坯 20mm 左右，手动车端面，钻通孔 $\phi20$mm	T0101	≤1	0.2	800	车端面
					400	钻孔
2	粗、精车内孔 $\phi28.5$mm、内锥	T0202	0.75	0.2	500	粗车
			0.4	0.1	1500	精车
3	粗、精车内螺纹	T0303	0.2/0.15/0.15/0.1/0.1/0.05/0	1.5	800	
4	卸件，夹件 1 毛坯，车平端面	T0101	≤1	0.2	800	精车
5	粗、精车左端 $\phi48_{-0.02}^{0}$ mm、$\phi35_{0}^{+0.02}$ mm、圆弧 $R5$mm、$R10$mm	T0101	1	0.2	500	粗车
			0.4	0.1	1200	精车
6	调头，垫铜皮于 $\phi35_{0}^{+0.02}$ mm 外圆处，找正夹紧，车端面，控制总长（95±0.03）mm	T0101	≤1（每次）	0.2	800	

序号	工序内容	刀具号	切削用量			备注
			吃刀深度 a_p/mm	进给速度 F/(mm/r)	主轴转速 n/(r/min)	
7	粗、精车圆锥、外圆ϕ29.8mm	T0101	0.75	0.2	500	粗车
			0.4	0.1	1200	精车
8	手动切槽ϕ28mm×7mm	T0505	3	0.1	600	
9	粗、精车外螺纹 M30×1.5	T0404	0.3/0.2/0.1/0.05/0	1.5	800	
10	把件2半成品与件1进行螺纹配合，车端面控制总长（95±0.03）mm	T0101	≤1（每次）	0.2	800	
11	粗、精车外圆$\phi48^{0}_{-0.03}$mm、倒角 C1	T0101	0.5	0.2	500	粗车
			0.3	0.1	1200	精车

⑤ 编程原点、循环点和换刀点的确定

编程原点：编程原点在每次装夹工件右端面中心处。

循环点：外轮廓循环点在 Z 向距离端面 2mm，X 向为ϕ52mm 处，即（52，2）。

换刀点：换刀点在 Z 向距离端面 100mm，X 向为ϕ100mm 处，即（100，100）。

⑥ 相关计算

圆锥小端直径　$d=D-L/3=45-20/3=38.33$(mm)。

件 1 圆锥长度尺寸　$L_{max}=95.03-19.95-19.98-35=20.1$(mm)，$L_{min}=94.97-20-20.02-35.05=19.9$(mm)，所以圆锥长度为$20^{+0.10}_{-0.10}$mm 。

⑦ 编写程序（参考）　工序 2 参考程序如表 10-8 所示。

表 10-8　工序 2 参考程序

程序	说明
O0001;	程序名
G21 G40 G97 G99;	程序初始化
T0202 S500 M03 F0.2;	换 2 号刀，主轴正转，转速 500r/min，进给量 0.2mm/r
G00 X20.0 Z2.0;	刀具快速移动到粗车循环点（20，2）
G71 U0.75 R0.2;	内孔粗加工循环，X 向单边吃刀深度 0.75mm，退刀量 0.2mm，X 方向精车余量 0.8mm，Z 向 0.2mm
G71 P100 Q200 U-0.8 W0.2;	
N100 G00 X45.0;	
G01 Z0.;	
X38.33　Z-20.0;	
X28.5;	
Z-57.0;	
N200 G00 X20.0;	
G00 X100.0 Z100.0;	刀具快速移动到换刀点
M05;	主轴停转
M00;	暂停加工，测量、调整磨耗值

程序	说明
T0202 S1500 M03 F0.10;	换 2 号内孔精车刀，主轴转速 1500r/min，进给量 0.10mm/r
G00 G41 X20.0 Z2.0;	刀具快速移动到精车循环点，建立左刀补
G70 P100 Q200;	精加工
G40 G00 X100.0 Z100.0;	刀具快速返回安全点，取消刀补
M05;	主轴停转
M30;	程序结束，光标返回程序头

工序 3 参考程序如表 10-9 或表 10-10 所示。

表 10-9 工序 3 参考程序（一）

程序	说明
O0002;	程序名
G40 G97 G99 S800 M03;	主轴正转，转速 800r/min
T0303;	换 3 号内螺纹刀
G00 X26.0 Z5.0;	刀具快速至螺纹加工循环起点
G76 P020160 Q100 R50;	螺纹车削复合循环，$m=2$ ，$r=0.1L$，精车余量 0.05mm，吃刀深度 0.975mm，最小车削深度 0.1mm
G76 X30.0 Z-57.0 P975 Q100 F1.5;	
G00 X100.0 Z100.0;	回安全点
M05;	主轴停
M30;	程序结束

表 10-10 工序 3 参考程序（二）

程序	说明
O0002;	程序名
G21 G40 G99 G97 S800 M03 T0303;	程序初始化，主轴 800r/min，调用 3 号螺纹刀
G00 X52.0 Z2.0;	刀具快速移动到循环点（52，2）
G92 X28.9 Z-57.0 F1.5;	车螺纹循环第一刀，吃刀深度 0.2mm
X29.2;	车螺纹第二刀，吃刀深度 0.15mm
X29.5;	车螺纹第三刀，吃刀深度 0.15mm
X29.7;	车螺纹第四刀，吃刀深度 0.10mm
X29.9;	车螺纹第五刀，吃刀深度 0.10mm
X30.0;	车螺纹第六刀，吃刀深度 0.05mm
X30.0;	重复一刀，吃刀深度为 0
G00 X100.0 Z200.0;	刀具快速到安全点
M05;	主轴停
M30;	程序结束

工序 5 程序如表 10-11 所示。

表 10-11　工序 5 程序

程序	说明
O0003；	程序名
G21 G40 G97 G99；	程序初始化
T0101 S500 M03 F0.2；	换 1 号刀，主轴正转，转速 500r/min，进给量 0.2mm/r
G00 X52.0 Z2.0；	刀具快速移动到粗车循环点（52，2）
G73 U11.0 R11.0；	粗加工循环，单边吃刀深度 1mm，粗加工次数 11 次
G73 P100 Q200 U0.8 W0.2；	粗加工循环，X 方向精车余量 0.8mm，Z 向 0.2mm
N100 G00 X33.0；	精加工外形轮廓起始程序段
G01 Z0.；	
X35.0 Z-1.0；	倒角 C1
Z-3.4；	
G03 X35.0 Z-12.6 R5.0；	加工 R5
G01 Z-20.0；	
X46.0；	
X48.0　W-1.0；	倒角 C1
W-3.4；	
G03 X48.0 Z-36.6 R10.0；	加工 R10
G01 W-3.4；	
N200 G00 X52.0；	精加工外形轮廓结束程序段，刀具快速移动到φ52
G00 X100.0 Z100.0；	刀具快速移动到换刀点
M05；	主轴停转
M00；	暂停加工，测量、调整磨耗值
T0101 S1200 M03 F0.10；	设定精车主轴转速 1200r/min，进给量 0.10mm/r
G00 G42 X52.0 Z2.0；	刀具快速移动到精车循环点，建立右刀补
G70 P100 Q200；	精加工
G40 G00 X100.0 Z100.0；	刀具快速返回安全点，取消刀补
M05；	主轴停转
M30；	程序结束，光标返回程序头

工序 7 程序如表 10-12 所示。

表 10-12　工序 7 程序

程序	说明
O0004；	程序名
G21 G40 G97 G99；	程序初始化
T0101 S500 M03 F0.2；	换 1 号刀，主轴正转，转速 500r/min，进给量 0.2mm/r
G00 X52.0 Z2.0；	刀具快速移动到粗车循环点（52，2）

三角螺纹的数控车削加工

程序	说明
G71 U0.75 R0.2；	
G71 P100 Q200 U0.8 W0.2；	
N100 G00 X26.8；	
G01 Z0.；	
X29.8 Z-1.5；	外轮廓粗加工循环，X向单边吃刀深度 0.75mm，退刀量 0.2mm，X 方向
Z-35.0；	精车余量 0.8mm，Z 向 0.2mm
X38.33；	
X45 Z-55.0；	
X47.0；	
X48.0 W-0.5；	
N200 G00 X52.0；	
G00 X100.0 Z200.0；	刀具快速移动到换刀点
M05；	主轴停转
M00；	暂停加工，测量、调整磨耗值
T0101 S1200 M03 F0.10；	调 1 号精车刀，主轴转速 1200r/min，进给量 0.10mm/r
G00 G42 X52.0 Z2.0；	刀具快速移动到精车循环点，建立右刀补
G70 P100 Q200；	精加工
G40 G00 X100.0 Z100.0；	刀具快速返回安全点，取消刀补
M05；	主轴停转
M30；	程序结束，光标返回程序头

其他程序略。

10.1.4　内螺纹车刀的装刀方法

内螺纹车刀装刀与内孔刀类似，需要装正，其安装注意事项如下。

（1）刀尖高度

装夹螺纹车刀时，刀尖位置一般应与车床主轴轴线等高，特别是内螺纹车刀，刀尖必须严格保证上述要求，以免出现"扎刀"及螺纹牙侧面不光等现象。高速车削内螺纹时，如果车刀刀杆较细，为防止振动和"扎刀"，应使硬质合金车刀刀尖略高于车床主轴轴线 0.2～0.3mm。

（2）牙型半角

内螺纹车刀要求刀尖齿形对称并垂直于工件轴线，即刀具要上正。安装时要观察内螺纹刀左侧刃与工件端面是否静止相贴，不重合则需进行微调，如图 10-13 所示。

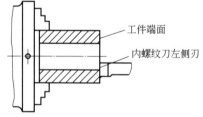

图 10-13　内螺纹车刀装刀示意图

10.1.5　内螺纹车刀对刀

内螺纹车刀对刀之前要恢复所有轴。

（1）Z向对刀

主轴正转，移动车刀到内孔，观察内螺纹车刀刀尖，与已车好的内孔口边缘对准，在刀补形状画面相应刀号下输入"Z0."，点测量键，Z向退刀，X向退刀。

（2）X向对刀

内螺纹车刀刀尖与已车好的孔内表面轻轻沾刀出屑，沿Z向迅速退出，在刀补形状画面相应刀号下输入X直径值，点测量键即可。

（3）刀头伸出长度

对内螺纹要保证螺纹长度，内螺纹刀左侧刃与刀架左侧面的距离大于螺纹有效长度5～10mm，同时刀头加上刀杆后的径向长度应比螺纹底孔直径小3～5mm。

10.1.6 螺纹尺寸精度控制技术

（1）外螺纹

当执行完加工外螺纹程序后，可用件2或螺纹环规检测，如果螺母一点都旋不进去，打开磨耗画面，在相应的车刀刀号下面输入-0.2（参考值），点输入键，打开程序画面，光标在程序开始处，循环启动。加工结束后用环规再重复试，如果进去一部分，磨耗画面可输入-0.05，再加工，以此递减类推，直到螺纹全部旋进为止。

（2）内螺纹

当执行完加工内螺纹程序后，可用螺纹塞规检测，如果塞规一点都旋不进去，打开磨耗画面，在相应的车刀刀号下面输入0.15（参考值），点输入键，打开程序画面，光标在程序开始处，循环启动。加工结束后用环规再重复试，如果进去一部分，磨耗画面可输入0.05，再加工，以此递加类推，直到螺纹全部旋进为止。

10.1.7 编程练习

【题1】零件如图10-14所示，毛坯为$\phi 50 \times 62$的圆棒料，材料为45钢，试手工编制程序。

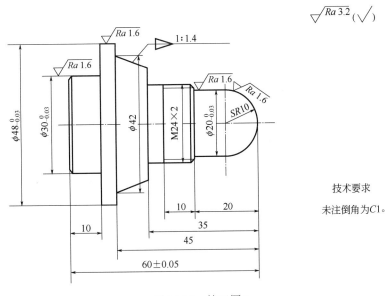

技术要求

未注倒角为C1。

图10-14　练习图1

【题2】零件如图10-15所示，毛坯为$\phi 50 \times 40$棒料，材料为45钢，试手工编制程序。

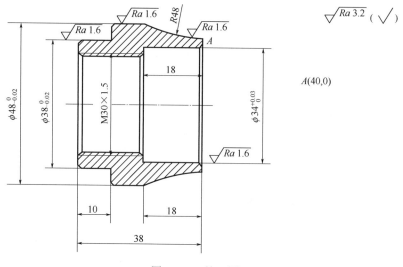

图 10-15　练习图 2

10.2　圆锥管螺纹的编程与加工

　　① 掌握圆锥螺纹相关知识。
　　② 掌握三角形圆锥螺纹加工指令及其应用。

　　掌握案例工艺、编程并独立完成零件加工。

　　管螺纹通常用在管接头、阀门等附件上，应用比较广泛。管螺纹分为用螺纹密封的管螺纹和非螺纹密封管螺纹两种。

10.2.1　非螺纹密封管螺纹

　　非螺纹密封管螺纹又称圆柱管螺纹，其螺纹母体为圆柱形，见图 10-16。内、外螺纹连接不具备密封性，如果要求连接后有密封性，可添加麻丝、蜡、生料带等密封物。

　　（1）牙型
　　这种螺纹牙型角为 55°，螺距以 1 英寸（in）❶ 内的牙数 n 换算出。牙顶及牙底均为圆弧形，如图 10-17 所示。

图 10-16　非螺纹密封管螺纹

　　（2）基本尺寸和公差等级
　　① 基本尺寸　包括螺纹大径、中径、小径、螺距、牙顶和牙底圆弧半径，可通过相应表格查出，其中螺距 $p=1\text{in}/n=25.4/n\text{mm}$，$1\text{in}=25.4\text{mm}$。

──────────
　　❶ 1in=0.0254m。下同。

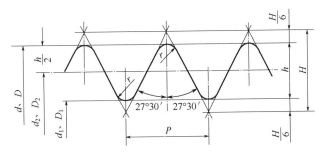

图 10-17　内、外圆柱螺纹牙型

② 螺纹公差　内螺纹中径只有一种公差带，即下偏差为零，上偏差为正值。外螺纹分 A、B 两个等级，上偏差为零，下偏差为负值。

（3）螺纹标记

螺纹标记由螺纹特征代号、尺寸代号和公差等级代号组成。螺纹特征代号用 G 表示；尺寸代号指的是管子孔径的公称直径，用英寸（in）表示数值；对于公差等级代号，内螺纹不标注，外螺纹标注 A、B 两级。例如 G3/4、G3/4 A。

内、外螺纹装配时的标记，可加 "/" 分开，例如 G1/G1A。

10.2.2　用螺纹密封的管螺纹

用螺纹密封的管螺纹又称为 55°圆锥管螺纹，如图 10-18 所示。这种螺纹连接具有密封性，包括圆锥内外螺纹连接、圆柱内螺纹和圆锥外螺纹连接两种连接方式。由于加工精度的问题，通常要在螺纹副内添加密封物。

（1）螺纹基本牙型

螺纹的母体为圆锥形，锥度为 1：16。牙顶、牙底为弧形，螺距以 1 英寸（in）内的牙数 n 换算出，如图 10-19 所示。

图 10-18　三通管螺纹

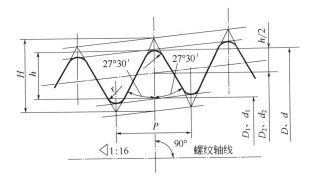

图 10-19　内、外圆锥螺纹牙型

（2）圆锥螺纹术语

圆锥螺纹术语如图 10-20 所示。

基准直径：内、外螺纹的基本大径。

基准平面：简称基面，是垂直于螺纹轴线、具有基准直径的平面。

基准距离：简称基距，是基面到外螺纹小端距离。

有效螺纹：由完整螺纹和不完整螺纹两部分组成。

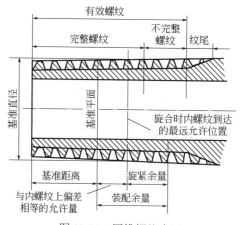

图 10-20　圆锥螺纹术语

（3）基本尺寸

基本尺寸包括螺纹大径、中径和小径（都是基面上的基本直径），螺距、牙数、牙顶和牙底圆弧半径，可通过表 10-13 查出。

表 10-13　圆锥螺纹基本尺寸

尺寸代号	每 25.4mm 内的牙数	螺距 P/mm	牙高 h/mm	圆弧半径 $r \approx$/mm	基面上的基本直径/mm			基准距离/mm	有效螺纹长度/mm	装配余量	
					大径（基准直径）$d=D$	中径 $D_2=d_2$	小径 $D_1=d_1$			余量/mm	圈数
1/16	28	0.907	0.581	0.125	7.723	7.142	6.561	4.0	6.5	2.5	$2\frac{3}{4}$
1/8	28	0.907	0.581	0.125	9.728	9.147	8.566	4.0	6.5	2.5	$2\frac{3}{4}$
1/4	19	1.337	0.856	0.184	13.157	12.301	11.445	6.0	9.7	3.7	$2\frac{3}{4}$
3/8	19	1.337	0.856	0.184	16.662	15.806	14.950	6.4	10.1	3.7	$2\frac{3}{4}$
1/2	14	1.814	1.162	0.249	20.955	19.793	18.631	8.2	13.2	5.0	$2\frac{3}{4}$
3/4	14	1.814	1.162	0.249	26.441	25.279	24.117	9.5	14.5	5.0	$2\frac{3}{4}$
1	11	2.309	1.479	0.317	32.249	31.770	30.291	10.4	16.8	6.4	$2\frac{3}{4}$
$1\frac{1}{4}$	11	2.309	1.479	0.317	41.910	40.431	38.952	12.7	19.1	6.4	$2\frac{3}{4}$
$1\frac{1}{2}$	11	2.309	1.479	0.317	47.803	46.324	44.845	12.7	19.1	6.4	$2\frac{3}{4}$
2	11	2.309	1.479	0.317	59.614	58.135	56.656	15.9	23.4	7.5	$2\frac{3}{4}$
$2\frac{1}{2}$	11	2.309	1.479	0.317	75.184	73.705	72.226	17.5	26.7	9.2	4
3	11	2.309	1.479	0.317	87.884	86.405	84.926	20.6	29.8	9.2	4
4	11	2.309	1.479	0.317	113.030	111.551	110.072	25.4	35.8	10.4	$4\frac{1}{2}$
5	11	2.309	1.479	0.317	138.430	136.951	135.472	28.6	40.1	11.5	5
6	11	2.309	1.479	0.317	162.830	162.351	160.872	28.6	40.1	11.5	5

（4）螺纹标记

螺纹标记由螺纹特征代号和尺寸代号组成。螺纹特征代号：圆锥内螺纹用字母 Rc 表示，圆柱内螺纹用字母 Rp 表示，圆锥外螺纹用字母 R 表示。尺寸代号指的是管子孔径的公称直径，用英寸（in）表示数值。

例如 Rc3/4 为圆锥内螺纹，R3/4 为圆锥外螺纹，Rp3/4 为圆柱外螺纹。内、外螺纹配合标记用斜线分开，左边为内螺纹，右边为外螺纹，例如 Rc3/4/R3/4。

10.2.3　车圆锥螺纹指令（G92）

（1）指令格式

```
G92 X(U)___ Z(W)___ R ___ F ___;
```

（2）指令说明

X、Z——螺纹终点的绝对坐标；

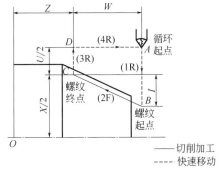

图 10-21　G92 车圆锥螺纹走刀路线

U、W——螺纹终点相对于螺纹起点的坐标增量；

R——圆锥螺纹起点和终点的半径差，当圆锥螺纹起点坐标大于终点坐标时为正，反之为负；

F——螺纹的导程（单线螺纹时为螺距）。

（3）指令走刀路径

G92 指令车圆锥螺纹走刀路线如图 10-21 所示。

10.2.4　实例：圆锥螺纹的编程与加工

（1）图纸

完成图 10-22 所示零件的编程与加工。已知该零件毛坯为 ϕ45mm×70mm，材料为硬铝 6061。

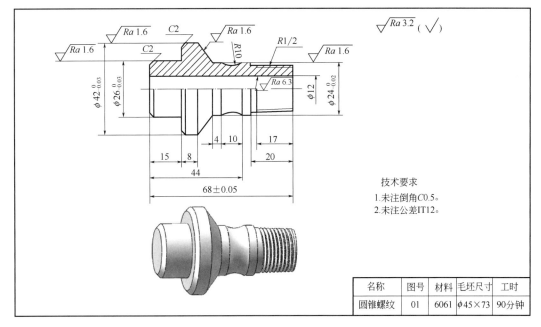

技术要求

1. 未注倒角C0.5。
2. 未注公差IT12。

名称	图号	材料	毛坯尺寸	工时
圆锥螺纹	01	6061	ϕ45×73	90分钟

图 10-22　圆锥螺纹

（2）工、量、刃具清单及评分标准

① 工、量、刃具清单（表 10-14）

表 10-14　工、量、刃具清单

序号	名称	规格	数量	备注
1	游标卡尺	0～150　0.02	1	
2	千分尺	0～25，25～50　0.01	1	
3	万能角度尺	0～320°	1	
4	外圆车刀	25×25，刀尖角 35°	2	
5	外螺纹刀	25×25，刀尖角 55°	1	
6	钻头	$\phi12$	1	
7	管螺母	Rc1/2	1	
8	其他	铜棒、铜皮、垫片、毛刷等常用工具		选用

② 圆锥套评分标准（表 10-15）

表 10-15　评分标准

班级		姓名		学号		
项目	序号	技术要求		配分	评分标准	得分
外圆部分	1	$\phi42_{-0.03}^{0}$		9	超差全扣	
	2	$\phi24_{-0.02}^{0}$		9	超差全扣	
	3	$\phi26_{-0.03}^{0}$		9	超差全扣	
	4	$Ra1.6$（4 处）		12	每错一处扣 3 分	
长度部分	5	68 ± 0.05		6	超差全扣	
	6	15		2	超差全扣	
	7	8		2	超差全扣	
	8	20		2	超差全扣	
	9	4		2	超差全扣	
	10	10		2	超差全扣	
	11	17		2	超差全扣	
内孔	12	$\phi12$		1	超差全扣	
圆弧	13	$R10$		5	超差全扣	
圆锥	14	锥度 1：0.39		6	超差全扣	
螺纹	15	锥螺纹		10	超差全扣	
	16	$Ra3.2$		10	达不到要求全扣	
倒角	17	$C2$（2 处）		4	超差全扣	
编程与操作	18	切削工艺制定正确		3	不合理扣 2 分	
	19	程序正确、简单规范		2	不合理扣 1 分	
	20	操作规范		2	出错一处扣 0.5 分	
安全文明生产	21	安全操作			出现安全事故停止操作，酌情扣 5～30 分	
	22	机床整理				
	综合得分					

（3）工艺流程

① 零件技术要求分析　该零件包括外圆、端面、圆锥、圆锥外螺纹加工。

工件尺寸 $\phi42_{-0.03}^{0}$ mm、$\phi26_{-0.03}^{0}$ mm、$\phi24_{-0.02}^{0}$ mm 公差比较小，为重要加工尺寸。长度大部分尺寸为自由公差，可加工到零线以下 0.1mm。

外圆尺寸精度、表面粗糙度要求都很高，为了达到技术要求，采用粗精分开、合理选用切削用量的原则。

圆锥螺纹锥度比为 1：16，牙侧表面粗糙度为 Ra3.2，要求高速直进车削。

② 装夹分析　根据毛坯尺寸 $\phi45$mm×70mm，工件需要调头装夹。定位元件是三定心卡盘，定位基准是毛坯和 $\phi42_{-0.03}^{0}$ mm 的外圆阶台。

③ 加工刀具的选择　刀具卡如表 10-16 所示。

表 10-16　刀具卡

序号	刀具号	刀具名称	刀尖半径/mm	数量	加工表面
1	T0101	35°外圆仿形车刀	0.4	1	外圆，端面、圆弧
2	T0202	55°外螺纹刀	0.2	1	圆锥螺纹

④ 工艺安排　零件工艺安排见表 10-17。

表 10-17　零件加工工艺卡

工序序号	工序内容	刀具号	切削用量			备注
			吃刀深度 a_p/mm	进给速度 F/（mm/r）	主轴转速 n/（r/min）	
1	夹毛坯 20mm 左右，手动车端面，钻通孔 $\phi12$mm	T0101	≤1	0.2	800	车端面
					600	钻孔
2	粗、精车外圆 $\phi42_{-0.03}^{0}$ mm、$\phi26_{-0.03}^{0}$，倒角 C2	T0101	1	0.2	500	粗车
			0.4	0.1	1300	精车
3	调头，垫铜皮于 $\phi42_{-0.03}^{0}$ mm 外圆，台阶定位夹紧，手动车端面，控制总长（68±0.05）mm	T0101	≤1	0.15	800	
4	粗、精车外圆 $\phi24_{-0.02}^{0}$ mm、圆锥、R10mm	T0101	1.5	0.2	500	粗车
			0.4	0.10	1200	精车
5	粗、精车圆锥外螺纹 R1/2	T0202	0.4，0.3，0.25，0.2，0.15，0.15，0		800	

⑤ 编程原点、循环点和换刀点的确定

编程原点：编程原点在工件右端面中心处。

循环点：循环点在 Z 向距离端面 3mm，X 向为 $\phi50$mm 处，即（50，3）。

换刀点：换刀点在 Z 向距离端面 200mm，X 向为 $\phi100$mm 处，即（100，200）。

⑥ 相关计算　从表 10-13 查出基面尺寸为 8.2mm，螺距 P 为 1.814mm，基面上螺纹大径是 20.955mm，螺纹中径是 19.793mm，螺纹小径是 18.631mm，有效螺纹长度为 13.2mm。如图 10-23 所示，C 点坐标是（20.955，-8.2），B 点是圆锥螺纹终点，A 是 BC 母线延长线上一点，距离端面 3mm。

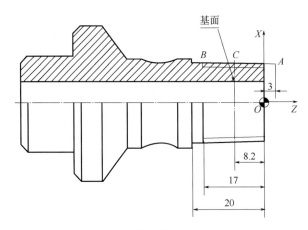

图 10-23 基面基本尺寸分析

根据锥度计算公式

$$\frac{20.955 - X_A}{11.2} = \frac{1}{16}, X_A = 20.255\text{mm}$$

$$\frac{X_B - 20.955}{8.8} = \frac{1}{16}, X_B = 21.505\text{mm}$$

$$R = \frac{X_A - X_B}{2} = \frac{20.255 - 21.505}{2} = -0.625(\text{mm})$$

⑦ 编写程序（参考） 工序 4 程序如表 10-18 所示。

表 10-18 工序 4 程序

程序	说明
O0003;	程序名
G21 G40 G97 G99;	程序初始化
T0101 S500 M03 F0.2;	换 1 号刀，主轴正转，转速 500r/min，进给量 0.2mm/r
G00 X50.0 Z3.0;	刀具快速移动到粗车循环点（50，3）
G73 U12.0 R12.0;	粗加工循环，单边吃刀深度 1mm，粗加工次数为 12 次，X 方向精车余量
G73 P100 Q200 U0.8 W0.2;	0.8mm，Z 向 0.2mm
N100 G00 X20.225;	精加工外形轮廓起始程序段
X21.662　Z-20.0;	车圆锥（大端直径 21.6625mm）
X23.0;	
X24.0 C-0.5;	
W-4.0;	
G03 X24.0 W-10.0 R10.0;	加工 R10
G01 W-4.0;	
X42.0 Z-45.0;	
N200 G00 X50.0;	精加工外形轮廓结束程序段，刀具快速移动到 φ50
G00 X100.0 Z100.0;	刀具快速移动到换刀点
M05;	主轴停转
M00;	暂停加工，测量、调整磨耗值
T0101 S1300 M03 F0.10;	设定精车主轴转速 1300r/min，进给量 0.10mm/r

程序	说明
G00 G42 X50.0 Z3.0;	刀具快速移动到精车循环点，建立右刀补
G70 P100 Q200;	精加工
G40 G00 X100.0 Z100.0;	刀具快速返回安全点，取消刀补
M05;	主轴停转
M30;	程序结束，光标返回程序头

工序 5 程序如表 10-19 所示。

表 10-19　工序 5 程序

程序	说明
O0004;	程序名
G21 G40 G99 G97 S800 M03 T0202;	程序初始化，主轴转速 800r/min，调用 2 号螺纹刀
G00 X50.0 Z3.0;	刀具快速移动到循环点（50，3）
G92 X20.7　Z-17.0 R-0.625　F1.814;	车螺纹循环第一刀，吃刀深度 0.4mm
X20.1;	车螺纹第二刀，吃刀深度 0.30mm
X19.6;	车螺纹第三刀，吃刀深度 0.25mm
X19.2;	车螺纹第四刀，吃刀深度 0.20mm
X19.2	重复车削，吃刀深度为 0
G00 X100.0　Z200.0;	刀具快速到安全点
M05;	主轴停
M30;	程序结束

其他程序略。

10.2.5　编程练习

零件如图 10-24 所示，毛坯为 $\phi40$ 的圆棒料，材料为硬铝，试编制程序并加工。

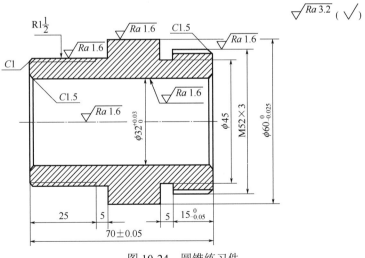

图 10-24　圆锥练习件

第 **11** 章

梯形螺纹的数控车削加工

11.1 基础知识

11.1.1 子程序

（1）子程序含义

零件加工中，当某一加工内容重复出现时，可将该加工内容编制成子程序，采用子程序调用指令，调出子程序，从而完成加工。采用子程序编制程序可减少编程工作量，使程序简化。

（2）子程序调用指令

① 指令格式　子程序指令格式有两种：

格式一　　M98 P××××××；
　　　　　　… … … …

格式二　　M98 P×××× L××；
　　　　　　… … … …
　　　　　　M99；

② 指令说明

a. M98 为子程序调用指令。

b. 格式一中地址符 P 后跟 6 位数字，前 2 位数字表示调用次数，范围 1～99，后 4 位数字表示子程序号。

c. 格式二中地址符 P 后跟 4 位数字，表示子程序号；L 后为调用的次数，用 2 位数字表示，范围 1～99。

d. 子程序号和主程序号类似，都是 4 位数字。

e. 子程序执行完规定次数后将返回到主程序 M98 的下一句继续执行。

f. 省略次数，系统默认调用一次。

g．子程序用 M99 指令结束。

（3）子程序多重嵌套

子程序可多重嵌套，如图 11-1 所示。

（4）应用举例

【例 11-1】运用子程序编写图 11-2 所示三个槽的程序。

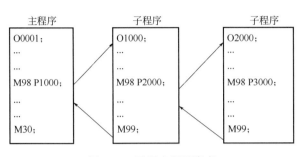

图 11-1　子程序调用嵌套

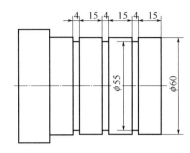

图 11-2　子程序例图

以工件右端面中心为编程原点，所编程序如表 11-1 所示。

表 11-1　【例 11-1】程序

程序	说明
O0001；	程序名
G40 G97 G99 G21；	程序初始化
T0101 S500 M03 ；	选择 1 号切槽刀，刀宽 4mm，左刀尖对刀，主轴正转，转速 500r/min
G00 X65.0 Z0 M08；	刀具快速移动到（65，0）位置，冷却液开
M98 P031000；	调用切槽子程序（O1000）3 次
G00 X100.0；	刀具快速移动到安全点
Z100.0；	
M09；	冷却液关
M05；	主轴停
M30；	程序结束
O1000；	子程序号
G01 W-19.0；	刀具左向进给 19mm
X55.0 F0.1；	切至槽底 ϕ55mm
X65.0 F0.2；	刀具进给回退
M99；	子程序结束

11.1.2　G32 指令车螺纹

（1）指令格式和说明

① 指令格式　G32 X(U)___ Z(W)___ F___；

② 指令说明

X，Z——螺纹终点绝对坐标；

U，W——螺纹终点相对于起点的增量；

F——螺纹导程。

（2）指令走刀路径

① 走刀路线　G32 指令车螺纹走刀路线如图 11-3 所示。

② 路径说明　刀具从当前点 M 快速移动到螺纹刀起点 A，直进切入 1→轴向进刀 2→径向退刀 3→轴向退刀 4，最后返回上次螺纹直进切入的起点 A，经过车削不断反复，完成零件加工。

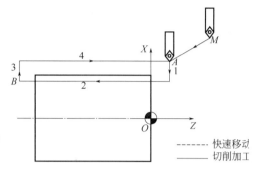

图 11-3　G32 指令走刀路线

注意：

G32 没有循环起点，只有螺纹起点，A 为螺纹刀起点，B 为螺纹终点。1，2，3，4 每一步都要编制相应程序。

【例 11-2】如图 10-4 所示，已知螺纹大径已车至 ϕ29.8mm，退刀槽已加工完成，零件材料为 45 钢，用 G32 编制该螺纹的加工程序。

以工件右端面中心为编程原点，编程如表 11-2 所示。

表 11-2　【例 11-2】程序

程序	说明
O0001；	程序名
G40 G97 G99 G21 S800 M03；	主轴正转，程序初始化
T0404；	调 4 号螺纹刀
G00 X35.0 Z5.0；	刀具快速移动到螺纹加工起点（35，5）
X29.2；	螺纹车削循环第一刀，切深 0.3mm，螺距 2mm
G32 Z-28.0 F2.0；	
G00 X32.0；	
Z5.0；	
X28.5；	第二刀，吃刀深度 0.35mm
G32 Z-28.0 F2.0；	
G00 X32.0；	
Z5.0；	
X27.9；	第三刀，吃刀深度 0.3mm
G32 Z-28.0 F2.0；	
G00 X32.0；	
Z5.0；	
X27.5；	第四刀，吃刀深度 0.2mm
G32 Z-28.0 F2.0；	
G00 X32.0；	

程序	说明
Z5.0;	
X27.4;	第五刀，吃刀深度 0.05mm
G32 Z-28.0 F2.0;	
G00 X32.0;	
Z5.0;	
G00 X200.0 Z100.0;	刀具快速返回换刀点
M05;	主轴停
M30;	程序结束

11.2 加工案例：梯形螺纹轴的编程与加工

（1）图纸

完成图 11-4 所示零件的编程与加工。已知该零件毛坯为 ϕ50mm×100mm，材料为硬铝 6061。

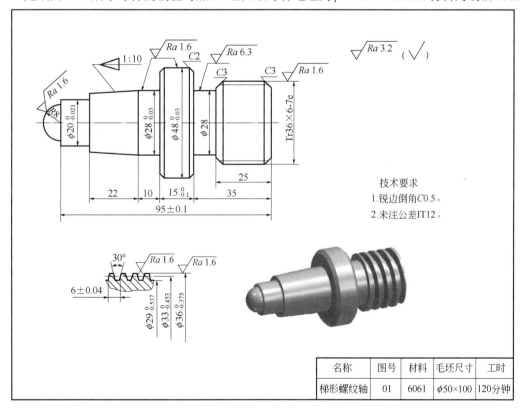

图 11-4　梯形螺纹轴

（2）工、量、刃具清单及评分标准

① 工、量、刃具清单（表 11-3）

表 11-3　工、量、刃具清单

序号	名称	规　格	数量	备注
1	55°外圆车刀	25×25	2 把	
2	3mm 外圆切槽刀	25×25	1 把	
3	外梯形螺纹车刀	25×25	1 把	
4	莫氏变径套	2-5，带扁尾	1 套	
5	游标卡尺	0～150	1 把	
6	带表游标卡尺	0～150	1 把	
7	外径千分尺	0～25、25～50	各 1 把	
8	万能角度尺	0～320	各 1 把	
9	三针	尺寸待定	1 套	
10	深度千分尺	0～25	1 把	
11	杠杆百分表	0.01	1 套	
12	磁性表座		1 个	
13	钟面式百分表	10mm（0.01）	1 个	
14	R 规	R8	1 套	
15	常用工具	卡盘扳手、刀具扳手、套管、铜棒	1 套	自选
16	铜皮	1mm	若干	

② 梯形螺纹轴评分标准（表 11-4）

表 11-4　评分标准

工件编号		姓名			总得分		
项目	序号	技术要求	配分	评分标准		检测记录	得分
外圆	1	$\phi20_{-0.021}^{0}$	8	超差 0.01 扣 1 分			
	2	$\phi28_{-0.03}^{0}$	8	超差 0.01 扣 1 分			
	3	$\phi48_{-0.03}^{0}$	8	超差 0.01 扣 1 分			
长度	4	10 ± 0.20	4	超差 0.01 扣 1 分			
	5	95 ± 0.10	4	超差 0.02 扣 1 分			
	6	$15_{-0.10}^{0}$	4	超差 0.02 扣 1 分			
圆弧	7	R8	3	超差全扣			
锥度	8	1∶10	5	超差全扣			
梯形螺纹	9	30°±6′	4	超差 2′ 扣 1 分			
	10	6 ± 0.04	4	超差 0.01 扣 1 分			
	11	$\phi29_{-0.537}^{0}$	4	超差 0.05 扣 1 分			
	12	$\phi33_{-0.453}^{0}$	4	超差 0.05 扣 1 分			
	13	$\phi36_{-0.375}^{0}$	4	超差 0.05 扣 1 分			

项目	序号	技术要求	配分	评分标准	检测记录	得分
表面粗糙度	14	$Ra1.6\mu m$（6 处）	12	达不到全扣		
	15	$Ra3.2\mu m$（4 处）	8	达不到全扣		
其他	16	$\phi 28\times 10$	2	超差全扣		
	17	一般尺寸及倒角	6	每错一处扣 1 分		
	18	工件按时完成	5	未按时完成全扣		
	19	工件无缺陷	3	缺陷扣 3 分/处		
程序与工艺	20	程序与工艺合理	倒扣	每错一处扣 2 分		
机床操作	21	机床操作规范		出错 1 次扣 2～5 分		
安全文明生产	22	安全操作		停止操作或酌情扣 5～20 分		
综合得分						

（3）工艺流程

① 零件技术要求分析 该零件加工包括外圆、端面、圆锥、梯形外螺纹加工。

工件外圆尺寸$\phi 20_{-0.021}^{0}$mm、$\phi 28_{-0.03}^{0}$mm、$\phi 48_{-0.03}^{0}$mm 公差比较小，为重要加工尺寸。长度大部分尺寸为自由公差，可加工到零线以下 0.1mm。

外圆尺寸精度、表面粗糙度要求都很高，为了达到技术要求，采用粗精分开、合理选用切削用量的原则。

梯形螺纹为重要加工部分，大径、小径、中径尺寸要求保证。梯形螺纹螺距为 6mm，螺距大，必须采用斜进法或左右车削法进行加工。

编制好合理的程序，保证车削时不扎刀、不啃刀，以及通过正确测量、判断并调整磨损量以保证螺纹中径是加工梯形螺纹的要点。

② 装夹分析 根据毛坯尺寸$\phi 50$mm×100mm，工件需要调头装夹。定位元件是三定心卡盘，定位基准是毛坯和$\phi 28_{-0.03}^{0}$mm 的外圆阶台。

③ 加工刀具的选择 刀具卡如表 11-5 所示，梯形螺纹刀如图 11-5 所示。

表 11-5 刀具卡

序号	刀具号	刀具名称	刀尖半径/mm	数量	加工表面
1	T0101	55°外圆仿形车刀	0.8	1	外圆，端面、圆弧、外锥
2	T0202	55°外圆仿形车刀	0.4	1	外圆，端面、圆弧、外锥
3	T0303	3mm 外圆切槽刀		1	退刀槽
4	T0404	30°外螺纹刀		1	梯形螺纹

图 11-5 梯形螺纹车刀及刀片

④ 工艺安排　零件工艺安排见表 11-6。

表 11-6　零件加工工艺卡

工序序号	工序内容	刀具号	切削用量			备注
			吃刀深度 a_p/mm	进给速度 F/（mm/r）	主轴转速 n/（r/min）	
1	夹毛坯 30mm 左右，手动车端面	T0101	≤1	0.2	800	车端面
2	粗、精车外圆 $\phi 37$mm×35mm、$\phi 48_{-0.03}^{0}$ mm×50mm	T0101	1	0.2	500	粗车
		T0202	0.4	0.1	1300	精车
3	调头装夹外圆 $\phi 37$mm，车端面，控制总长 95mm ±0.1mm	T0101	≤1	0.15	800	
4	粗、精车 $R8$mm、$\phi 20_{-0.021}^{0}$ mm、$\phi 28_{-0.03}^{0}$ mm 及 1:10 锥度	T0101	1.5	0.2	500	粗车
			0.4	0.10	1200	精车
5	装夹外圆 $\phi 28_{-0.03}^{0}$ mm（垫铜皮），零件贴紧夹爪端面，粗、精车外圆 $\phi 36_{-0.375}^{0}$ mm	T0101	1	0.2	500	粗车
		T0202	0.4	0.1	1300	精车
6	切槽 $\phi 28$mm	T0303	3	0.1	500	
7	粗、精车 Tr36×6-7e	T0404		6	100	粗车
					30	精车

⑤ 编程原点、循环点和换刀点的确定

编程原点：编程原点在工件右端面中心处。

循环点：循环点在 Z 向距离端面 2mm，X 向为 $\phi 50$mm 处，即（50，2）。

换刀点：换刀点在 Z 向距离端面 200mm，X 向为 $\phi 100$mm 处，即（100，200）。

⑥ 相关计算

a. 圆锥尺寸计算　工件小端直径 $d = D - 22 \times \dfrac{1}{10} = 28 - 2.2 = 25.8 \text{(mm)}$。

b. 梯形螺纹相关参数计算。

梯形螺纹牙型及相关参数计算：外梯形螺纹牙顶宽 $f = 0.366P = 0.366 \times 6 = 2.196 \approx 2 \text{(mm)}$

牙槽底宽 $w = 0.366P - 0.536a_c = 0.366 \times 6 - 0.536 \times 0.5 = 1.928 \text{(mm)}$

牙型高度 $h = 0.5P + a_c = 0.5 \times 6 + 0.5 = 3.5 \text{(mm)}$

三针测量相关计算：

最佳量针选择：$d_D = 0.518P = 0.518 \times 6 = 3.108 \approx 3 \text{(mm)}$

$M = d_2 + 4.864d_D - 1.866P \approx 33 + 4.864 \times 3 - 1.866 \times 6 = 36.396 \text{(mm)}$，考虑到中径 $\phi 33_{-0.453}^{0}$ mm 的上下偏差值，因此 $M = \phi 36_{-0.057}^{+0.396}$ mm 。

⑦ 编写程序（参考）　梯形螺纹采用左右车削法进刀或者斜进法进刀，斜进法采用 G76 编程，编程简单，这里不再赘述。本例题中介绍一下左右车削法加工，车梯形螺纹的方式是等切削深度左、右拓宽分层切削法（左右切削法和分层切削法的结合），采用 G32 指令与子程序嵌套编程结合。

如图 11-6 所示，选刀头宽度为 1.5mm 的梯形螺纹车刀，每一层螺纹车刀左右进刀量为螺纹牙槽底宽（1.928-1.5）mm/2=0.214mm。

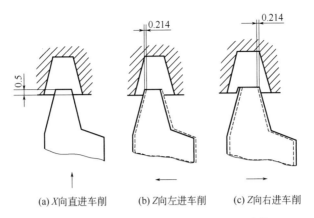

(a) X 向直进车削　　(b) Z 向左进车削　　(c) Z 向右进车削

图 11-6　车削梯形螺纹宏程序分层进刀路线

工序 7 参考程序如表 11-7 所示。

表 11-7　工序 7 参考程序

程序	说明
O0001；	程序名
G40 G97 G99 G21；	程序初始化
T0404 S100 M03；	选择 4 号梯形螺纹刀，刀宽 1.5mm，左刀尖对刀，主轴 100r/min 正转
G00 X40.0 Z10.0 M08；	刀具快速移动到 ϕ40，Z10 位置
X36.0；	车螺纹第一刀直径起点
M98 P80100；	调用一级子程序（O0100）8 次
M98 P120300；	调用一级子程序（O0300）12 次
M98 P40400；	调用一级子程序（O0400）4 次
M98 P30500；	调用一级子程序（O0500）3 次
G00 X100.0；	径向退刀
Z100.0；	轴向退刀
M09；	冷却液关
M05；	主轴停
M00；	暂停测量
T0404 S30 M03；	精车，主轴 30r/min 正转
G00 X40.0 Z10.0 M08；	
X29.05；	精车螺纹径向起点
M98 P0500；	调用一级子程序（O0500）1 次
G00 X100.0；	
Z100.0；	
M09；	
M05；	
M30；	

程序	说明
O0100;	子程序名
G01 U-0.5;	双边径向进刀 0.5mm
M98 P0200;	调用子程序 O0200 一次
M99;	子程序结束，返回主程序
O0200;	子程序名
G32 Z-32.0 F6.0;	车削梯形螺纹
G00 U10.0;	径向退刀
Z10.0;	轴向退刀
U-10.0;	返回到上次螺纹加工进刀点
G00 W-0.214;	轴向左移动 0.214mm
G32 Z-32. F6.0;	车削梯形螺纹
G00 U10.0;	径向退刀
Z10.0;	轴向退刀
U-10.0;	返回到上次螺纹加工进刀点
W0.214;	轴向右移动 0.214mm
G32 Z-32. F6.0;	车削梯形螺纹
G00 U10.0;	径向退刀
Z10.0;	轴向退刀
U-10.0;	返回到上次螺纹加工进刀点
M99;	子程序结束
O0300;	子程序名
G01 U-0.2;	双边径向进刀 0.2mm
M98 P0200;	调用子程序 O0200 一次
M99;	子程序结束，返回主程序
O0400;	子程序名
G01 U-0.1;	双边径向进刀 0.1mm
M98 P0200;	调用子程序 O0200 一次
M99;	返回主程序
O0500;	子程序名
G01 U-0.05;	双边径向进刀 0.05mm
M98 P0200;	调用子程序 O0200 一次
M99;	子程序结束

其他程序略。

（4）编程及加工注意事项

① 测量梯形螺纹时要注意测量姿势，采用三针测量 M 时，三个测针要平行，千分尺要垂

直于三针。

② 精车梯形螺纹时，可以在刀具磨损画面，修改 Z 值进行中径控制，然后再执行精加工程序。

③ 梯形螺纹对刀时可采用左刀尖对刀。

11.3 编程练习

加工图 11-7 所示的梯形螺纹轴，已知毛坯尺寸为 $\phi 60\text{mm} \times 108\text{mm}$，材料为 45 钢。试编制程序。

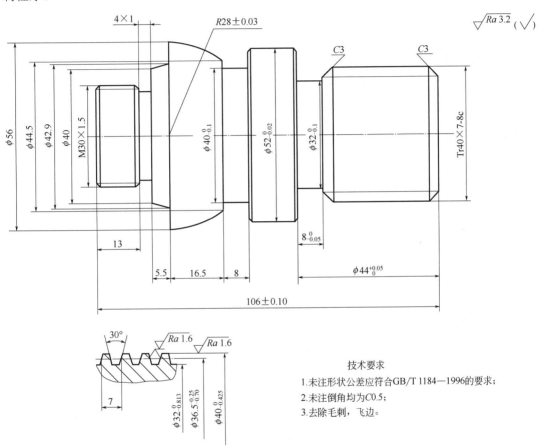

图 11-7　梯形螺纹练习件

第 **12** 章

槽类综合零件的数控车削加工

知识目标

① 掌握 G75 切槽循环指令的相关知识。
② 掌握 G74 端面深孔加工循环指令的相关知识。

技能目标

① 掌握关于外槽、端面槽类中等复杂工件的加工方法。
② 掌握端面槽尺寸精度控制方法。

12.1 基础知识

12.1.1 切槽循环指令（G75）

（1）窄槽加工

① 加工方法 对于槽宽不大且精度不高的槽，可采用与槽等宽的切槽刀直接切入加工出来，刀具切入到槽底后可采用延时指令使刀具短暂停留，如图 12-1 所示。

② 刀具暂停指令 G04

格式：`G04 X(P)m;`

指令说明：

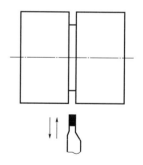

图 12-1　窄槽加工示意

m 为刀具停止移动后停止的时间。采用地址 X 时，单位为秒（s）；采用地址 P 时，单位是毫秒（ms）。例如刀具暂停时间是 2s 可以编程为 "G04 X2.0；" 或 "G04 P2000；"。

（2）宽槽加工

对于槽宽较大，深度较深的单槽加工可采用切槽循环指令 G75 编程。

① 指令格式

```
G75 Re;
G75 X(U)___ Z(W)___ P∆i ___ Q∆k Rd F__ ;
```

② 指令说明

e：每切完一刀后沿 X 向的退刀量，半径值，单位为 mm。

X：最大切深点的 X 轴绝对坐标。

U：最大切深点的 X 轴增量坐标。

Z：最大切深点的 Z 轴绝对坐标。

W：最大切深点的 Z 轴增量坐标。

Δi：X 轴每次切深量，半径值，单位为微米（μm）。

Δk：沿径向切完一个刀宽后退出，在 Z 向的移动量，单位为微米（μm），其值小于刀宽。

d：刀具切到槽底后，在槽底沿-Z 方向的退刀量，单位为微米（μm），最好取 0。

③ G75 走刀路径

a．走刀路线。图 12-2 为刀具路径图，其中，A 点为切槽循环点，B 点为最大切深终点。

b．路径说明。刀具从当前点 P 快速移动到循环点 A，执行 G75 切槽循环指令后，发生如下动作。

i．刀具沿 X 负向进给切削深度 Δi，然后沿 X 正向退刀距离 e，接着再沿 X 负向进给切削深度 Δi，然后再沿 X 正向退刀距离 e，如此往复循环，到达最大切深点 B 直径处。

ii．刀具沿着 X 负向快速退刀返回到 A 点直径处，沿着 Z 反向移动距离 Δk，再重复过程 i。

iii．刀具到达终点 B 后，快速返回到循环点 A。

💡 注意：

① 最后一次深度 $\Delta i' \leqslant \Delta i$，其数值由系统确定。

② 循环点在工件外圆表面之外。

（3）编程示例

【例 12-1】用 G75 指令编写图 12-3 所示宽槽加工程序，已知刀宽 4mm。

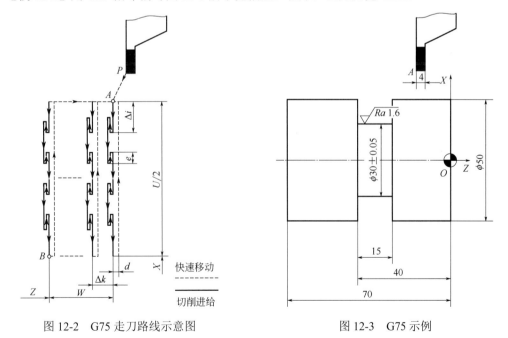

图 12-2　G75 走刀路线示意图　　　　图 12-3　G75 示例

选取工件右端面为编程原点，以切槽刀左刀尖 A 为对刀点，编程如表 12-1 所示。

表 12-1　宽槽程序

程序	说明
O0001;	程序号
T0101 S500 M03 F0.10;	主轴转速 500r/min，调 1 号刀，进给量 0.1mm/r
G00 X60.0 Z-29.2 M08;	刀具快速移动到循环点，切削液开
G75 R2.0;	切槽循环，退刀距离 2mm，切深 3mm，位移 3.8mm（侧面留余量 0.2mm）
G75 X30.2 Z-39.8 P3000 Q3800;	
M05;	主轴停
T0101 S1000 M03 F0.08;	主轴转速 1000r/min，进给量 0.08mm/r
G01 X60.0 Z-29.0;	刀具移动到精加工起始点
X30.0;	右侧面精加工
G04 X2.0;	刀具在槽底暂停 2s
Z-40.0;	槽底加工
X60.0;	左侧面精加工
G00 X100.0 Z100.0;	切刀快速移动到安全点
M05;	主轴停
M09;	冷却液关
M30;	程序结束

12.1.2　端面槽（钻深孔）循环指令（G74）

（1）指令格式

```
G74 Re;
G74 X(U)___  Z(W)___  PΔi  QΔk   RΔd  F___ ;
```

（2）指令说明

e 为 Z 向退刀量，模态值；

X、Z 表示切槽终点绝对坐标；

U、W 表示切槽终点相对坐标；

Δi 为刀具完成一次轴向切削后，在 X 方向的移动量（半径值），单位为 μm；

Δk 为 Z 方向每次切深量，单位为 μm；

Δd 为刀具在切削底部时 X 向的退刀量，一般设为 0；

F 表示进给速度。

（3）G74 走刀路径

① 走刀路线　图 12-4 为刀具路径图，其中，A 点为切槽循环点，B 点为最大切深终点。

② 路径说明　刀具从当前点 P 快速移动到循环点 A，执行 G74 切槽循环指令后，发生如下动作。

a. 刀具沿 Z 负向进给一次切削深度 Δk，然后沿 Z 正向退刀距离 e，接着再沿 Z 负向进给一次切削深度 Δk，然后再沿 Z 正向退刀距离 e，如此重复进给，到达最大切深点 B 直径处。

b. 刀具沿着 Z 负向快速退刀返回到 A 点直径处，沿着 X 反向移动距离 Δi，再沿 Z 负向重

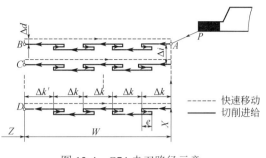

图 12-4　G74 走刀路径示意

复进给，到达最大切深点 C 直径处。

c. 经过 n 次 Δi 的径向移动和 Z 负向的重复进给，刀具最后到达终点 D 后，快速返回到循环点 A。

💡💬 注意：

① 最后一次深度Δk'≤Δk，其数值由系统确定。

② 循环点在工件端面之外。

（4）应用举例

【例12-2】用钻头ϕ20 钻一深孔，孔深 80mm，编写钻孔程序。其中：e=2.0，Δk=30，F=0.1mm/r。程序如表 12-2 所示。

表 12-2　钻孔程序

程序	说明
O0001；	程序名
T0101 S400 M03 F0.1；	调钻头ϕ20mm，主轴转速 400r/min，进给量 0.1mm/r
M08；	切削液开
G00 X0. Z1.0；	刀具快速移动到循环点
G74 R2.0；	钻孔循环
G74 Z-80.0 Q3000 F0.1；	钻孔循环
G00 X100.0 Z100.0；	刀具快速移动到安全点
M05；	主轴停止
M09；	切削液关
M30；	程序结束

【例12-3】编写图 12-5 所示零件端面槽的加工程序。

分析：设定工件编程原点为工件右端面中心处。图 12-6 中，端面槽车刀刀宽为 4mm，有两个刀尖 A 和 B，编程时选任何一个刀尖对刀都可以，但要注意刀宽的影响。选刀尖 A 为对刀点，编程如表 12-3 所示。

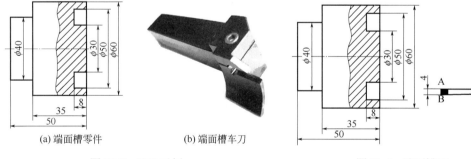

(a) 端面槽零件　　(b) 端面槽车刀

图 12-5　G74 示例

图 12-6　端面槽刀

表 12-3　端面槽程序

程序	说明
O0001;	程序名
G21 G97 G99;	程序初始化
T0101 S800 M03 F0.05;	调端面槽刀，设置切削用量
M08;	切削液开
G00 X30. Z2.;	刀具快速到循环点
G74 R1.0;	切槽循环
G74 X42. Z-8.0 P1000 Q2000;	
G28 U0. W0.;	回零
M05;	主轴停
M09;	切削液关
M30;	程序结束

12.2　加工案例：端面槽零件的编程与加工

（1）图纸

完成图 12-7 所示零件的编程与加工。已知该零件毛坯为 ϕ100mm×110mm，材料为硬铝6061。

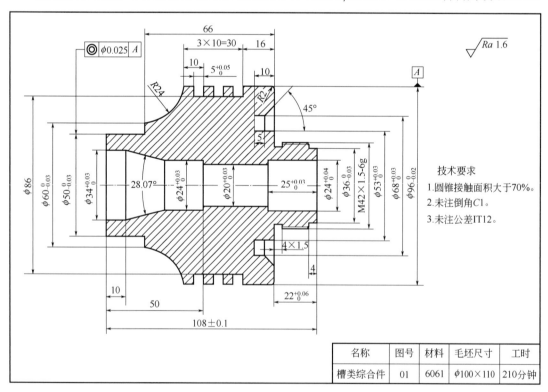

图 12-7　端面槽工件

（2）工、量、刃具清单和评分表

① 工、量、刃具清单（表12-4）

表12-4　工、量、刃具清单

序号	名称	规格	数量	备注
1	55°外圆车刀	25×25	2把	
2	3mm外圆切槽刀	25×25	1把	
3	三角形外螺纹车刀	25×25	1把	
4	内孔刀	$\phi16mm$	1把	
5	端面槽刀	3mm	1把	
6	外圆切槽刀	3mm	1把	
7	麻花钻	$\phi18mm$	1个	
8	莫氏变径套	2-5，带扁尾	1套	
9	游标卡尺	0～150	1把	
10	带表游标卡尺	0～150	1把	
11	外径千分尺	25～50，50～75，75～100　0.01	各1把	
12	带表外卡规	55～75	1把	
13	螺纹环规（通、止规）	M42×1.5-6g	1套	
14	深度千分尺	0～25	1把	
15	杠杆百分表	0.01	1套	
16	磁性表座		1个	
17	钟面式百分表	10mm（0.01）	1个	
18	内径百分表	18～35　0.01	1个	
19	R规	1～6.5、15～25	各1套	
20	圆锥塞规	圆锥角28.7°	1个	自制
21	万能角度尺	0°～320°	1把	
22	常用工具	卡盘扳手、刀具扳手、套管、毛刷、钻夹头、铜棒等	1套	自选

② 评分表（表12-5）

表12-5　评分标准

班级		姓名				学号		
项目		序号	技术要求		配分		评分标准	得分
外轮廓 （含外槽）		1	$\phi96^{\ 0}_{-0.02}$ mm		5		超差全扣	
		2	$\phi60^{\ 0}_{-0.03}$ mm		5		超差全扣	
		3	$\phi50^{\ 0}_{-0.03}$ mm		5		超差全扣	
		4	$\phi36^{\ 0}_{-0.03}$ mm		5		超差全扣	
		5	$\phi86mm$		2		超差全扣	

项目	序号	技术要求	配分	评分标准	得分
外轮廓 （含外槽）	6	M42×1.5-6g	3	超差全扣	
	7	同轴度ϕ0.025mm	3	超差全扣	
	8	R24	1	超差全扣	
	9	R2	1	超差全扣	
	10	108±0.1	1	超差0.01扣1分	
	11	$5_0^{+0.05}$mm	2	超差全扣	
	12	$22_0^{+0.05}$mm	2	超差全扣	
	13	4×1.5	1	超差全扣	
	14	Ra1.6μm（12处）	6	一处达不到扣0.5分	
内轮廓	15	$\phi34_0^{+0.03}$mm	5	超差全扣	
	16	$\phi24_0^{+0.03}$mm	5	超差全扣	
	17	$\phi20_0^{+0.03}$mm	5	超差全扣	
	18	$\phi24_0^{+0.04}$mm	5	超差全扣	
	19	$25_0^{+0.03}$mm	5	超差全扣	
	20	Ra1.6μm（6处）	3	一处达不到扣0.5分	
端面槽	21	$\phi68_0^{+0.03}$mm	5	超差全扣	
	22	$\phi53_0^{+0.03}$mm	5	超差全扣	
	23	10	1	超差全扣	
	24	45°	1	超差全扣	
	25	Ra1.6μm（4处）	2	一处达不到扣0.5分	
圆锥锥度	26	接触面积超过70%	2	达不到要求全扣	
其他	27	一般尺寸IT12	3	每错一处扣1分	
	28	倒角	1	每错一处扣0.5分	
编程与操作	29	切削工艺制定正确	2		
	30	切削用量合理	2		
	31	程序正确、简单规范	2		
	32	操作安全规范	4		
	综合得分				

（3）工艺流程

① 零件技术要求分析　该综合件加工内容较多，重点是端面槽加工、外圆槽加工。

零件图中，基准为外圆$\phi96_{-0.02}^{0}$mm 轴线，要求外圆$\phi50_{-0.03}^{0}$mm 的轴线相对基准轴线同轴度为$\phi0.025$。

工件表面粗糙度要求高，全部是 $Ra1.6\mu m$，切削用量的选择要适当。

加工方案的安排，重点要考虑同轴度的保证。

锥配接触面积大于 70%，要求锥度、大小端直径准确。

② 装夹分析　定位元件是三爪卡盘，根据毛坯尺寸$\phi100mm\times110mm$，工件需要调头装夹，调头时需要用百分表进行定位找正，达到同轴度要求。

③ 加工刀具的选择　刀具卡如表 12-6 所示。

表 12-6　刀具卡

序号	刀具号	刀具名称	刀尖半径/mm	数量	加工表面
1	T0101	55°外圆仿形车刀	0.8	1	外圆，端面、圆弧
2	T0202	55°外圆仿形车刀	0.4	1	外圆，端面、圆弧
3	T0303	3mm 外圆切槽刀		1	外圆槽、退刀槽
4	T0404	外螺纹刀		1	三角螺纹
5	T0505	内孔车刀	0.4	1	内轮廓
6	T0606	4mm 端面槽刀		1	端面槽

④ 工艺安排　零件工艺安排见表 12-7。

表 12-7　零件加工工艺卡

工序序号	工序内容	刀具号	切削用量			备注
			吃刀深度 a_p/mm	进给速度 F/（mm/r）	主轴转速 n/（r/min）	
1	夹毛坯 30mm 左右，手动车端面，钻孔$\phi18mm\times54mm$	T0202	≤1	0.2	800	
2	粗车阶台外圆$\phi43mm\times22.5mm$、$\phi97mm\times68mm$	T0101	1.5	0.2	500	
3	粗、精车端面槽	T0606	1	0.15	400	粗车
			0.2	0.1	800	精车
4	粗、精车内孔$\phi24_{0}^{+0.03}$mm、$\phi20_{0}^{+0.03}$mm，倒60°锥角	T0505	1	0.2	500	粗车
			0.4	0.1	1200	精车
5	调头装夹外圆$\phi25mm$，阶台定位，车端面，控制总长（108±0.1）mm，钻通孔$\phi18mm$	T0202	≤1	0.15	800	
6	粗、精车外轮廓$\phi50_{-0.03}^{0}$mm、$R24mm$	T0101	1.5	0.2	500	粗车
		T0202	0.4	0.10	1200	精车
7	粗、精车内孔$\phi34_{0}^{+0.03}$mm、$\phi24_{0}^{+0.03}$mm，圆锥孔	T0505	1	0.2	500	粗车
			0.4	0.10	1200	精车
8	调头垫铜皮于外圆$\phi50_{-0.03}^{0}$mm 处，找正夹紧，粗、精车$\phi36_{-0.03}^{0}$mm、$\phi96_{-0.02}^{0}$mm、$R2mm$、$\phi41.8mm$，倒角 $C1$	T0202	1.5	0.2	500	粗车
			0.4	0.10	1200	精车
9	切退刀槽 4mm×1.5mm	T0303	3	0.2	600	

工序序号	工序内容	刀具号	切削用量			备注
			吃刀深度 a_p/mm	进给速度 F/（mm/r）	主轴转速 n/（r/min）	
10	车外螺纹 M42×1.5-6g	T0404	0.3，0.3，0.2，0.2	1.5	1000	
11	一夹一顶，车三个外圆槽 ϕ86mm	T0303	3	0.1	600	粗车
			3	0.05	1000	精车

⑤ 编程原点、循环点和换刀点的确定

编程原点：编程原点在工件右端面中心处。

循环点：车外轮廓循环点在 Z 向距离端面 2mm，X 向为 ϕ102mm 处，即（102，2）。

换刀点：换刀点在 Z 向距离端面 200mm，X 向为 ϕ120mm 处，即（120，200）。

⑥ 相关计算

圆锥尺寸计算：

由 $\tan\dfrac{\alpha}{2}=\dfrac{C}{2}$ ，得出锥度 $C=2\tan\dfrac{\alpha}{2}=2\tan14°\approx2\times0.249=0.498$ 。

圆锥长度 $L=\dfrac{D-d}{C}\approx\dfrac{34-24}{0.498}\approx20.08(\text{mm})$ 。

⑦ 编写程序（参考）

a. 工序 3 程序。工序 3 是加工端面槽，分两步进行，第一步先加工 $\phi68^{+0.03}_{0}$ 和 $\phi53^{+0.03}_{0}$ 之间的端面直槽，第二步是加工 45°锥槽。端面槽加工需用 4mm 刀宽的端面槽刀，考虑到刀具强度问题，不能一次斜向进给完成锥槽车削，因此需要分几次加工才能完成。锥槽形状是单调递减，相当于内孔加工，可以采用 G71、G70 编程，编程原点为外圆 $\phi96^{0}_{-0.025}$ mm 的右端面中心，工序图如图 12-8 所示，编程如下。

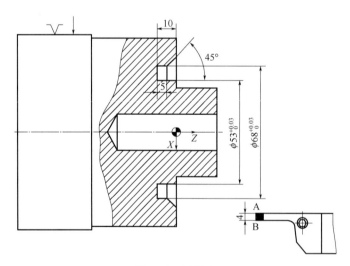

图 12-8　工序 3

工序 3 直槽程序。端面槽刀以刀尖 A 为对刀点进行对刀，程序见表 12-8。

表 12-8　工序 3 直槽程序

程序	说明
O0001；	程序名
G21 G97 G99；	程序初始化
T0606 S400 M03 F0.15；	调端面槽刀，设置粗车切削用量
M08；	切削液开
G00 X53.4 Z2.；	刀具快速到循环点
G74 R1.0；	切槽循环，直径留 0.8mm 精车余量
G74 X59.6 Z-10.0 P500 Q2000；	
G28 U0. W0.；	回零
M05；	主轴停
M00；	暂停，测量
T0606 S800 M03 F0.15；	设置精车切削量
G00 X53.0 Z2.；	
G01 Z-10.0；	精车 $\phi53^{+0.03}_{0}$ mm
X54.0；	
G00 Z20.0；	
X60.0；	
G01 Z-10.0；	精车 $\phi68^{+0.03}_{0}$ mm
X59.0；	
G00 Z200.0；	
M09；	切削液关
M30；	程序结束

锥槽程序。端面槽刀以刀尖 B 为对刀点进行对刀，程序见表 12-9。

表 12-9　锥槽程序

程序内容	程序说明
O0002；	程序名
G40 G97 G99 S600 M03 F0.15；	主轴正转，程序初始化，粗车进给量 0.15mm/r
T0606；	选 6 号端面槽刀
M08；	
G00 X66.0；	刀具快速至锥槽循环起点
Z2.；	
G71 U1. R0.5；	粗车循环，单边吃刀深度 1mm，退刀量 0.5mm
G71 P50 Q100 U-0.4 W0.1；	粗车循环，X 方向精车余量 0.3mm，Z 向 0.1mm
N50 G00 X78.0；	刀具快进至 ϕ78mm 处
G01 Z0.；	

程序内容	程序说明
X68.0 Z-5.；	车锥槽
N100 G01 X66.0；	刀具直线进给至ϕ66mm 处
G00 X100.0 Z100.0；	快速返回安全点
M05；	
M00；	
T0606 S1300 M03 F0.10；	精车
G00 G41 X66.0；	左刀补引入，快速至循环点
Z2.；	
G70 P50 Q100；	精车循环
G00 G40 X100.0 Z100.0；	
M05；	
M09；	
M30；	

b. 工序 11 程序。工序 11 为切槽加工，三个槽宽、槽径都相等，可以用子程序来编程，也可以普通编程。以子程序编程为例，编程原点与工序 3 一样，编程如表 12-10 或表 12-11 所示。

表 12-10　工序 11 程序（一）

程序	说明
O0001；	程序名
G40 G97 G99 G21；	程序初始化
T0303 S600 M03 F0.1；	选择 3 号切槽刀，刀宽 3mm，左刀尖对刀，主轴 600r/min 正转
G00 X100.0；	刀具快速移动到切槽循环点（100，-19）位置
Z-19.0；	
M08；	冷却液打开
M98 P1000；	第一次调用切槽子程序，加工第一个槽
G00 Z-29.0；	刀具快速移动到切槽循环点（100，-29）位置
M98 P1000；	第二次调用切槽子程序，加工第二个槽
G00 Z-39.0；	刀具快速移动到切槽循环点（100，-39）位置
M98 P1000；	第三次调用切槽子程序，加工第三个槽
G00 X150.0；	刀具快速移动到安全点
Z5.0；	
M09；	冷却液关
M05；	主轴停
M30；	程序结束
O1000；	子程序号

程序	说明
G75 R2.0;	切槽循环
G75 X86.0 W-2.0 P1500 Q1500;	
M99;	子程序结束

表 12-11　工序 11 程序（二）

程序	说明
O0001;	程序名
G40 G97 G99 G21;	程序初始化
T0303 S600 M03 F0.1;	选择 3 号切槽刀，刀宽 3mm，左刀尖对刀，主轴 600r/min 正转
G00 X100.0;	刀具快速移动到点（100，-9）位置
Z-9.0;	
M08;	冷却液打开
M98 P031000;	调用切槽子程序 3 次
G00 X150.0;	刀具快速移动到安全点
Z5.0;	
M09;	冷却液关
M05;	主轴停
M30;	程序结束
O1000;	子程序号
W-10.0;	
G75 R2.0;	切槽循环
G75 X86.0 W-2.0 P1500 Q1500;	
M99;	子程序结束

12.3　端面槽尺寸精度控制方法

　　端面槽直径尺寸是在粗加工后，经过测量，通过改变磨耗画面对应刀具的磨耗值来控制，或者改变程序当中的相应直径尺寸数值。外槽直径尺寸控制与外圆直径控制方法类似，需要强调的是磨耗值是在粗加工前补入 0.6mm，粗加工完毕，磨耗值输入 0.4mm，上述程序转速改为 1000r/min，进给量 0.05mm/r，半精加工后，测量尺寸，调整磨耗值（大多少减多少），最后完成精加工。

12.4　编程练习

　　加工图 12-9 所示工件，已知毛坯尺寸为 $\phi55mm \times 75mm$，材料为 45 钢，试编制程序。

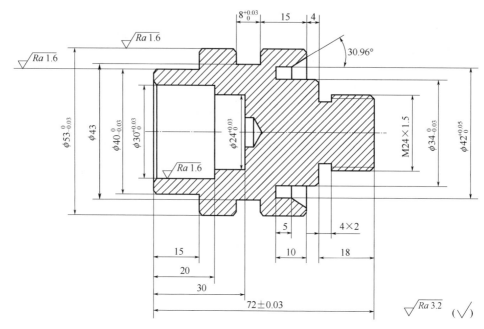

图 12-9　端面槽练习件

提高篇

CAD/CAM加工技术
（CAXA数控车）

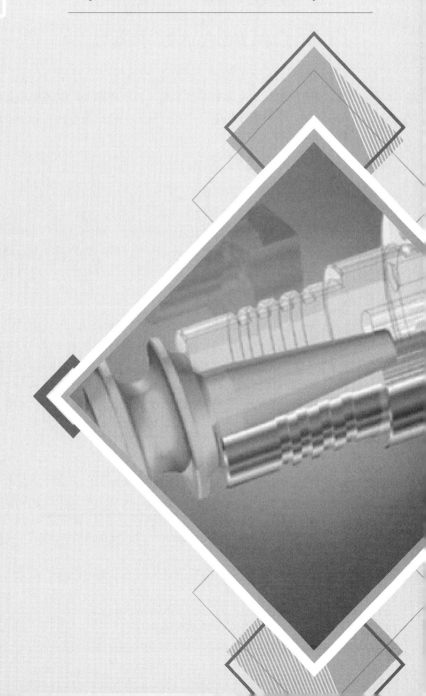

第 **13** 章
CAD/CAM 技术简介

本章主要是对 CAD/CAM 概念、CAXA 数控车 2013 界面作简单介绍，通过系统学习，熟悉并掌握 CAXA 数控车 2013 界面的内容。

13.1 CAD/CAM 技术概念

CAD/CAM 技术是加工制造技术与计算机技术紧密结合、相互渗透而逐渐发展起来的一项综合应用技术，是先进制造技术的重要组成部分。它的发展及应用使传统制造业的产品设计、制造过程、制造内容和加工方式等发生了根本性的变化，是衡量一个国家工业现代化水平的重要标志之一。

13.1.1 CAD 技术

（1）CAD 概念及作用

CAD 是计算机辅助设计的简称，全名为 computer aided design。CAD 是工程技术人员以计算机软件为工具，对产品或工程进行设计、绘图、图形编辑和造型、分析和编写技术文档等设计活动的总称，是一门多学科综合应用技术。CAD 是一种新的设计方法，将计算机数据处理能力与人的创造性思维能力、综合分析能力结合起来，从而达到设计的最佳效果，对于加速产品开发、缩短设计制造周期、提高产品质量、降低成本等发挥着重要作用。

（2）CAD 系统的组成

CAD 系统有几何建模、工程分析、模拟仿真及工程绘图等功能。一个完整的 CAD 系统由人机交换接口、科学计算、图形系统和工程数据库组成。人机交换接口是设计、开发、应用和维护 CAD 系统的界面，经历了从字符用户接口、多媒体用户接口到网络用户接口的发展过程。科学计算是 CAD 系统的主体，主要有有限元分析、可靠性分析、动态分析、产品常规设计和优化设计等。图形系统是 CAD 系统的基础，主要有几何建模、自动绘图（二维工程图、三维工程图等）和动态仿真等。工程数据库对设计过程中使用和产生的数据、图形、图像和文档等进行存储和管理。

（3）CAD 的作业过程

首先，工程设计人员对产品进行建模分析，完成产品几何模型的建立，然后抽取模型中的有关数据进行工程分析、计算和修改，最后编辑全部设计文档，输出工程图。

CAD 技术实际上就是产品建模技术，是将产品的物理模型转化为产品的数据模型，并将建立的数据模型存储在计算机系统内，供后续的计算机辅助技术共享，从而驱动产品生命周期的全过程。

13.1.2 CAM 技术

（1）CAM 概念

CAM 是计算机辅助制造的简称，全名为 computer aided manufacturing。狭义的 CAM 概念指的是数控程序的编制，包括刀具路线规划、刀位文件的产生、刀具轨迹仿真、后置处理以及 NC 代码的生成等。简言之，CAM 就是利用计算机来进行生产设备管理控制和操作的过程。它的输入信息是零件的工艺路线和工序内容，输出信息是刀具加工时的运动轨迹（刀位文件）和数控程序。

（2）CAM 功能

CAM 核心就是数控加工技术，而数控加工分程序编制和加工过程两个步骤。其中程序编制是根据图纸或 CAD 信息，依据数控机床控制系统，完成 NC 程序的编制；加工过程是将数控程序传输给机床，控制机床伺服系统，使刀具和工件按照程序进行相对运动，从而加工出符合要求的零件。

CAD/CAM 应用程序既可用于设计产品，也可用于编写制造流程，特别是 CNC 加工。CAM 软件的使用通常由在 CAD 软件中创建的模型和部件来体现，最后生成刀具路径，帮助机床将设计变为零件。CAD/CAM 技术是当前科技领域的前沿技术，带动了制造业的快速发展，在设计和制造样机、成品零件和流水线生产中得到了大量应用，产生了巨大的社会效益。

13.2 CAXA 数控车软件用户界面

13.2.1 CAXA 数控车 2013 自动编程软件简介

自动编程是根据零件图样的要求，利用计算机专用软件来编制数控加工程序，将加工程序通过直接通信的方式送入数控机床，指挥机床工作。实现自动编程的 CAM 软件中常用的有 UG、PRO/E、MASTERCAM、Powermill、CAXA 等。

CAXA 数控车是集 CAD、CAM 于一体的数控加工自动编程软件，是我国自主研发的一种优秀软件。该软件简单易学，功能强大，代码质量高，已经在企业中和各类技术大赛中得到广泛应用并受到好评。

13.2.2 CAXA 数控车 2013 界面介绍

CAXA 数控车 2013 用户界面分为绘图区、菜单栏、工具栏、状态栏、参数输入栏五个部分，如图 13-1 所示。

（1）绘图区

绘图区用于绘制和编辑图形，是绘图设计的工作区域。在该区域有一个二维直角坐标系，其横轴与数控车床 Z 轴相对应，纵轴与数控车床 X 轴相对应。坐标原点为（0，0），是零件图形上其他坐标点的参照基准。

（2）标题栏

标题栏用以显示文件名称和软件名称，在软件界面最上方。

（3）菜单栏

菜单栏在标题栏的下方，包含着文件、编辑、视图、格式、幅面、绘图、标注等 12 个菜单项。单击每个菜单项，都会弹出一个下拉菜单，每一个下拉菜单又包含着若干命令，如图 13-2

所示。

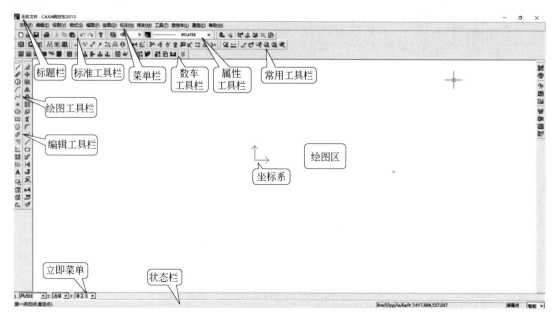

图 13-1　CAXA 数控车 2013 操作界面

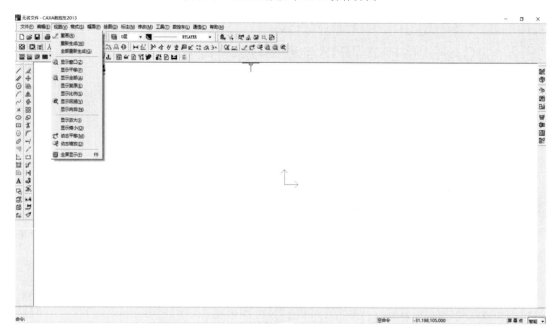

图 13-2　菜单栏和下拉菜单

（4）立即菜单

立即菜单是指某项命令的可选方式，选择某种方式，完成相应指令任务。图 13-3 显示的是画圆的立即菜单。如果按空格键，屏幕上会出现一个工具点菜单的长条菜单选项，用户可根据需要选取相应的点进行捕捉，如图 13-3 所示。

（5）快捷菜单

当光标处于不同位置时，鼠标右击，会弹出不同的快捷菜单。使用快捷菜单会提高绘图速度。在标题栏处右击鼠标，如图 13-4 所示；在工具栏空白处右击，弹出快捷菜单如图 13-5 所示。

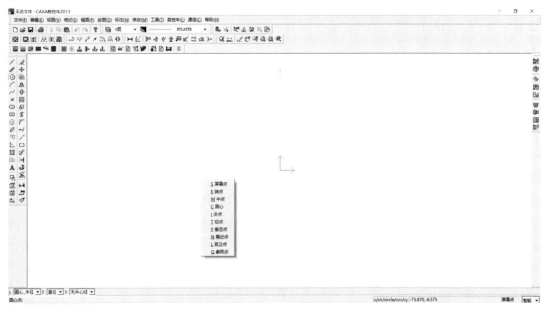

图 13-3　工具点菜单

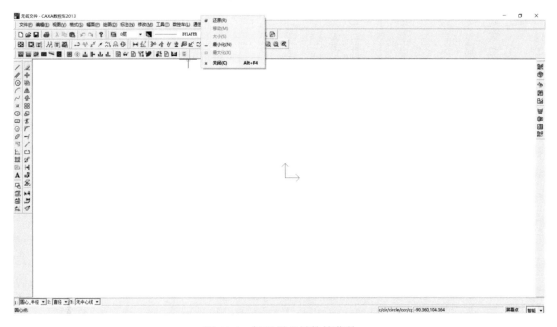

图 13-4　标题栏右键快捷菜单

（6）对话框

一些命令在执行时会弹出一个对话框，用户可根据需要填写相关参数，如图 13-6 所示。

（7）工具栏

在工具栏中，可以通过鼠标左键单击相应的功能进行操作，系统默认的工具栏包括标准工具栏、属性工具栏、常用工具栏、绘图工具栏、标注工具栏、幅面操作工具栏、设置工具栏、编辑工具栏、视图管理工具栏、数车工具栏，如图13-7所示，用户也可以根据自己的习惯和需求自定义工具栏。每个工具栏都包含着许多指令，当光标停留在其附近就会标出指令含义，这里不再一一赘述。

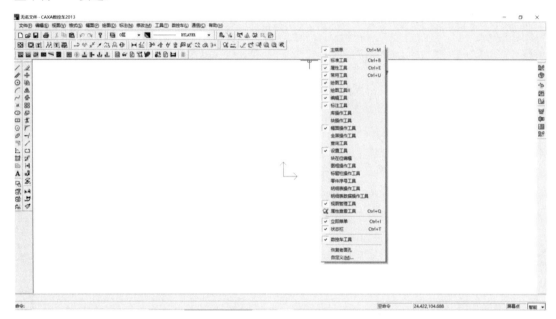

图 13-5　快捷菜单

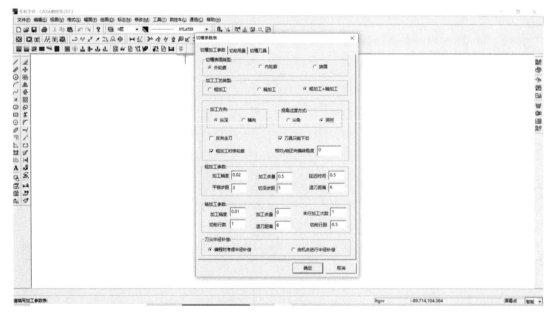

图 13-6　对话框

图 13-7　默认工具栏

（8）常用键功能

① 鼠标键　按鼠标左键激活菜单，拾取元素；按右键以确认拾取、结束操作及终止命令；按鼠标中轮，所画图形进行平移；转动鼠标中轮，所画图形放大或缩小。

② 回车键和数值键　回车键和数值键可以激活坐标输入条，在输入条中可以输入数值。坐标值以@开始的，表示相对于前一个点的相对坐标。

③ 空格键　系统要求输入点时，按空格键会弹出点工具菜单，如图 13-8（a）所示；进行删除元素时，按空格键会弹出拾取方式菜单，如图 13-8（b）所示。

图 13-8　按空格键所弹出的工具菜单

第 **14** 章

典型零件自动编程案例

本章内容主要包括 CAXA 数控车自动编程软件的使用方法，通过三个典型零件的系统学习，掌握数控车工零件的造型与自动编程的相关知识。

14.1 典型零件造型与加工（一）

14.1.1 零件图纸

零件图如图 14-1 所示，已知毛坯尺寸为 $\phi 50mm \times 100mm$，材料为 45 钢，试分析加工工艺，

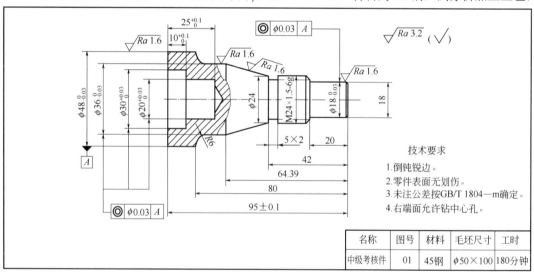

图 14-1 中级考核件 1 图纸

用自动编程方法生成加工程序。加工该零件所需的工、量、刃具清单见表 14-1。

表 14-1 零件所需工、量、刃具清单

序号	名称	规格	精度	数量
1	93°外圆仿形刀	刀体 25×25，刀片 R0.4		1
2	内孔车刀	刀杆ϕ16mm，刀片 R0.4		1
3	切槽刀	刀宽 3mm，25mm×25mm		1
4	外螺纹刀	25mm×25mm		1
5	钻夹头	1～13mm		1
6	钻头	ϕ18		1
7	中心钻	A2.5		1
8	外径千分尺	0～25mm，25～50mm	0.01mm	各 1
9	万能角度尺	0°～320°	2′	1
10	内径百分表	18～35mm	0.01mm	1
11	游标卡尺	0～150mm	0.02mm	1
12	螺纹环规	M24×1.5	6g	1
13	半径样板	R6		1
14	磁性表座			1
15	百分表	0～10mm	0.01mm	1
16	铜皮	0.8mm		1

14.1.2　零件结构及技术要求分析

该考核件的加工主要包含着外轮廓加工、内孔加工及外螺纹加工，表面粗糙度、尺寸精度要求较高。零件基准为外圆 $\phi48_{-0.03}^{0}$ mm 的轴线，被测要素外圆 $\phi18_{-0.03}^{0}$ mm 、 $\phi36_{-0.03}^{0}$ mm 的轴线和内孔 $\phi30_{0}^{+0.03}$ mm 、 $\phi20_{0}^{+0.03}$ mm 的轴线相对于基准 A 有同轴度 ϕ0.03mm 的要求。

表面粗糙度数值小，要求切削用量选择合理；尺寸精度高，要求在半精车时测量要精确，调整磨损值要准确；同轴度 ϕ0.03mm 的保证，要求定位时采用百分表进行找正。

根据图纸要求，零件需要采用调头加工。

14.1.3　参考工艺安排

① 夹毛坯 10mm，手动车平端面，钻中心孔。

② 手动车外圆 ϕ（49～49.5）mm×80mm。

③ 卸件，调头夹外圆 ϕ49mm×20mm，百分表找正，手动车平端面，控制总长（95±0.1）mm。钻孔 ϕ18mm。

④ 粗、精加工零件左端外圆 $\phi48_{-0.03}^{0}$ mm×15mm，倒钝锐角。

⑤ 粗、精加工内孔 $\phi30_{0}^{+0.03}$ mm 、 $\phi20_{0}^{+0.03}$ mm ，倒内角。

⑥ 卸件，调头，垫铜皮于外圆 $\phi48_{-0.03}^{0}$ mm 处，装夹 10mm 左右，百分表找正，一夹一顶，粗、精加工右端外轮廓 $\phi36_{-0.03}^{0}$ mm、$\phi18_{-0.03}^{0}$ mm、$\phi24$ mm、$\phi23.8$ mm、$R6$ mm、倒角。

⑦ 切槽 $\phi20$ mm。

⑧ 车外螺纹 M24×1.5-6g。

14.1.4 加工刀具编号

加工刀具编号如表 14-2 所示。

表 14-2　加工刀具编号

外轮廓车刀	T0101——93°外圆仿形刀（刀尖角 55°），R0.4mm
内孔车刀	T0202——$\phi16$mm，R0.4mm
切断刀	T0303——3mm 切断刀
外螺纹刀	T0404——25mm×25mm

14.1.5 软件应用

（1）设置刀具

打开 CAXA2013 软件，单击主菜单"数控车"→"刀具库管理"，系统弹出刀具库管理对话框，点 "增加刀具"按钮，增加 T01 号外轮廓车刀、T02 号内孔刀、T03 号切槽刀、T04 号外螺纹刀，刀具各项参数如图 14-2、图 14-3、图 14-4、图 14-5 所示。

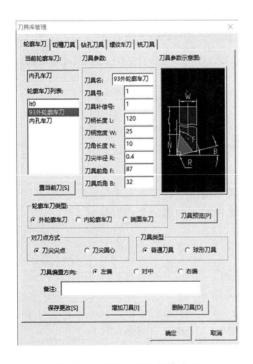

图 14-2　增加 93°外轮廓车刀

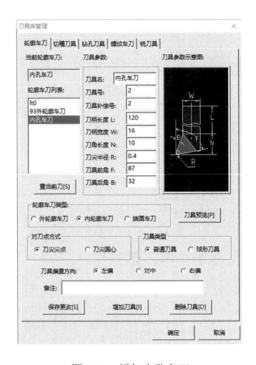

图 14-3　增加内孔车刀

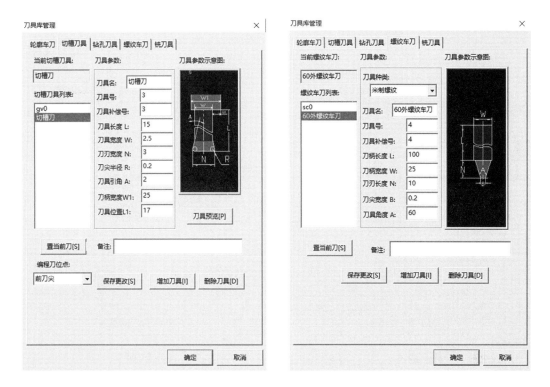

图 14-4 增加 3mm 切槽刀   图 14-5 增加外螺纹车刀

（2）生成零件左端外轮廓外圆 $\phi 48_{-0.03}^{0}$ mm 的轨迹

① 绘出零件外轮廓的造型 点绘图工具栏直线按钮" "，利用" "和" "功能，按照图 14-6 所示尺寸（毛坯尺寸是 $\phi 50$ mm，一半 25mm）画出图形，简化为图 14-7 所示造型图。

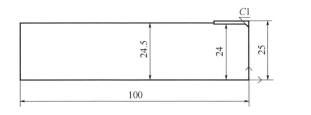

图 14-6 粗、精车造型尺寸图

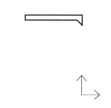

图 14-7 造型简化图

② 填写粗车参数表 单击主菜单中"数控车"→"轮廓粗车"，弹出粗车对话框，填写粗车加工参数表，如图 14-8 所示。

点击"确定"按钮，系统提示栏显示拾取被加工工件表面轮廓，选择单个拾取，依次拾取轮廓线，按右键，系统提示栏显示拾取毛坯轮廓，依次拾取，系统提示栏显示输入进退刀点（5，30）（也可自定），回车，生成外轮廓粗车轨迹，如图 14-9 所示，利用轨迹管理功能隐藏粗车轨迹线。

③ 填写精车参数表 单击主菜单中"数控车"→"轮廓精车"，弹出"精车参数表"对话框，填写精车加工参数表，如图 14-10 所示。

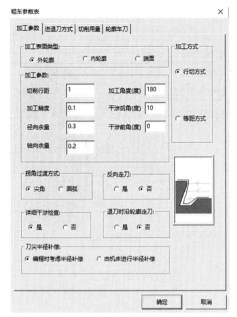

(a) 粗车加工参数表

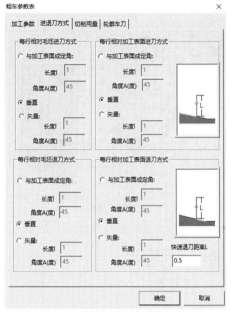

(b) 粗车进退刀方式表

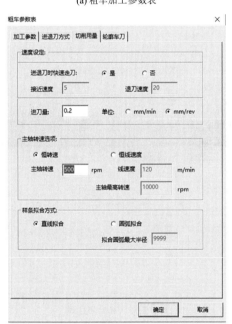

(c) 粗车切削用量表

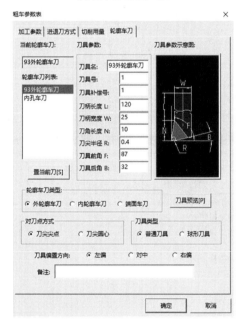

(d) 轮廓车刀表

图 14-8 粗车外圆参数

点击"确定"按钮，系统提示栏显示拾取被加工工件表面轮廓，选择单个拾取，依次拾取轮廓线，按右键，系统提示栏显示输入进退刀点（2，30）（或自定），回车，生成外轮廓精车轨迹，如图 14-11 所示，隐藏精车轨迹线。

④ 机床设置　单击主菜单"数控车"→"机床设置"，弹出机床设置对话框，完成设置，如图 14-12 所示。

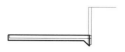

图 14-9　外轮廓粗车轨迹

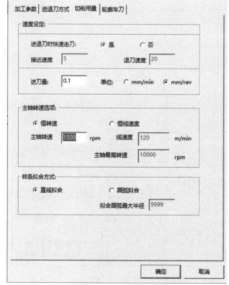

(a) 精车加工参数表

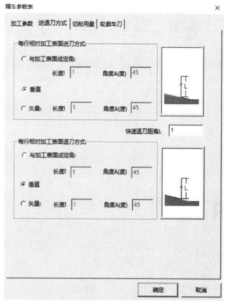

(b) 精车进退刀方式表

(c) 精车切削用量表

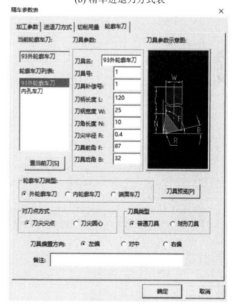

(d) 轮廓车刀表

图 14-10　精车外圆参数

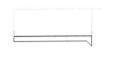

图 14-11　外轮廓精车轨迹

⑤ 外轮廓粗、精车程序　显示外轮廓粗车轨迹，单击主菜单"数控车"→"代码生成"，弹出对话框，设置如图 14-13 所示，单击"确定"，系统提示拾取刀具轨迹，拾取外轮廓粗加工刀具轨迹，单击鼠标右键，生成外轮廓粗加工程序，如图 14-14 所示。外轮廓精加工程序生成过程与外轮廓粗加工程序类同，不再赘述，程序如图 14-15 所示。

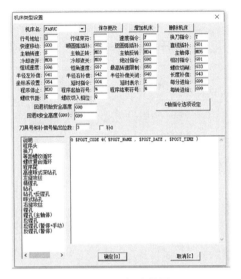

图 14-12　机床设置

图 14-13　后置代码文件名

⑥ 刀具轨迹管理　单击主菜单中"数控车"→"轨迹管理"，弹出对话框，点轮廓粗车文件夹，右键单击，出现文本说明对话框，在标签文本中输入外轮廓粗车 1，点"确定"，轮廓精车类同，如图 14-16 所示。

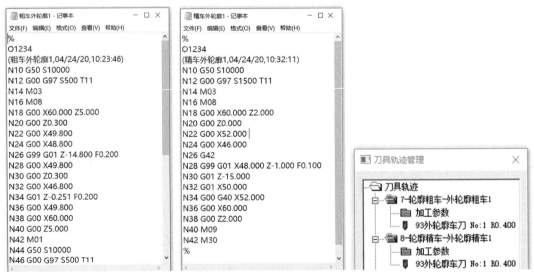

图 14-14　外轮廓粗加工程序　　图 14-15　外轮廓精加工程序　　图 14-16　刀具轨迹管理

（3）生成零件左端内轮廓轨迹

① 在图 14-7 的基础上继续绘出零件内轮廓造型 点绘图工具栏直线按钮"$\nearrow$"，利用"$\daleth$"、"$\maltese$"和"Γ"功能，按照图 14-17 所示尺寸（毛坯孔是 $\phi18mm$，一半是 9mm）画出图形，简化为图 14-18 所示造型图。

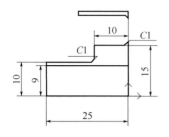

图 14-17　粗、精车内孔造型尺寸图

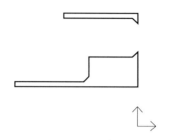

图 14-18　内孔造型简化图

② 填写粗车参数表 单击主菜单中"数控车"→"轮廓粗车"，弹出粗车对话框，填写粗车加工参数表，如图 14-19 所示。

点击"确定"按钮，系统提示栏显示拾取被加工工件表面轮廓，选择单个拾取，依次拾取轮廓线，如图 14-20 所示。按右键，系统提示栏显示拾取毛坯轮廓，依次拾取，如图 14-21 所示。系统提示栏显示输入进退刀点（5，9），回车，生成内轮廓粗车轨迹，如图 14-22 所示，隐藏粗车轨迹线。

③ 填写精车参数表 单击主菜单中"数控车"→"轮廓精车"，弹出"精车参数表"对话框，填写精车加工参数表，如图 14-23 所示。

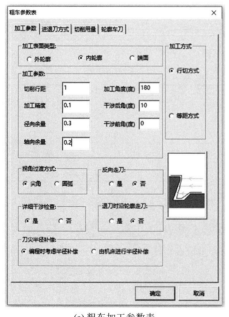

(a) 粗车加工参数表

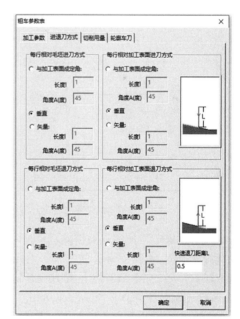

(b) 粗车进退刀方式表

图 14-19

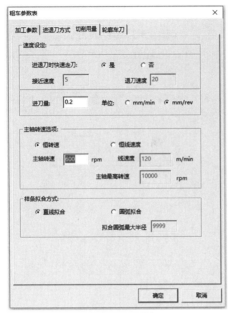
(c) 粗车切削用量表

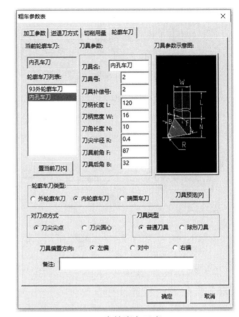
(d) 内轮廓车刀表

图 14-19 粗车内轮廓参数

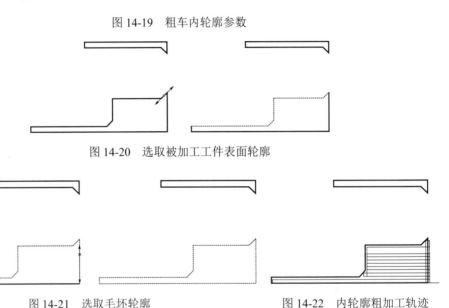

图 14-20 选取被加工工件表面轮廓

图 14-21 选取毛坯轮廓   图 14-22 内轮廓粗加工轨迹

点击"确定"按钮，系统提示栏显示拾取被加工工件表面轮廓，选择单个拾取，依次拾取轮廓线，如图 14-24 所示。按右键，系统提示栏显示输入进退刀点（5，9），回车，生成内轮廓精车轨迹，如图 14-25 所示，隐藏精车轨迹线。

④ 刀具轨迹管理 单击主菜单中"数控车"→ "轨迹管理"，弹出对话框，如图 14-26 所示。点"10-轮廓粗车"文件夹，右键单击，出现文本说明，在标签文本中输入"内轮廓粗车 1"，点"确定"。"14-轮廓精车"文件夹文本输入方法与此类同。

⑤ 内轮廓参考程序 内轮廓程序生成步骤与外轮廓粗、精车程序类同，内轮廓粗、精车程序见图 14-27、图 14-28。

(a) 精车加工参数表

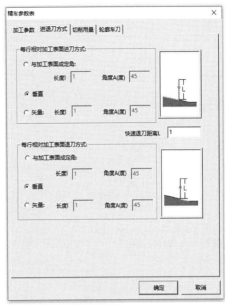

(b) 精车进退刀方式表

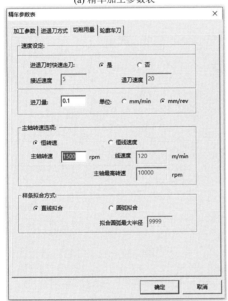

(c) 精车切削用量表

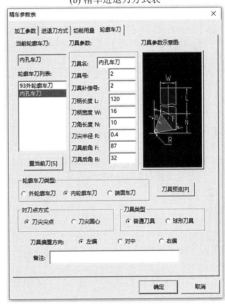

(d) 轮廓车刀表

图 14-23　精车内轮廓参数

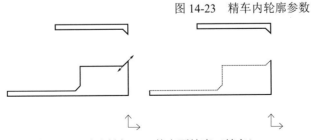

图 14-24　选取被加工工件表面轮廓（精车）

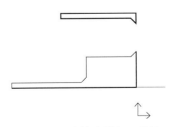

图 14-25　内轮廓精加工轨迹

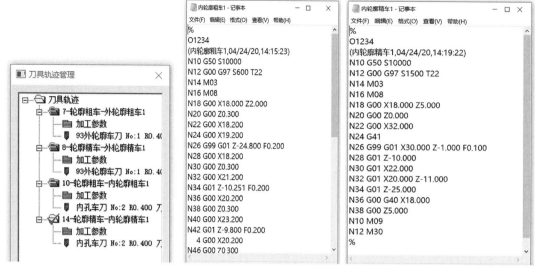

图 14-26　刀具轨迹管理　　图 14-27　内轮廓粗加工程序　　图 14-28　内轮廓精加工程序

（4）生成零件右端外轮廓轨迹

① 绘出零件外轮廓的造型　如图 14-29 所示。

点绘图工具栏直线按钮"／"，利用"┐""✂""✁"和"⌒"功能，按照图 14-29 所示尺寸（毛坯孔是 ϕ18mm，一半是 9mm）画出图形，简化为图 14-30 所示造型图。

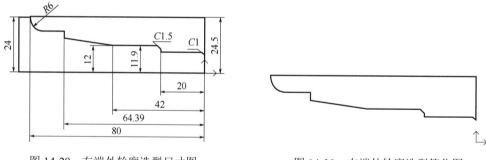

图 14-29　右端外轮廓造型尺寸图　　　　图 14-30　右端外轮廓造型简化图

② 填写粗车参数表　单击主菜单中"数控车"→"轮廓粗车"，弹出粗车对话框，填写粗车加工参数表，如图 14-31 所示。

点击"确定"按钮，系统提示栏显示拾取被加工工件表面轮廓，选择单个拾取，依次拾取轮廓线，如图 14-32 所示；按右键，系统提示栏显示拾取毛坯轮廓，依次拾取，如图 14-33 所示；系统提示栏显示输入进退刀点，输入（2，27），回车，生成外轮廓粗车轨迹，如图 14-34 所示。点击主菜单"数控车"→"轨迹管理"→"轮廓粗车"文件夹，右键单击，弹出文本说明对话框，填写"外轮廓粗车 2"确定，右键单击文件夹，隐藏粗车轨迹线。

③ 填写精车参数表　单击主菜单中"数控车"→"轮廓精车"，弹出精车对话框，填写精车加工参数表，如图 14-35 所示。

点击"确定"按钮，系统提示栏显示拾取被加工工件表面轮廓，选择单个拾取，依次拾取轮廓线，如图 14-36 所示；按右键，系统提示栏显示输入进退刀点，输入（8，30），回车，生成内轮廓精车轨迹，如图 14-37 所示，隐藏精车轨迹线。

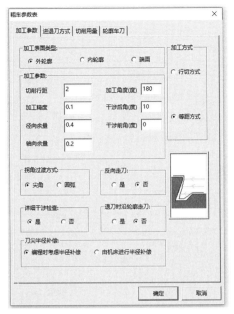

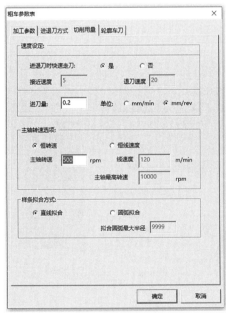

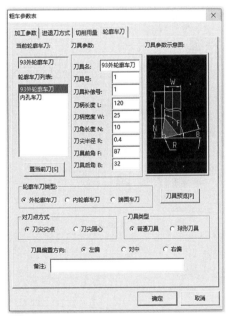

图 14-31　右端外轮廓粗车参数设置

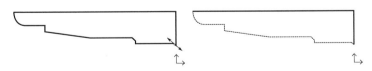

图 14-32　选取被加工工件表面轮廓

图 14-33 选取毛坯轮廓　　　　　　　图 14-34　外轮廓粗加工轨迹

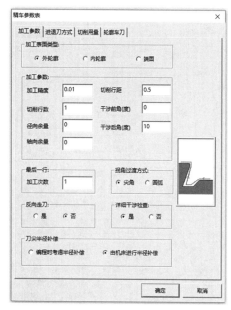

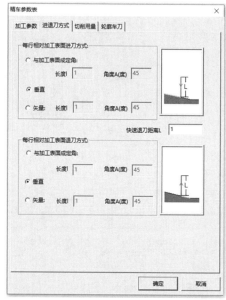

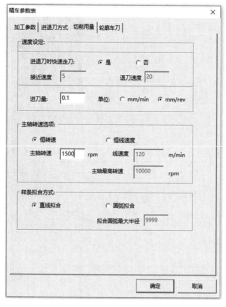

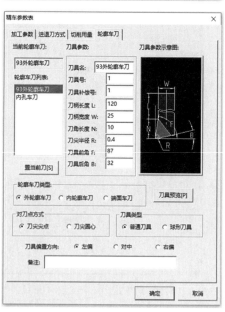

图 14-35　精车内轮廓参数

④ 外轮廓粗、精车程序　外轮廓粗、精加工程序的生成过程与上述类同，不再赘述，程序如图 14-38、图 14-39 所示。

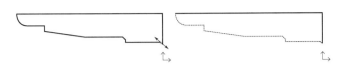

图 14-36　选取被加工工件表面轮廓　　　　图 14-37　外轮廓精加工轨迹

（5）生成外沟槽加工轨迹

① 轮廓建模　在图 14-30 基础上建模，如图 14-40 所示。

```
外轮廓粗车2 - 记事本           — □ ×
文件(F) 编辑(E) 格式(O) 查看(V) 帮助(H)
%
O1234
(外轮廓粗车2,04/26/20,11:08:32)
N10 G50 S10000
N12 G00 G97 S500 T11
N14 M03
N16 M08
N18 G00 X54.000 Z2.000
N20 G00 Z0.000
N22 G00 X50.000
N24 G00 X46.800
N26 G99 G01 Z-12.952 F0.200
N28 G01 X49.000 Z-14.052
N30 G00 X50.000
N32 G00 Z0.000
N34 G00 X42.800
N36 G01 Z-13.781 F0.200
N38 G01 X48.600 Z-16.681
N40 G01 Z-40.813
N42 G01 X49.000 Z-42.306
N44 G00 X50.000
N46 G00 70.000
```

```
外轮廓精车2 - 记事本           — □ ×
文件(F) 编辑(E) 格式(O) 查看(V) 帮助(H)
%
O1234
(外轮廓精车2,04/26/20,10:41:29)
N10 G50 S10000
N12 G00 G97 S1500 T11
N14 M03
N16 M08
N18 G00 X60.000 Z8.000
N20 G00 Z0.000
N22 G00 X51.000
N24 G00 X16.000
N26 G42
N28 G99 G01 X18.000 Z-1.000 F0.100
N30 G01 Z-20.000
N32 G01 X20.800
N34 G01 X23.800 Z-21.500
N36 G01 Z-42.000
N38 G01 X24.000
N40 G01 X30.000 Z-64.390
N42 G01 X36.000
N44 G01 Z-74.000
N46 G02 X48.000 Z-80.000 I6.000 K-0.000
```

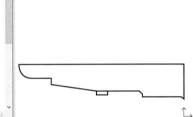

图 14-38　右端外轮廓粗车程序　　图 14-39　右端外轮廓精车程序　　　图 14-40　外槽建模

② 填写参数表　单击主菜单"数控车"→"切槽"，系统弹出 "切槽参数表"对话框，填写各项参数，如图 14-41 所示。

(a) 切削加工参数表　　　　　　　(b) 切削用量参数表　　　　　　　(c) 切削刀具参数表

图 14-41　切削参数

③ 生成切槽加工轨迹　根据状态栏提示，单个拾取被加工工件表面轮廓线，如图 14-42 所示。输入进退刀点（2，30），生成轨迹，如图 14-43 所示。

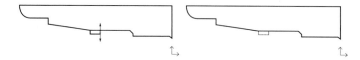

图 14-42　拾取切槽被加工工件表面轮廓线

④ 外槽程序的生成　外槽程序生成过程与外轮廓类同，外槽程序如图 14-44 所示。

（6）生成外螺纹轨迹

① 隐藏切槽轨迹，填写参数表　单击主菜单→数控车→车螺纹，状态栏提示"拾取螺纹起始点"，输入（-18，11.9），状态栏提示"拾取螺纹终点"，输入（-39，11.9），系统弹出"螺纹参数表"对话框，依次填写各项参数，如图 14-45 所示。

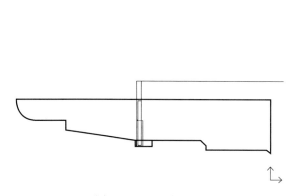

图 14-43　切外槽轨迹

图 14-44　外槽程序

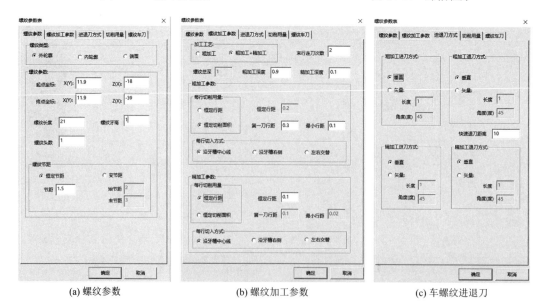

(a) 螺纹参数　　　　　　　　(b) 螺纹加工参数　　　　　　　　(c) 车螺纹进退刀

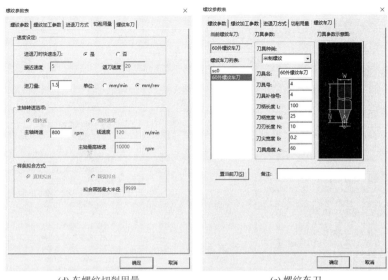

(d) 车螺纹切削用量　　　　　　　　(e) 螺纹车刀

图 14-45　螺纹参数表

② 生成外螺纹轨迹　上步确定后，状态栏提示"输入进退刀点"，自定点（5，30）后，生成车螺纹轨迹，如图 14-46 所示。

③ 外螺纹程序的生成　外螺纹程序如图 14-47 所示。

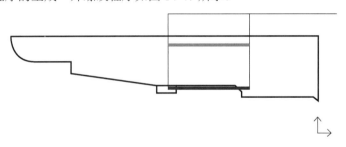

图 14-46　外螺纹轨迹

（7）造型及编程注意事项

① 使用轮廓粗车功能时，被加工轮廓与毛坯轮廓需构成封闭区域，被加工轮廓和毛坯轮廓不能单独闭合或自交。

② 生成加工轨迹后应进行模拟，以检查加工轨迹的正确性。

③ 由于所使用的数控系统规则与软件的参数设置有些差异，生成的加工程序需要进一步稍做修改，以满足加工要求，特别是程序开头部分。例如图 14-47 的程序需改动为图 14-48 的程序。

（8）控制零件尺寸精度的方法

利用 OFS/SET 磨耗画面中的磨耗功能，调整磨耗值，同时精加工程序先后运行两次就可进行控制尺寸精度。其方法具体地见"进阶篇　数控车工手工编程及加工"所述内容。

14.1.6　技能练习

零件图如图 14-49 所示，已知毛坯尺寸为 $\phi 50 \times 86$，材料为 45 钢。试分析加工工艺，用自动编程方法生成加工程序并完成加工。

图 14-47　生成外螺纹程序

图 14-48　改动后的车螺纹程序

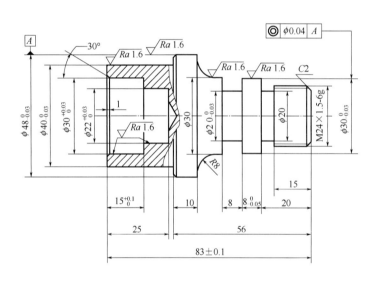

图 14-49　中级练习件

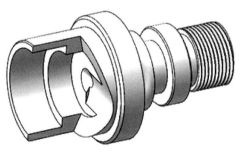

技术要求
1.倒钝锐边。
2.零件表面无划伤。
3.未注公差按GB/T 1804—m确定。
4.右端面允许钻中心孔。

14.2 典型零件造型与加工（二）

知识目标

① 会使用 CAXA 数控车 2013 软件对内螺纹类零件进行造型。
② 根据加工工艺，正确选择加工参数，生成零件加工轨迹。
③ 能通过机床后置和处理设置生成零件加工代码。

技能目标

仿照例题使用 CAXA 数控车 2013 软件对零件进行造型并加工合格。

14.2.1 零件图纸

零件图如图 14-50 所示，已知毛坯尺寸为 φ50mm×100mm，材料为 45 钢。试分析加工工艺，用自动编程方法生成加工程序。加工该零件所需要的工、量、刃具清单见表 14-3。评分标准见表 14-4。

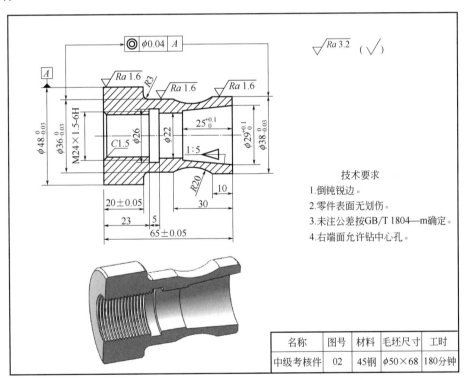

图 14-50　中级考核件 2

表 14-3　工、量、刃具清单

序号	名称	规格	精度	数量
1	93°外圆仿形刀	刀体 25×25，刀片 R 0.4		1

序号	名称	规格	精度	数量
2	内孔仿形车刀	刀杆 $\phi16$，刀片 $R\,0.4$		1
3	内切槽刀	刀宽 3mm，25mm×25mm		1
4	内螺纹刀	刀杆 $\phi16$		1
5	钻夹头	1～13mm		1
6	钻头	$\phi20$		1
7	中心钻	A2.5		1
8	外径千分尺	25～50mm	0.01mm	1
9	内径百分表	18～35mm	0.01mm	1
10	游标卡尺	0～150mm	0.02mm	1
11	螺纹塞规	M24×1.5-6H	6H	1
12	半径样板	$R20$，$R3$		1
13	磁性表座			1
14	百分表	0～10mm	0.01mm	1
15	铜皮	0.8mm		1

表 14-4　评分标准

工件编号				总得分		
项目	序号	技术要求	配分	评分标准	检测记录	得分
外形轮廓	1	$\phi48_{-0.03}^{0}$	8	超差不得分		
	2	$\phi36_{-0.03}^{0}$	8	超差不得分		
	3	$\phi38_{-0.03}^{0}$	8	超差不得分		
	4	20±0.05	8	超差不得分		
	5	65±0.05	8	超差不得分		
	6	$R3$，$R20$	8	样板间隙≥0.1mm 不得分，Ra 降级不得分		
	7	同轴度 $\phi0.04$	5	超差不得分		
	8	$Ra\,1.6\mu m$	6	Ra 降级不得分		
内轮廓	9	$\phi29_{0}^{+0.10}$，$Ra3.2$	8，2	超差不得分，Ra 降级不得分		
	10	M24×1.5-6H，$Ra1.6$	8，4	超差不得分，Ra 降级不得分		
	11	$\phi26\times5$	2	超差不得分		
	12	$25_{0}^{+0.1}$	6	超差不得分		
	13	锥度 1：5，$Ra3.2$	5，2	超差不得分		
其他	14	一般尺寸及倒角	4	超差不得分		

14.2.2 零件结构及技术要求分析

该考核件的加工主要包含着外圆、内孔、内锥及内螺纹加工，表面粗糙度、尺寸精度要求都很高，同时有形位公差——同轴度的要求，即零件基准为外圆 $\phi48_{-0.03}^{0}$ mm 的轴线，被测要素外圆 $\phi38_{-0.03}^{0}$ mm、$\phi36_{-0.03}^{0}$ mm 的轴线相对于基准 A 有同轴度 $\phi0.04$ 的要求。

表面粗糙度数值小，要求车刀、切削用量选择合理；尺寸精度高，要求在半精车时测量精确，调整磨损值准确；同轴度 $\phi0.04$ 的保证，要求找正时采用磁力百分表进行精找。

根据图纸要求，该零件需要采用调头加工。

14.2.3 参考工艺安排

① 夹毛坯 10mm，手动车平端面，钻通孔 $\phi20$mm。

② 手动车外圆 ϕ（49~49.5）mm×50mm。

③ 卸件，调头夹外圆 $\phi49$mm×15mm，百分表找正，手动车平端面，控制总长（65±0.05）mm。

④ 粗、精车零件左端外圆 $\phi48_{-0.03}^{0}$ mm×23mm，倒钝锐角。

⑤ 粗、精车内孔 $\phi22.5$mm、$\phi22$mm，倒内角。

⑥ 车内槽 $\phi26$mm。

⑦ 车内螺纹 M24×1.5-6H。

⑧ 卸件，调头，垫铜皮于外圆 $\phi48_{-0.03}^{0}$ mm 处，装夹 15mm 左右，百分表找正，粗、精车右端外轮廓 $\phi38_{-0.03}^{0}$ mm、$\phi36_{-0.03}^{0}$ mm、$R3$mm、$R20$mm、倒角。

⑨ 粗、精车内锥。

14.2.4 加工刀具编号

加工刀具编号如表 14-5 所示。

表 14-5 加工刀具编号

外轮廓车刀	T0101——93°外圆仿形刀（刀尖角 55°），$R0.4$mm
内孔车刀	T0202——$\phi16$mm，$R0.4$mm
内切槽刀	T0505——3mm
内螺纹刀	T0606——$\phi16$mm
外轮廓车刀左刀	T0707——93°外圆仿形刀（刀尖角 55°），$R0.4$mm

14.2.5 软件应用

（1）设置刀具

打开 CAXA2013 软件，单击主菜单"数控车"→"刀具库管理"，系统弹出刀具库管理对话框，在切槽刀具选项中，点 "增加刀具"按钮，增加 T05 号内切槽车刀。在螺纹车刀选项中，点"增加刀具"按钮，增加 T06 号内螺纹车刀。刀具各项参数如图 14-51、图 14-52、图 14-53 所示，内切槽刀具实物如图 14-54 所示。

（2）生成零件左端外轮廓——外圆 $\phi48_{-0.03}^{0}$ mm 的轨迹

① 绘出零件外轮廓的造型 点绘图工具栏直线按钮" / "，利用" ⌐ "和" ✗ "功能，按照图 14-55 所示尺寸（毛坯尺寸是 $\phi50$mm，一半为 25mm）画出造型，如图 14-56 所示。

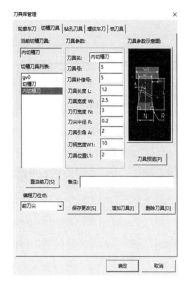
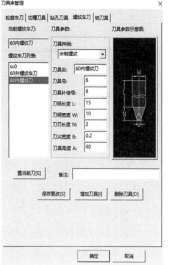
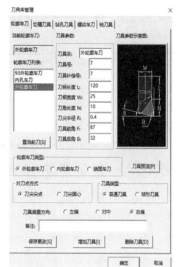

图 14-51 增加 3mm 内切槽刀　　　图 14-52 增加内螺纹车刀　　　图 14-53 增加外轮廓车刀左刀

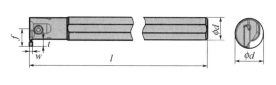

图 14-54　内切槽刀实物图

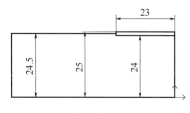
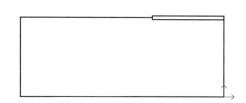

图 14-55　粗、精车造型尺寸图　　　　　　图 14-56　粗、精车造型图

② 填写粗车参数表　单击主菜单中"数控车"→"轮廓粗车"，弹出"粗车参数表"对话框，填写粗车加工参数表，如图 14-57 所示。

点击"确定"按钮，系统提示栏显示拾取被加工工件表面轮廓，选择单个拾取，如图 14-58 所示，依次拾取轮廓线；按右键，系统提示栏显示拾取毛坯轮廓，依次拾取，如图 14-59 所示；系统提示栏显示输入进退刀点（5，30）（也可自定），回车，生成外轮廓粗车轨迹，如图 14-60 所示，利用轨迹管理功能隐藏粗车轨迹线。

③ 填写精车参数表　单击主菜单中"数控车"→"轮廓精车"，弹出"精车参数表"对话框，填写精车加工参数表，如图 14-61 所示。

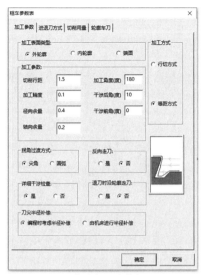

(a) 粗车加工参数表

(b) 粗车进退刀方式表

(c) 粗车切削用量表

(d) 轮廓车刀表

图 14-57　粗车外轮廓参数

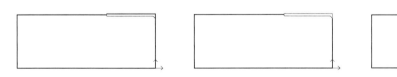

图 14-58　拾取被加工表面轮廓　　　图 14-59　拾取毛坯轮廓　　　图 14-60　外轮廓粗车轨迹

　　点击"确定"按钮，系统提示栏显示拾取被加工工件表面轮廓，选择单个拾取，依次拾取轮廓线，如图 14-62 所示；按右键，系统提示栏显示输入进退刀点（2，30）（或自定），回车，生成外轮廓精车轨迹，如图 14-63 所示，隐藏精车轨迹线。

(a) 精车加工参数表

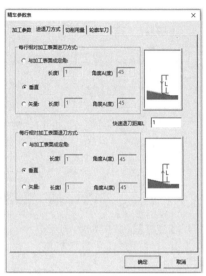

(b) 精车进退刀方式表

(c) 精车切削用量表

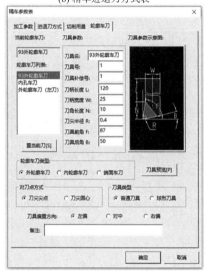

(d) 轮廓车刀表

图 14-61　精车外圆参数

图 14-62　拾取被加工表面轮廓

图 14-63　外轮廓精车轨迹

④ 生成外轮廓粗、精车程序　程序如图 14-64、图 14-65 所示。

⑤ 刀具轨迹管理　单击主菜单中"数控车"→"轨迹管理"，弹出对话框，点轮廓粗车文件夹，右键单击出现文本说明对话框，在标签文本中输入"外轮廓粗车 1"，点"确定"，轮廓精车文件夹文本说明设置与此类同，如图 14-66 所示。

图 14-64　外轮廓粗加工程序

图 14-65　外轮廓精加工程序

图 14-66　刀具轨迹管理

（3）生成零件左端内轮廓轨迹

① 在图 14-56 基础上继续绘出零件内轮廓造型　点绘图工具栏直线按钮"⟋"，利用"⊓"
"✿"和"⌐"功能，按照图 14-67 所示尺寸（毛坯孔是 ϕ20mm，一半为 10mm）画出图 14-68
所示造型图。

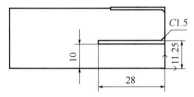

图 14-67　粗、精车造型尺寸图

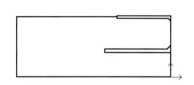

图 14-68　内孔造型简化图

② 填写粗车参数表　单击主菜单中"数控车"→"轮廓粗车"，弹出粗车对话框，填写粗
车加工参数表，如图 14-19 所示。点击"确定"按钮，系统提示栏显示拾取被加工工件表面轮
廓，选择单个拾取，依次拾取轮廓线，如图 14-69 所示；按右键，系统提示栏显示拾取毛坯轮
廓，依次拾取，如图 14-70 所示；系统提示栏显示输入进退刀点（5，10），回车，生成内轮廓
粗车轨迹，如图 14-71 所示，隐藏粗车轨迹线。

图 14-69　选取被加工工件表面轮廓　　图 14-70　选取毛坯轮廓　　图 14-71　内轮廓粗加工轨迹

③ 填写精车参数表　单击主菜单中"数控车"→"轮廓精车"，弹出"精车参数表"对话
框，填写精车加工参数表，如图 14-23 所示。点击"确定"按钮，系统提示栏显示拾取被加工
工件表面轮廓，选择单个拾取，依次拾取轮廓线，如图 14-72 所示；按右键，系统提示栏显示
输入进退刀点（5，10），回车，生成内轮廓精车轨迹，如图 14-73 所示，隐藏精车轨迹线。

④ 内轮廓参考程序　内轮廓程序生成步骤与外轮廓粗、精程序类同，内轮廓粗、精车程
序见图 14-74、图 14-75。

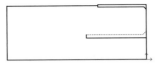

图 14-72　选取被加工工件表面轮廓

图 14-73　内轮廓精加工轨迹

（4）生成内沟槽加工轨迹

① 轮廓建模　在图 14-68 基础上建模，如图 14-76 所示。

图 14-74　内轮廓粗加工程序

图 14-75　内轮廓精加工程序

图 14-76　内槽建模

② 填写参数表　单击主菜单"数控车"→"切槽"，系统弹出"切槽参数表"对话框，填写各项参数，如图 14-77 所示。

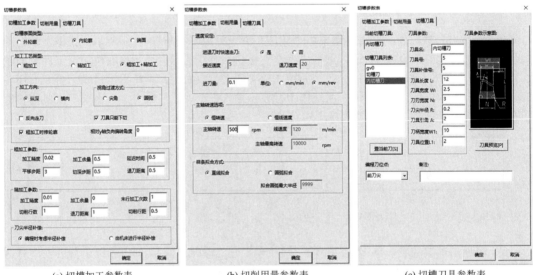

(a) 切槽加工参数表　　(b) 切削用量参数表　　(c) 切槽刀具参数表

图 14-77　切槽参数

③ 生成切槽加工轨迹　根据状态栏提示，单个拾取被加工工件表面轮廓线，如图 14-78 所示。输入进退刀点（5，11），生成轨迹，如图 14-79 所示。

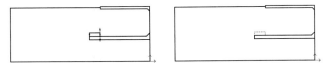

图 14-78 拾取被加工工件表面轮廓线

图 14-79 切内槽轨迹

④ 内槽程序的生成 内槽程序如图 14-80 所示。

```
切内槽 - 记事本                      —  □  ×
文件(F) 编辑(E) 格式(O) 查看(V) 帮助(H)
%
O1234
(切内槽,05/02/20,15:29:17)
N10 G50 S10000
N12 G00 G97 S500 T55
N14 M03
N16 M08
N18 G00 X22.000 Z5.000
N20 G00 X20.900 Z-26.500
N22 G00 X21.900
N24 G99 G01 X23.900 F0.100
N26 G04X0.500
N28 G00 X20.900
N30 G00 Z-27.500
N32 G00 X21.900
N34 G01 X23.900 F0.100
```

图 14-80 内槽程序

（5）生成内螺纹轨迹

① 隐藏切槽轨迹，填写参数表 单击主菜单→数控车→ 车螺纹，状态栏提示"拾取螺纹起始点"，输入（5，11.25），状态栏提示"拾取螺纹终点"，输入（-25，11.25），系统弹出"螺纹参数表"对话框，依次填写各项参数，如图 14-81 所示。

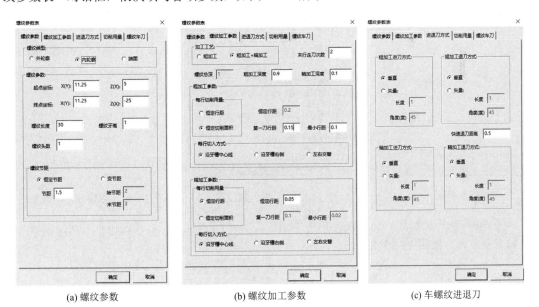

(a) 螺纹参数

(b) 螺纹加工参数

(c) 车螺纹进退刀

图 14-81

(d) 车螺纹切削用量

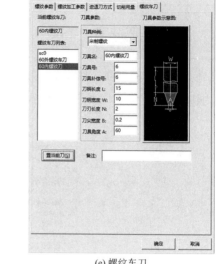
(e) 螺纹车刀

图 14-81　螺纹参数表

② 生成内螺纹轨迹　以上步骤确定后，状态栏提示"输入进退刀点"，自定点（8，10）后，生成车螺纹轨迹，如图 14-82 所示。

③ 内螺纹程序的生成　内螺纹程序如图 14-83 所示。

（6）生成零件右端外轮廓轨迹

① 绘出零件外轮廓的造型　如图 14-84 所示。

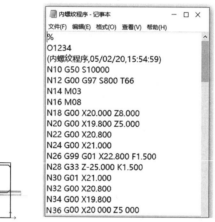

图 14-82　内螺纹轨迹　　　图 14-83　生成内螺纹程序　　　图 14-84　右端外轮廓造型图

② 填写粗车参数表　单击主菜单中"数控车"→"轮廓粗车"，弹出粗车对话框，填写粗车加工参数表，如图 14-85 所示。

点击"确定"按钮，系统提示栏显示拾取被加工工件表面轮廓，选择单个拾取，依次拾取轮廓线，如图 14-86 所示；按右键，系统提示栏显示拾取毛坯轮廓，依次拾取，如图 14-87 所示；系统提示栏显示输入进退刀点，输入（2，27），回车，生成外轮廓粗车轨迹，如图 14-88 所示。

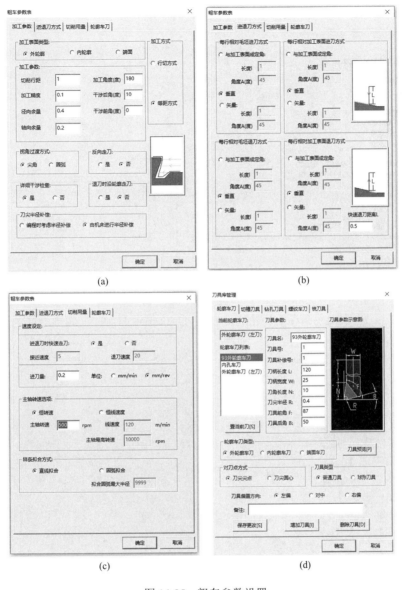

(a)

(b)

(c)

(d)

图 14-85 粗车参数设置

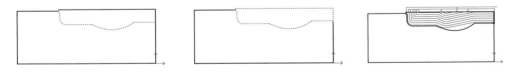

图 14-86 选取被加工工件表面轮廓　　图 14-87 选取毛坯轮廓　　图 14-88 外轮廓粗加工轨迹

③ 生成外轮廓粗车程序　右端外轮廓粗车程序 1 如图 14-89 所示，隐藏粗车轨迹线。

④ *R*20 余量粗车　从图 14-88 看出，*R*20 圆弧多半部分直径余量较大，不能直接精车，精车前需要进行粗车，可采取左右分部粗车。*R*20 左部造型如图 14-90 所示，隐藏外轮廓粗加工

轨迹。粗车参数表中加工参数项如图 14-91 所示，其他项见图 14-85（b）、（c）、（d）。

图 14-89　右端外轮廓粗车程序

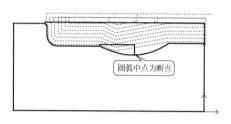

图 14-90　R20 左部造型图

　　拾取被加工工件表面轮廓和毛坯轮廓，右键自定义进退刀点，生成轨迹见图 14-92，生成程序见图 14-93。

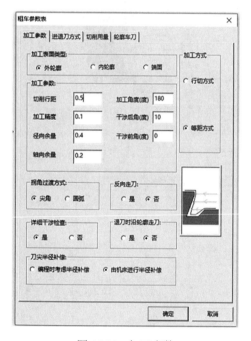

图 14-91　加工参数

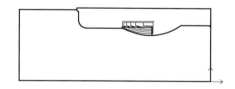

图 14-92　R20 左部粗加工轨迹

　　隐藏左部加工轨迹，在图 14-92 基础上进行造型，R20 右半部造型如图 14-94 所示。
　　粗车参数表中加工参数、轮廓车刀项如图 14-95 所示，其他粗车参数项见图 14-85（b）、（c）。
　　拾取被加工工件表面轮廓和毛坯轮廓，右键自定义进退刀点，生成轨迹如图 14-96 所示，生成程序如图 14-97 所示，隐藏轨迹。

图 14-93　*R*20 左部粗车程序

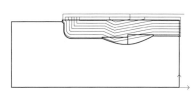

图 14-94　*R*20 右半部粗车造型

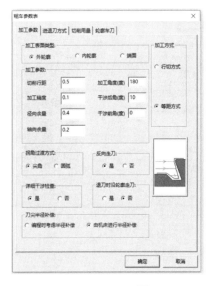

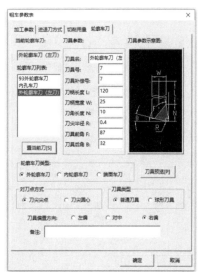

图 14-95　*R*20 右部粗车参数

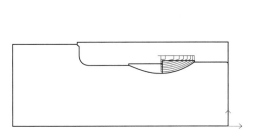

图 14-96　*R*20 右部粗加工轨迹

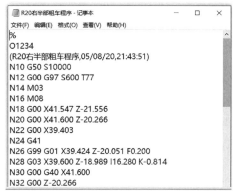

图 14-97　*R*20 右半部粗车程序

⑤ *R*20 右部精车 *R*20 右部精车加工参数表如图 14-98 所示。

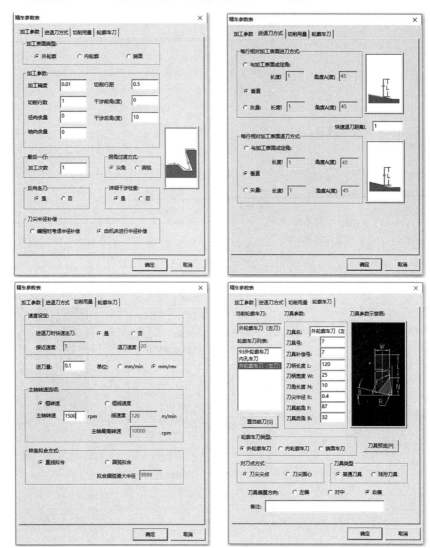

图 14-98 *R*20 右部精车外轮廓参数

点击"确定"按钮，系统提示栏显示拾取被加工工件表面轮廓，选择单个拾取，依次拾取轮廓线，按右键，系统提示栏显示输入进退刀点，自定义一点，回车，生成精车轨迹，生成程序，如图 14-99、图 14-100 所示，隐藏精车轨迹线。同理，*R*20 左半部外轮廓精车轨迹、精车程序如图 14-101、图 14-102 所示，具体过程不再赘述。

⑥ 右部外轮廓精车 右部外轮廓精车需要重新造型，如图 14-103 所示。精车参数与图 14-61 相同，其加工轨迹如图 14-104 所示，精加工程序如图 14-105 所示。

（7）生成零件右端内轮廓轨迹

① 绘出零件内轮廓造型 按照图 14-106 所示尺寸（毛坯孔是 ϕ20mm，一半是 10mm）画出图 14-107 造型图。

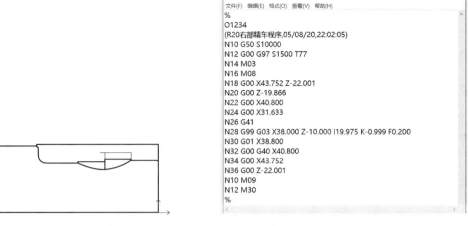

图 14-99　*R*20 右部精车轨迹

```
R20右部精车程序 - 记事本                        —    □    ×
文件(F)  编辑(E)  格式(O)  查看(V)  帮助(H)
%
O1234
(R20右部精车程序,05/08/20,22:02:05)
N10 G50 S10000
N12 G00 G97 S1500 T77
N14 M03
N16 M08
N18 G00 X43.752 Z-22.001
N20 G00 Z-19.866
N22 G00 X40.800
N24 G00 X31.633
N26 G41
N28 G99 G03 X38.000 Z-10.000 I19.975 K-0.999 F0.200
N30 G01 X38.800
N32 G00 G40 X40.800
N34 G00 X43.752
N36 G00 Z-22.001
N10 M09
N12 M30
%
```

图 14-100　*R*20 右半部精车程序

图 14-101　*R*20 左半部外轮廓精加工轨迹

```
R20左部精车程序 - 记事本                        —    □    ×
文件(F)  编辑(E)  格式(O)  查看(V)  帮助(H)
%
O1234
(R20左部精车程序,05/08/20,22:09:20)
N10 G50 S10000
N12 G00 G97 S1500 T11
N14 M03
N16 M08
N18 G00 X41.585 Z-18.866
N20 G00 Z-19.866
N22 G00 X38.789
N24 G00 X31.633
N26 G42
N28 G99 G02 X36.000 Z-30.000 I19.975 K-0.999 F0.200
N30 G01 X36.789
N32 G00 G40 X38.789
N34 G00 X41.585
N36 G00 Z-18.866
N10 M09
N12 M30
%
```

图 14-102　*R*20 左部精车程序

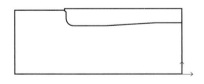

图 14-103　右部外轮廓精车造型

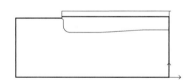

图 14-104　右部外轮廓精车轨迹

② 填写粗车参数表　单击主菜单中"数控车"→"轮廓粗车"，弹出粗车对话框，填写粗车加工参数表，如图 14-19 所示。点击"确定"按钮，系统提示栏显示拾取被加工工件表面轮廓，选择单个拾取，依次拾取轮廓线，如图 14-108 所示；按右键，系统提示栏显示拾取毛坯轮廓，依次拾取，如图 14-109 所示；系统提示栏显示输入进退刀点（5，9），回车，生成内轮廓粗车轨迹，如图 14-110 所示，隐藏粗车轨迹线。

③ 填写精车参数表　单击主菜单中"数控车"→"轮廓精车"，弹出"精车参数表"对话

框，填写精车加工参数表，如图 14-23 所示。点击"确定"按钮，系统提示栏显示拾取被加工工件表面轮廓，选择单个拾取，依次拾取轮廓线，如图 14-111 所示；按右键，系统提示栏显示输入进退刀点（5，9），回车，生成内轮廓精车轨迹，如图 14-112 所示，隐藏精车轨迹线。

图 14-105　右端外轮廓精车程序

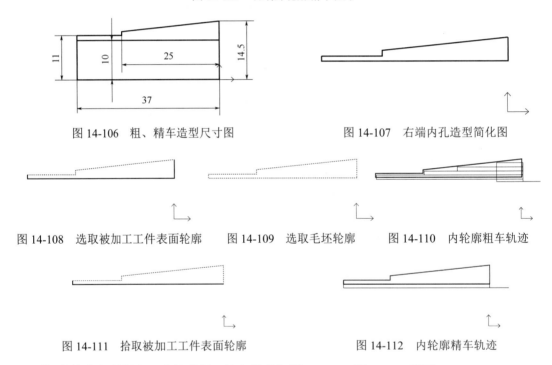

图 14-106　粗、精车造型尺寸图　　　　　　　图 14-107　右端内孔造型简化图

图 14-108　选取被加工工件表面轮廓　　图 14-109　选取毛坯轮廓　　图 14-110　内轮廓粗车轨迹

图 14-111　拾取被加工工件表面轮廓　　　　　　图 14-112　内轮廓精车轨迹

④ 内轮廓参考程序　内轮廓粗、精车程序如图 14-113、图 14-114 所示。

（8）造型及编程注意事项

① R20 左部圆弧和右部圆弧是对称的图形，其画图造型前应该在图 14-88 轨迹显示的情况下以该轨迹为画图基准进行近似画图造型，毛坯比 ϕ36mm、ϕ38mm 大 1mm 即可。

② R20 右部圆弧的粗、精加工用的是左偏刀，刀具进给的模式是反向走刀。

③ 对生成的加工程序需要进一步修改程序名和开始部分，以满足加工要求。

图 14-113　右端内轮廓粗加工程序　　　　　　　图 14-114　内轮廓精加工程序

14.2.6　技能练习

零件图如图 14-115 所示，已知毛坯尺寸为 ϕ50mm×95mm，材料为 45 钢。试分析加工工艺，用自动编程方法生成加工程序并完成加工。

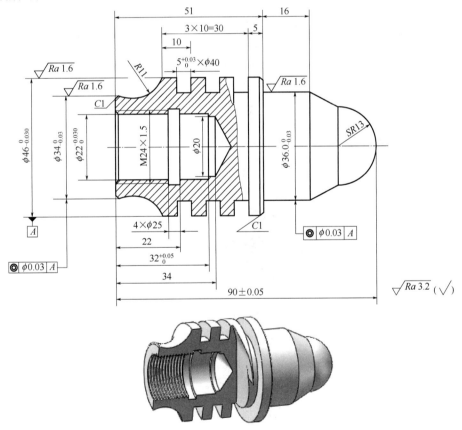

图 14-115　练习件

14.3 典型零件造型与加工（三）

知识目标

① 会使用 CAXA 数控车 2013 软件对端面槽类零件进行造型。
② 根据加工工艺，正确选择加工参数，生成零件加工轨迹。
③ 能通过机床后置和处理设置自动生成零件加工程序。

技能目标

仿照例题使用 CAXA 数控车 2013 软件对零件进行造型并加工。

14.3.1 零件图纸

图 14-116 为中级考核件图纸，已知毛坯尺寸为 $\phi 55mm \times 78mm$，材料为 45 钢。试分析其加工工艺，用自动编程方法生成加工程序。加工该零件所需要的工、量、刃具清单见表 14-6，评分标准见表 14-7。

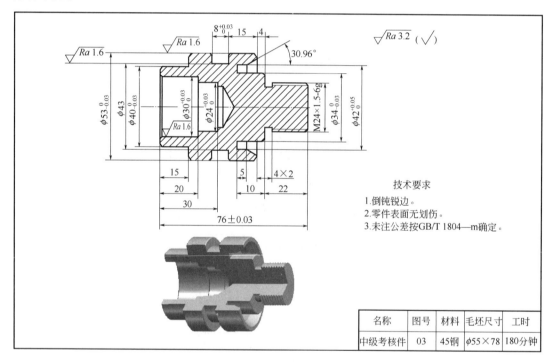

图 14-116 中级考核件 3

表 14-6 考核件 3 工、量、刃具清单

序号	名称	规格	数量	备注
1	带表游标卡尺	0～150 0.02	1	
2	千分尺	0～25，25～50，50～75 0.01	1	

序号	名称	规格	数量	备注
3	螺纹环规	M24×1.5-6g	1	
4	百分表	0～10　0.01	1	
5	磁性表座		1	
6	内径百分表	18～35　0.01	1	
7	外圆车刀	93°外圆仿形刀	2	
8	内孔车刀	ϕ16 盲孔	1	
9	切槽刀（外、端面）	刀宽 3mm	2	
10	麻花钻	ϕ20	1	
11	附具	莫氏钻套、钻夹头	各 1	
12	其他	铜棒、铜皮、垫片、毛刷等常用工具		选用

表 14-7 考核件 3 评分标准

班级		姓名		学号		
项目	序号	技术要求	配分	评分标准	得分	
外轮廓	1	$\phi53_{-0.03}^{0}$	8	超差 0.01 扣 2 分		
	2	$\phi40_{-0.03}^{0}$	8	超差 0.01 扣 2 分		
	3	$\phi43$	2	超差全扣		
	4	切槽 $8_{0}^{+0.03}$	5	超差 0.01 扣 1 分		
	5	76 ± 0.03	5	超差 0.01 扣 1 分		
	6	22，15（2 处），4（2 处），10	6	超差全扣		
	7	$Ra1.6$	3	每错一处扣 1 分		
	8	$Ra3.2$	9	每错一处扣 1 分		
内轮廓	9	$\phi30_{0}^{+0.03}$	8	超差 0.01 扣 1 分		
	10	$\phi24_{0}^{+0.03}$	8	超差 0.01 扣 1 分		
	11	20，30	2	超差全扣		
	12	$Ra1.6$	2	每错一处扣 1 分		
端面槽	13	$\phi34_{-0.03}^{0}$	8	超差 0.01 扣 2 分		
	14	$\phi42_{0}^{+0.05}$	8	超差 0.01 扣 2 分		
	15	10，5	2	超差全扣		
	16	30.96°	2	超差全扣		
其他	17	一般尺寸 IT12	3	每错一处扣 1 分		
	18	倒角	1	每错一处扣 0.5 分		
编程与操作	19	切削工艺制定正确	2			
	20	切削用量合理	2			
	21	程序正确、简单规范	3			
	22	操作规范	3			
综合得分						

14.3.2　零件结构及技术要求分析

考核件 3 是个复合件，其加工主要包含着外圆、内孔、外槽、端面槽及外螺纹加工，加工难点是端面槽的加工。图中表面粗糙度、尺寸精度要求较高，没有形位公差要求。

根据图纸要求，零件需要采用调头加工。

14.3.3　参考工艺安排

① 夹毛坯，手动车平端面，钻孔 $\phi 20$mm。

② 粗、精加工零件左端外圆 $\phi 53_{-0.03}^{0}$mm、$\phi 40_{-0.03}^{0}$mm，倒钝锐角。

③ 粗、精加工零件内孔 $\phi 30_{0}^{+0.03}$mm、$\phi 24_{0}^{+0.03}$mm，倒钝锐角。

④ 切槽 $\phi 43$mm。

⑤ 卸件，调头垫铜皮于外圆 $\phi 40_{-0.03}^{0}$mm 处，台阶定位夹紧，手动车平端面，控制总长（76±0.03）mm。

⑥ 粗、精车外圆 $\phi 34_{-0.03}^{0}$mm、$\phi 23.8$mm。

⑦ 粗、精加工端面槽。

⑧ 车退刀槽 4mm×2mm。

⑨ 车外螺纹 M24×1.5-6g。

14.3.4　加工刀具编号

加工刀具编号如表 14-8 所示。

表 14-8　加工刀具编号

序号	刀具种类名称	刀具编号及规格
1	外轮廓车刀	T0101——93°外圆仿形刀（刀尖角 55°），R0.4mm
2	内孔车刀	T0202——$\phi 16$mm，R0.4mm
3	外切槽刀	T0303——3mm
4	外螺纹刀	T0404——$\phi 16$mm
5	端面槽刀	T0808——3mm

14.3.5　软件应用

（1）设置刀具

打开 CAXA2013 软件，单击主菜单"数控车"→"刀具库管理"，系统弹出刀具库管理对话框，点"切槽刀具"→"增加刀具"按钮，增加 8 号端面槽刀具，如图 14-117 所示。

（2）生成左端内外轮廓轨迹

① 考核件 3 左端造型　画出左端一半图形，构造简见图 14-118。

② 填写左端外轮廓粗车参数表　单击主菜单中"数控车"→"轮廓粗车"，弹出粗车对话框，填写粗车加工参数表，如图 14-119 所示。点击"确定"按钮，系统提示栏显示拾取被加工工件表面轮廓，选择单个拾取，如图 14-120 所示。依次拾取轮廓线，按右键，系统

提示栏显示拾取毛坯轮廓，依次拾取，如图 14-121 所示。系统提示栏显示输入进退刀点（5，30）（也可自定），回车，生成外轮廓粗车轨迹，如图 14-122 所示。利用轨迹管理功能隐藏粗车轨迹线。

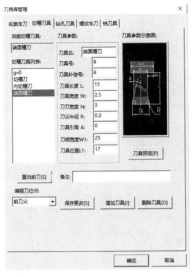

图 14-117　增加端面槽刀

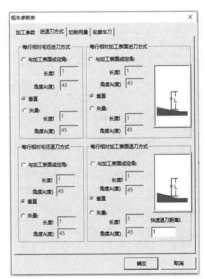

图 14-118　左端造型

③ 填写左端外轮廓精车参数表　单击主菜单中"数控车"→"轮廓精车"，弹出"精车参数表"对话框，填写精车加工参数表，如图 14-123 所示。

点击"确定"按钮，系统提示栏显示拾取被加工工件表面轮廓，选择单个拾取，依次拾取轮廓线，按右键，系统提示栏显示输入进退刀点（5，30）（或自定），回车，生成外轮廓精车轨迹，如图 14-124 所示，隐藏精车轨迹线。

图 14-119

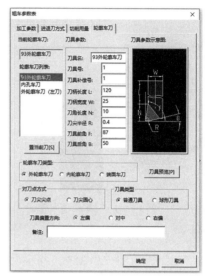

图 14-119　外轮廓粗车参数

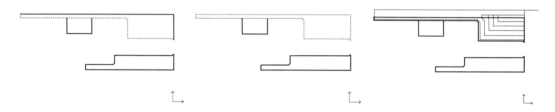

图 14-120　拾取被加工表面轮廓　　　图 14-121　拾取毛坯轮廓　　　图 14-122　生成左外轮廓粗车轨迹

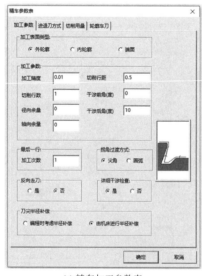
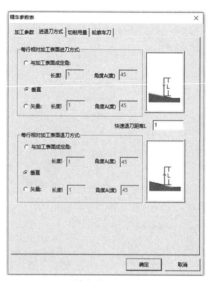

(a) 精车加工参数表　　　　　　　　　(b) 精车进退刀方式表

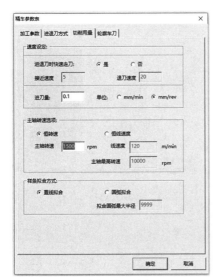

(c) 精车切削用量表

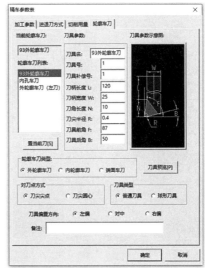

(d) 轮廓车刀表

图 14-123　精车外轮廓参数

④ 填写左端内轮廓粗车参数表　单击主菜单中"数控车"→"轮廓粗车"，弹出"粗车参数表"对话框，填写粗车加工参数表，如图 14-125 所示。点击"确定"按钮，系统提示栏显示拾取被加工工件表面轮廓，选择单个拾取，如图 14-126 所示。依次拾取轮廓线，按右键，系统提示栏显示拾取毛坯轮廓，依次拾取，如图 14-127 所示。系统提示栏显示输入进退刀点（5，9）（也可自定），回车，生成内轮廓粗车轨迹，如图 14-128 所示，隐藏粗车轨迹线。

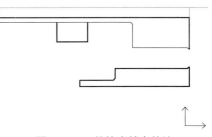

图 14-124　外轮廓精车轨迹

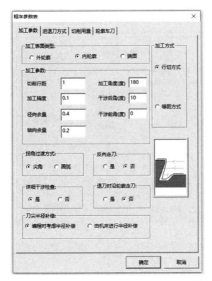

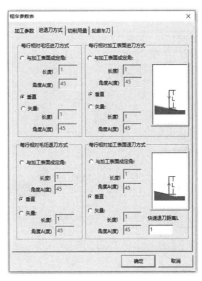

图 14-125

图 14-125　内轮廓粗车参数表

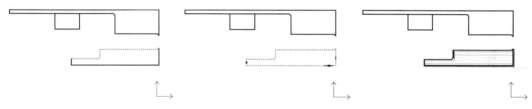

图 14-126　拾取被加工表面轮廓　　图 14-127　拾取毛坯轮廓　　图 14-128　生成内轮廓粗车轨迹

　　⑤ 填写内轮廓精车参数表　单击主菜单中"数控车"→"轮廓精车",弹出"精车参数表"对话框,填写精车加工参数表,如图 14-129 所示。点击"确定"按钮,系统提示栏显示拾取被加工工件表面轮廓,选择单个拾取,依次拾取轮廓线,如图 14-130 所示。按右键,系统提示栏显示输入进退刀点(2,10)(或自定),回车,生成内轮廓精车轨迹,如图 14-131 所示。隐藏精车轨迹线。

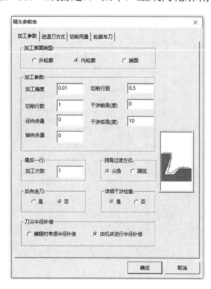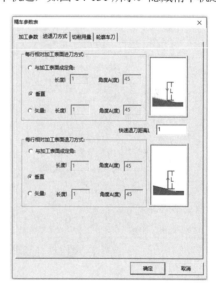

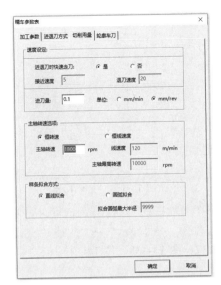
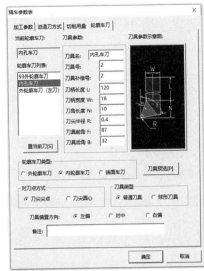

图 14-129　内轮廓精车参数

图 14-130　拾取精车轮廓线　　　　　　　　图 14-131　内轮廓精车轨迹

⑥ 填写外槽参数表　单击主菜单"数控车"→"切槽"，系统弹出"切槽参数表"对话框，填写各项参数，如图 14-132 所示。

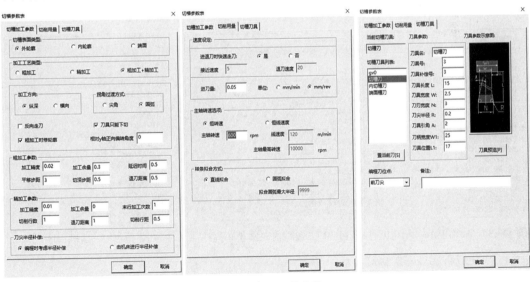

图 14-132　切槽参数

根据状态栏提示，单个拾取被加工工件表面轮廓线，如图14-133所示。输入进退刀点（5，40），生成轨迹，如图14-134所示。

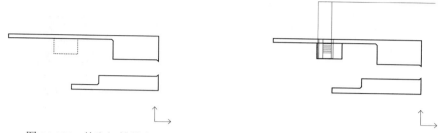

图14-133 拾取切槽轮廓　　　　　图14-134 生成切槽轨迹

⑦ 生成程序　单击主菜单中"数控车"→"轨迹管理"，弹出对话框，刀具轨迹管理如图14-135所示。点击1-轮廓粗车文件夹，单击右键，点"显示"→"生成G代码"，生成程序，如图14-136所示。其他程序类推，如图14-137、图14-138、图14-139、图14-140所示。

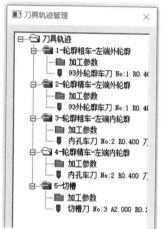

图14-135 刀具轨迹管理图　　图14-136 左端外轮廓粗车程序　　图14-137 左端外轮廓精车程序

图14-138 左端内轮廓粗车程序　　图14-139 左端内轮廓精车程序　　图14-140 切槽程序

（3）生成右端外轮廓轨迹

① 考核件3右端造型　画出中心线上端一半图形，构造简图，如图14-141所示。

② 填写右端外轮廓粗车参数表　单击主菜单中"数控车"→"轮廓粗车"，弹出"粗车参

数表"对话框，填写粗车加工参数表，如图 14-119 所示。点击"确定"按钮，系统提示栏显示拾取被加工工件表面轮廓，选择单个拾取，如图 14-142 所示。依次拾取轮廓线，按右键，系统提示栏显示拾取毛坯轮廓，依次拾取，如图 14-143 所示。系统提示栏显示输入进退刀点（5，30）（也可自定），回车，生成外轮廓粗车轨迹，如图 14-144 所示。利用轨迹管理功能隐藏粗车轨迹线。

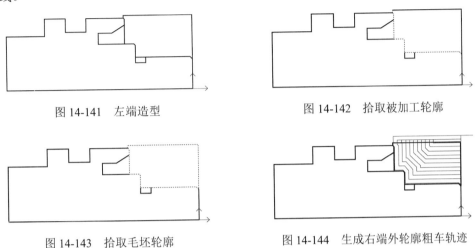

图 14-141　左端造型　　　　　　　　　　　图 14-142　拾取被加工轮廓

图 14-143　拾取毛坯轮廓　　　　　　　图 14-144　生成右端外轮廓粗车轨迹

③ 填写右端外轮廓精车参数表　单击主菜单中"数控车"→"轮廓精车"，弹出"精车参数表"对话框，填写精车加工参数表，如图 14-123 所示。点击"确定"按钮，系统提示栏显示拾取被加工工件表面轮廓，选择单个拾取，依次拾取轮廓线，如图 14-145 所示。按右键，系统提示栏显示输入进退刀点（2，30）（或自定），回车，生成外轮廓精车轨迹，如图 14-146 所示。隐藏精车轨迹线。

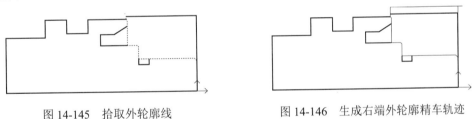

图 14-145　拾取外轮廓线　　　　　　　图 14-146　生成右端外轮廓精车轨迹

④ 填写端面槽参数表　单击主菜单"数控车"→"切槽"，系统弹出 "切槽参数表"对话框，填写各项参数，如图 14-147 所示。

根据状态栏提示，单个拾取被加工工件表面轮廓线，如图 14-148 所示。输入进退刀点（10，30），生成轨迹，如图 14-149 所示。

同理，设置好端面槽精加工参数，如图 14-150 所示。设置进退刀点（5，30），生成端面槽精加工轨迹，如图 14-151 所示。

⑤ 填写外槽参数表　单击主菜单"数控车"→"切槽"，系统弹出"切槽参数表"对话框，填写各项参数，如图 14-132 所示。根据状态栏提示，单个拾取被加工工件表面轮廓线，如图 14-152 所示。右键输入进退刀点（5，30），生成轨迹，如图 14-153 所示。

⑥ 生成外螺纹轨迹

步骤一，隐藏切槽轨迹，填写参数表。单击主菜单→数控车→车螺纹，状态栏提示"拾取螺纹起始点"，输入（2，11.9）；状态栏提示"拾取螺纹终点"，输入（-20，11.9）；系统弹出"螺纹参数表"对话框，依次填写各项参数，如图14-154所示。

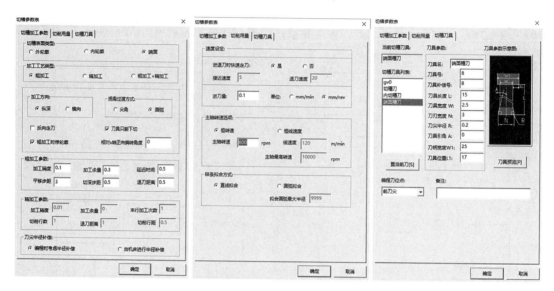

图 14-147　端面槽粗加工参数

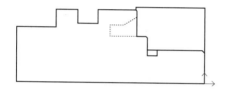

图 14-148　拾取端面槽轮廓

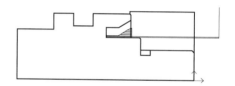

图 14-149　生成端面槽粗加工轨迹

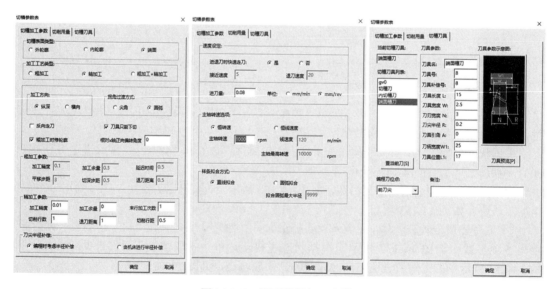

图 14-150　端面槽精加工参数

CAD/CAM加工技术（CAXA数控车）

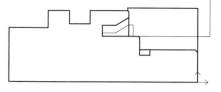

图 14-151　端面槽精加工轨迹

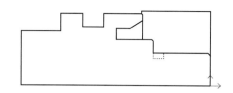

图 14-152　拾取被加工表面轮廓线

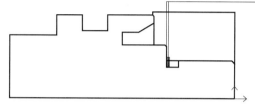

图 14-153　生成外槽轨迹线

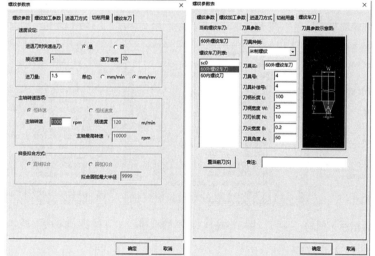

图 14-154　螺纹参数表

步骤二，上步确定后，状态栏提示"输入进退刀点"，自定点（5，15）后，生成车螺纹轨迹，如图 14-155 所示。

⑦ 生成程序。单击主菜单中"数控车"→"轨迹管理"，弹出对话框，刀具轨迹管理如图 14-156 所示。点击"1-轮廓粗车"文件夹，右键点"显示"→"生成 G 代码"，生成程序，如图 14-157 所示。其他程序类推，如图 14-158、图 14-159、图 14-160、图 14-161、图 14-162 所示。

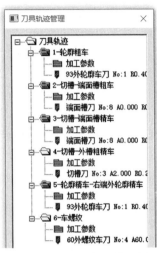

图 14-156　刀具轨迹管理图

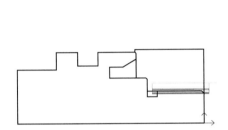

图 14-155　外螺纹轨迹

图 14-157　右端外轮廓粗车程序　　图 14-158　右端外轮廓精车程序　　图 14-159　端面槽粗车程序

图 14-160　端面槽精车程序　　　　图 14-161　外圆槽程序　　　　　图 14-162　外螺纹加工程序

（4）造型及编程注意事项

① 端面槽、外圆槽参数设置中进给量要小一些，一般为 0.05～0.10mm/r。

② 对生成的加工程序需要进一步修改程序名称和开始部分，以满足加工要求。

14.3.6 技能练习

零件图如图 14-163 所示，已知毛坯尺寸为 $\phi80mm×135mm$，材料为 LY12。试分析加工工艺，用自动编程方法生成加工程序并完成加工。

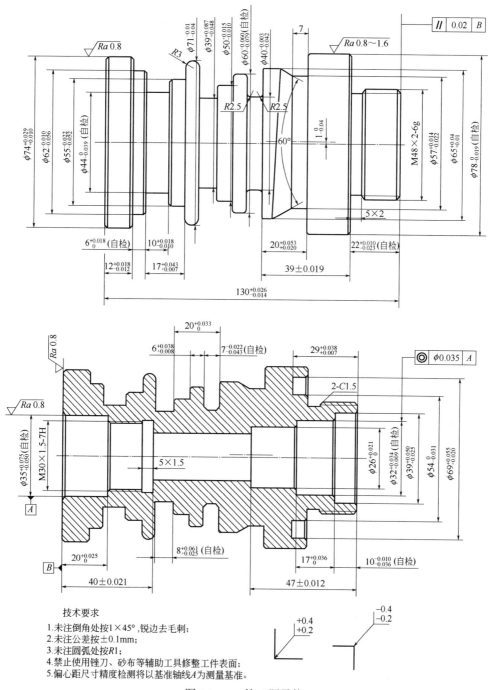

技术要求
1.未注倒角处按1×45°,锐边去毛刺;
2.未注公差按±0.1mm;
3.未注圆弧处按R1;
4.禁止使用锉刀、砂布等辅助工具修整工件表面;
5.偏心距尺寸精度检测将以基准轴线A为测量基准。

图 14-163 练习题零件

附录

附录 1 FANUC 0i 系统准备功能 G 代码及其功能

G 代码	分组	功能	G 代码	分组	功能
G00	01	快速定位	G54	14	坐标系设定 1
G01		直线插补	G55		坐标系设定 2
G02		圆弧插补（顺时针）	G56		坐标系设定 3
G03		圆弧插补（逆时针）	G57		坐标系设定 4
G04	00	暂停	G58		坐标系设定 5
G17	16	XY 平面选择	G59		坐标系设定 6
G18		ZX 平面选择	G65	00	宏程序调用
G19		YZ 平面选择	G66	12	宏程序模态调用
G20	06	英制输入	G67		取消宏程序模态调用
G21		米制输入	G70	00	精车循环
G27	00	返回参考点检查	G71		外圆粗车复合循环
G28		返回参考点	G72		端面粗车复合循环
G29		由参考点返回	G73		固定形状粗加工复合循环
G30		返回第 2、3、4 参考点	G74		端面深孔钻削循环
G32	01	螺纹切削	G75		外圆车槽循环
G34		变导程螺纹切削	G76		螺纹切削复合循环
G40	07	取消刀尖半径补偿	G90	01	单一形状内外径车削循环
G41		刀尖圆弧半径左补偿	G92		螺纹车削循环
G42		刀尖圆弧半径右补偿	G94		端面车削循环
G50	00	坐标系设定或最高主轴转速设定	G96	02	恒线速度车削
G52		局部坐标系设定	G97		取消恒线速度
G53		机床坐标系设定	G98	05	每分钟进给速度
			G99		每转进给速度

附录 2 数控车工实操综合练习题精选

1. 编程并加工如附图 1 所示工件，已知毛坯为 φ40mm×90mm，材料为 45 圆钢。

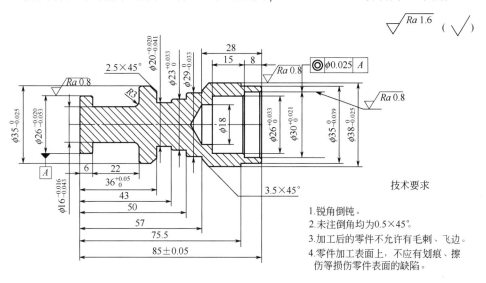

$\sqrt{Ra\,1.6}$ (✓)

技术要求

1. 锐角倒钝。
2. 未注倒角均为 0.5×45°。
3. 加工后的零件不允许有毛刺、飞边。
4. 零件加工表面上，不应有划痕、擦伤等损伤零件表面的缺陷。

附图 1 爆炸物零件

2. 编程并加工如附图 2 所示工件，已知毛坯尺寸为 φ65mm×200mm；φ25mm×80mm，材料为 45 圆钢。

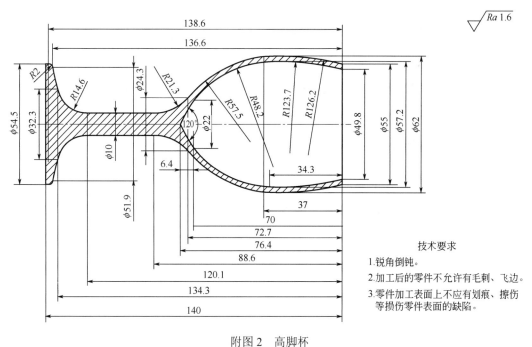

$\sqrt{Ra\,1.6}$

技术要求

1. 锐角倒钝。
2. 加工后的零件不允许有毛刺、飞边。
3. 零件加工表面上不应有划痕、擦伤等损伤零件表面的缺陷。

附图 2 高脚杯

3. 编程并加工如附图 3 所示工件，已知毛坯尺寸为 φ80mm×135mm，材料为 45 圆钢。

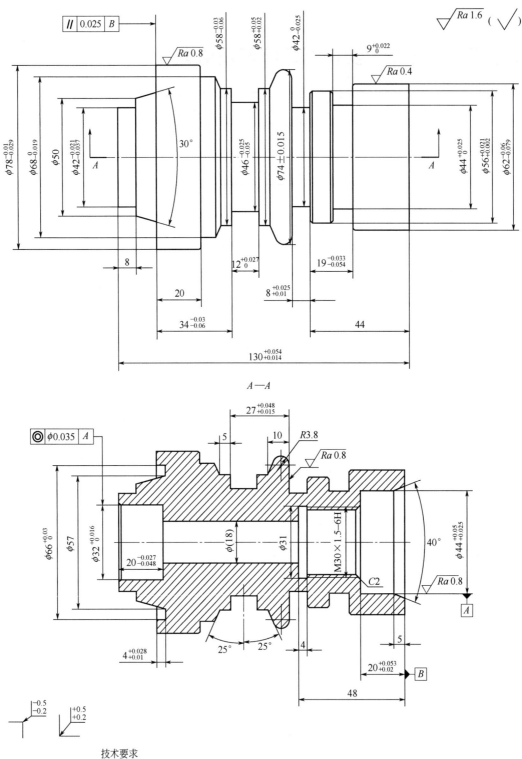

附图 3　综合件

技术要求
1.未注倒角C1；
2.未注倒圆R1；
3.未注公差按±0.1加工。

4. 编程并加工如附图 4 所示工件，已知毛坯尺寸为 $\phi70\text{mm}\times92\text{mm}$、$\phi70\text{mm}\times82\text{mm}$，材料为 45 圆钢。

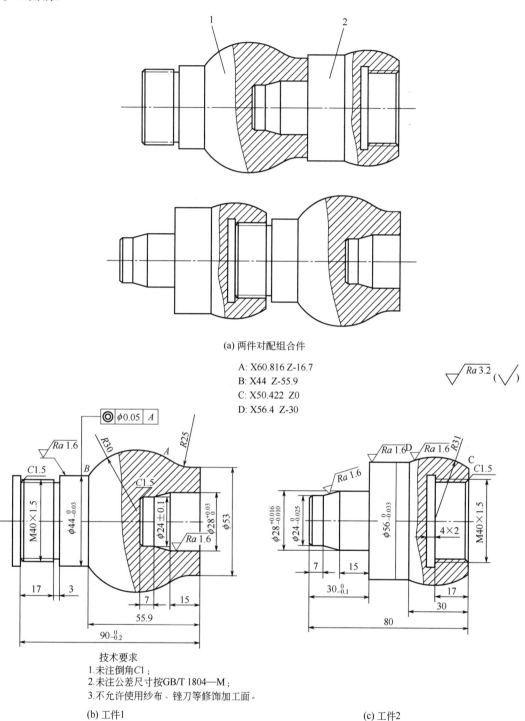

(a) 两件对配组合件

A: X60.816 Z-16.7
B: X44 Z-55.9
C: X50.422 Z0
D: X56.4 Z-30

技术要求
1.未注倒角C1；
2.未注公差尺寸按GB/T 1804—M；
3.不允许使用纱布、锉刀等修饰加工面。

(b) 工件1　　　　　　　　　　　　　　　　　(c) 工件2

附图 4　工件图 1

5. 编程并加工如附图 5 所示工件，毛坯尺寸为 ϕ50mm×100mm、ϕ50mm×100mm，材料为 45 圆钢。

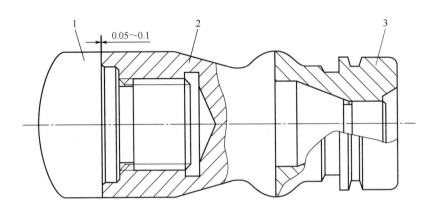

技术要求

1.零件2与零件3圆锥配合，要求接触面积不小于70%。
2.零件2与零件1螺纹配合，要求旋入灵活。

(a) 三件配

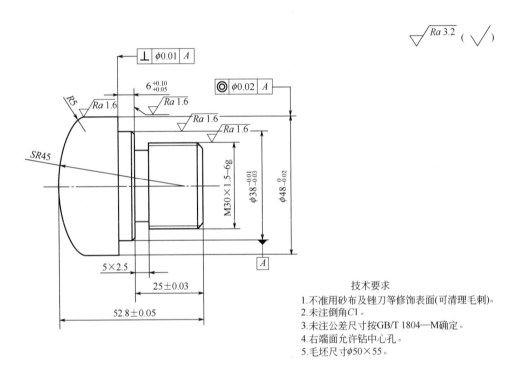

技术要求

1.不准用砂布及锉刀等修饰表面(可清理毛刺)。
2.未注倒角C1。
3.未注公差尺寸按GB/T 1804—M确定。
4.右端面允许钻中心孔。
5.毛坯尺寸ϕ50×55。

(b) 工件1

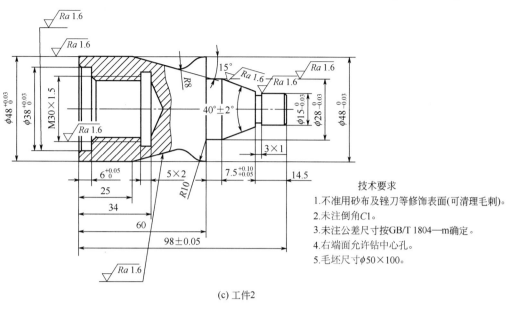

(c) 工件2

技术要求
1.不准用砂布及锉刀等修饰表面(可清理毛刺)。
2.未注倒角C1。
3.未注公差尺寸按GB/T 1804—m确定。
4.右端面允许钻中心孔。
5.毛坯尺寸φ50×100。

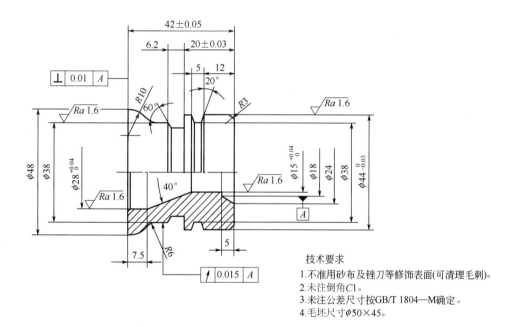

(d) 工件3

技术要求
1.不准用砂布及锉刀等修饰表面(可清理毛刺)。
2.未注倒角C1。
3.未注公差尺寸按GB/T 1804—M确定。
4.毛坯尺寸φ50×45。

附图5 工件图2

6. 编程并加工如附图 6 所示工件,已知毛坯尺寸为φ80mm×57mm、φ80mm×77mm、φ80mm×73mm,材料为 45 圆钢。

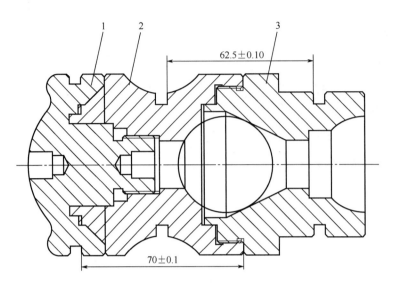

62.5±0.10

70±0.1

技术要求
1.螺纹配合松紧适中。
2.圆柱配合与圆锥配合间隙均小于0.03mm。
3.件2与件3中放入φ40mm标准钢珠。

(a) 组合零件图

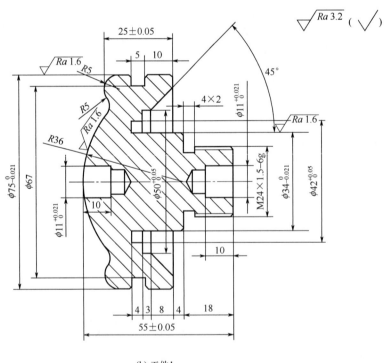

$\sqrt{Ra\,3.2}$ ($\sqrt{\ }$)

(b) 工件1

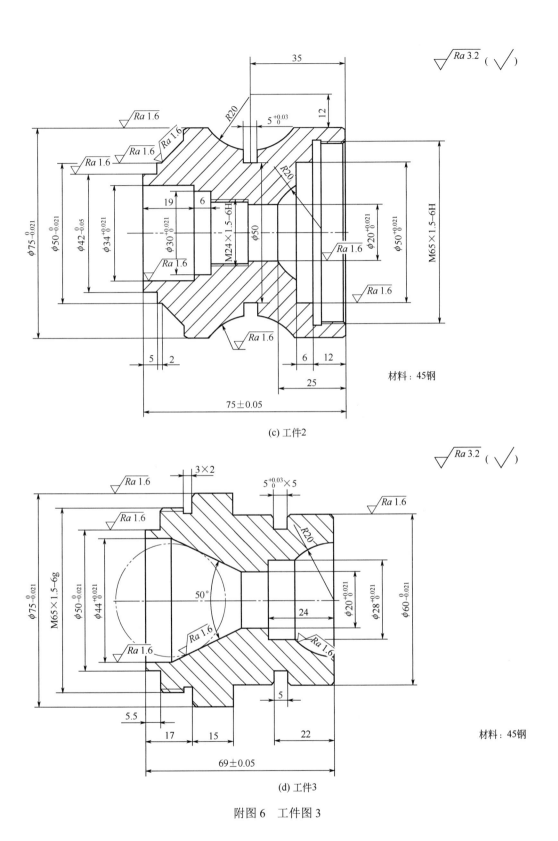

(c) 工件2

(d) 工件3

附图 6　工件图 3

7. 编程并加工如附图 7 所示工件,已知毛坯尺寸为 $\phi 80mm×130mm$、$\phi 80mm×100mm$,材料为 45 圆钢和 LY12。

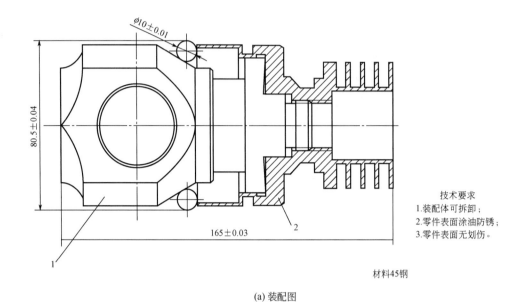

(a) 装配图

技术要求
1.装配体可拆卸;
2.零件表面涂油防锈;
3.零件表面无划伤。

材料45钢

(b) 工件1

技术要求
1.未注倒角按C0.5;
2.零件两端加工A2.5中心孔;
3.锐边倒钝C0.3。

材料45钢

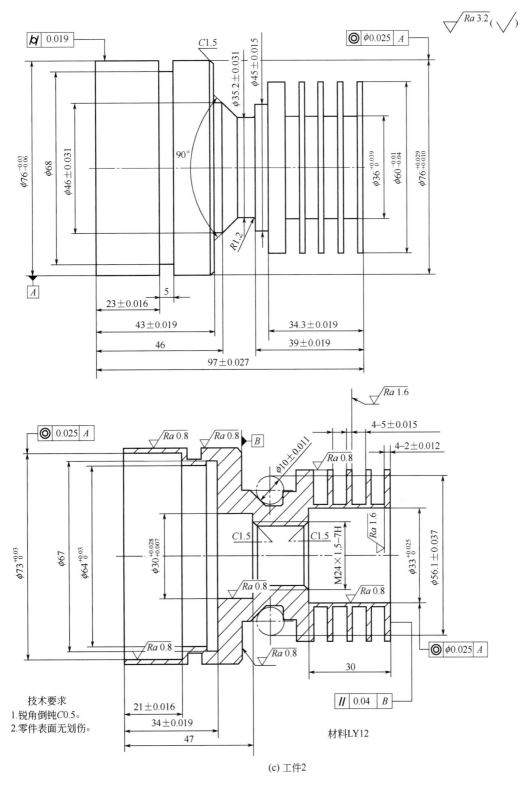

技术要求
1.锐角倒钝C0.5。
2.零件表面无划伤。

材料LY12

(c) 工件2

附图7　工件图4

附录3 数控车工（中级）职业技能鉴定理论试题精选

一、单项选择题（选择一个正确的答案，将相应的字母填入题内的括号中。）

1. 职业道德的实质内容是（　　）。
   A. 改善个人生活　　　　　　　　　B. 增加社会的财富
   C. 树立全新的社会主义劳动态度　　D. 增强竞争意识

2. 职业道德基本规范不包括（　　）。
   A. 爱岗敬业、忠于职守　　　　　　B. 诚实守信、办事公道
   C. 发展个人爱好　　　　　　　　　D. 遵纪守法、廉洁奉公

3. 敬业就是以一种严肃认真的态度对待工作，下列不符合的是（　　）。
   A. 工作勤奋努力　　　　　　　　　B. 工作精益求精
   C. 工作以自我为中心　　　　　　　D. 工作尽心尽力

4. 遵守法律法规要求（　　）。
   A. 积极工作　　　　　　　　　　　B. 加强劳动协作
   C. 自觉加班　　　　　　　　　　　D. 遵守安全操作规程

5. 具有高度责任心不要求做到（　　）。
   A. 方便群众，注重形象　　　　　　B. 责任心强，不辞辛苦
   C. 尽职尽责　　　　　　　　　　　D. 工作精益求精

6. 违反安全操作规程的是（　　）。
   A. 执行国家劳动保护政策　　　　　B. 可使用不熟悉的机床和工具
   C. 遵守安全操作规程　　　　　　　D. 执行国家安全生产的法令、规定

7. 不爱护工、卡、刀、量具的做法是（　　）。
   A. 正确使用工、卡、刀、量具　　　B. 工、卡、刀、量具要放在规定地点
   C. 随意拆装工、卡、刀、量具　　　D. 按规定维护工、卡、刀、量具

8. 不符合着装整洁、文明生产要求的是（　　）。
   A. 贯彻操作规程　　　　　　　　　B. 执行规章制度
   C. 工作中对服装不作要求　　　　　D. 创造良好的生产条件

9. 保持工作环境清洁有序，不正确的是（　　）。
   A. 毛坯、半成品按规定堆放整齐　　B. 随时清除油污和积水
   C. 通道上少放物品　　　　　　　　D. 优化工作环境

10. 关于"旋转视图"，下列说法错误的是（　　）。
    A. 倾斜部分需先旋转后投影，投影要反映倾斜部分的实际长度
    B. 旋转视图仅适用于表达具有回转轴线的倾斜结构的实形
    C. 旋转视图不加任何标注
    D. 旋转视图可以不按投影关系配置

11. 用"几个相交的剖切平面"画剖视图，说法错误的是：（　　）。
    A. 相邻的两剖切平面的交线应垂直于某一投影面
    B. 应先剖切后旋转，旋转到与某一选定的投影面平行再投射
    C. 旋转部分的结构必须与原图保持投影关系
    D. 位于剖切平面后的其他结构一般仍按原位置投影

12. 基本偏差为（　　）与不同基本偏差轴的公差带形成各种配合的一种制度称为基孔制。

A．不同孔的公差带　　　　　　　B．一定孔的公差带
C．较大孔的公差带　　　　　　　D．较小孔的公差带

13．有关"表面粗糙度"，下列说法不正确的是（　　　）。
　　A．是指加工表面上所具有的较小间距和峰谷所组成的微观几何形状特性
　　B．表面粗糙度不会影响到机器的工作可靠性和使用寿命
　　C．表面粗糙度实质上是一种微观的几何形状误差
　　D．一般是在零件加工过程中，由机床-刀具-工件系统的振动等原因引起的

14．KTZ550—04 表示一种（　　　）可锻铸铁。
　　A．黑心　　　　B．白心　　　　C．棕心　　　　D．珠光体

15．亚共析钢淬火加热温度为（　　　）。
　　A．$Ac_{cm}+(30\sim50)$℃　　　　　　B．$Ac_3+(30\sim50)$℃
　　C．$Ac_1+(30\sim50)$℃　　　　　　　D．$Ac_2+(30\sim50)$℃

16．带传动是利用带作为中间挠性件，依靠带与带之间的（　　　）或啮合来传递运动和动力。
　　A．结合　　　　B．摩擦力　　　　C．压力　　　　D．相互作用

17．链传动是由链条和具有特殊齿形的链轮组成的传递（　　　）和动力的传动。
　　A．运动　　　　B．扭矩　　　　C．力矩　　　　D．能量

18．不属于链传动类型的有（　　　）。
　　A．传动链　　　　B．运动链　　　　C．起重链　　　　D．牵引链

19．螺旋传动主要由螺杆、螺母和（　　　）组成。
　　A．螺栓　　　　B．螺钉　　　　C．螺柱　　　　D．机架

20．（　　　）是在钢中加入较多的钨、钼、铬、钒等合金元素，用于制造形状复杂的切削刀具。
　　A．硬质合金　　　B．高速钢　　　C．合金工具钢　　　D．碳素工具钢

21．使工件与刀具产生相对运动以进行切削的最基本运动，称为（　　　）。
　　A．主运动　　　　B．进给运动　　　　C．辅助运动　　　　D．切削运动

22．按铣刀的齿背形状分可分为尖齿铣刀和（　　　）。
　　A．三面刃铣刀　　　B．端铣刀　　　C．铲齿铣刀　　　D．沟槽铣刀

23．下列量具中，不属于游标类量具的是（　　　）。
　　A．游标深度尺　　　B．游标高度尺　　　C．游标齿厚尺　　　D．外径千分尺

24．游标卡尺上端有两个爪，是用来测量（　　　）。
　　A．内孔　　　　B．沟槽　　　　C．齿轮公法线长度　　　D．外径

25．测量精度为 0.05mm 的游标卡尺，当两测量爪并拢时，尺身上 19mm 对正游标上的（　　　）格。
　　A．19　　　　B．20　　　　C．40　　　　D．50

26．千分尺微分筒转动一周，测微螺杆移动（　　　）mm。
　　A．0.1　　　　B．0.01　　　　C．1　　　　D．0.5

27．（　　　）由百分表和专用表架组成，用于测量孔的直径和孔的形状误差。
　　A．外径百分表　　　B．杠杆百分表　　　C．内径百分表　　　D．杠杆千分尺

28．减速器箱体为剖分式，工艺过程的制定原则与整体式箱体（　　　）。
　　A．相似　　　　B．不同　　　　C．相同　　　　D．相反

29．车床主轴箱齿轮剃齿后热处理方法为（　　　）。
　　A．正火　　　　B．回火　　　　C．高频淬火　　　　D．表面热处理

30．常用润滑油有机械油及（　　　）等。
　　A．齿轮油　　　　B．石墨　　　　C．二硫化钼　　　　D．冷却液

31. 不属于切削液作用的是（　　　）。
　　A. 冷却　　　　　B. 润滑　　　　　C. 提高切削速度　　D. 清洗
32. 錾子一般由碳素工具钢锻成，经热处理后其硬度达到（　　　）。
　　A. 40～55HRC　B. 55～65HRC　C. 56～62HRC　　D. 65～75HRC
33. 深缝锯削时，当锯缝的深度超过锯弓的高度时应将锯条（　　　）。
　　A. 从开始连续锯到结束　　　　　B. 转过90°重新装夹
　　C. 装得松一些　　　　　　　　　D. 装得紧一些
34. 锉刀在使用时不可（　　　）。
　　A. 作撬杠用　　　　　　　　　　B. 作撬杠和手锤用
　　C. 作手锤用　　　　　　　　　　D. 侧面
35. 单件生产和修配工作需要铰削少量非标准孔，应使用（　　　）铰刀。
　　A. 整体式圆柱　B. 可调节式　　C. 圆锥式　　　　D. 螺旋槽
36. 用铰杠攻螺纹时，当丝锥的切削部分全部进入工件时，两手用力要（　　　）地旋转，不能有侧向的压力。
　　A. 较大　　　　　B. 很大　　　　　C. 均匀、平稳　　D. 较小
37. 文字符号SA表示（　　　）。
　　A. 单极控制开关　　　　　　　　B. 手动开关
　　C. 三极控制开关　　　　　　　　D. 三极负荷开关
38. 三线蜗杆的（　　　）常采用主视图、剖面图（移出剖面）和局部放大的表达方法。
　　A. 零件图　　　　B. 工序图　　　C. 原理图　　　　D. 装配图
39. 从蜗杆零件的（　　　）可知该零件的名称、线数、材料及比例。
　　A. 装配图　　　　B. 标题栏　　　C. 剖面图　　　　D. 技术要求
40. 在箱体加工时应先将箱体的（　　　）加工好，然后以该面为基准加工各孔和其他高度方向的平面。
　　A. 底平面　　　　B. 侧平面　　　C. 顶面　　　　　D. 基准孔
41. 正等轴测图的轴间角为（　　　）。
　　A. 45°　　　　　B. 120°　　　　C. 180°　　　　D. 75°
42. 斜二测的画法是轴测投影面平行于一个坐标平面，投影方向（　　　）于轴测投影面时，即可得到斜二测轴测图。
　　A. 平行　　　　　B. 垂直　　　　C. 倾斜　　　　　D. 正交
43. 主轴箱的功用是支撑主轴并使其实现启动、停止、（　　　）和换向等。
　　A. 升速　　　　　B. 车削　　　　C. 降速　　　　　D. 变速
44. 主轴箱V带轮的张力经轴承座直接传至箱体上，轴1不致受（　　　）作用而产生弯曲变形，提高了传动的平稳性。
　　A. 径向力　　　　B. 轴向力　　　C. 拉力　　　　　D. 张力
45. 主轴箱中空套齿轮与（　　　）之间，可以装有滚动轴承，也可以装有铜套，用以减少零件的磨损。
　　A. 离合器　　　　B. 传动轴　　　C. 固定齿轮　　　D. 斜齿轮
46. 主轴箱的传动轴通过轴承在主轴箱体上实现（　　　）定位。
　　A. 轴向　　　　　B. 圆周　　　　C. 径向　　　　　D. 法向
47. 进给箱的功用是把交换齿轮箱传来的运动，通过改变箱内滑移齿轮的位置，变速后传给丝杠或光杠，以满足（　　　）和机动进给的需要。

A．车孔　　　B．车圆锥　　　C．车成形面　　　D．车螺纹

48．进给箱中的固定齿轮、滑移齿轮与支撑它的传动轴大都采用花键连接，个别齿轮采用（　　）连接。

A．平键或半圆键　　　　　　　B．平键或楔形键

C．楔形键或半圆键　　　　　　D．楔形键

49．进给箱内传动轴的（　　）定位方法，大都采用两端定位。

A．径向　　　B．轴向　　　C．切向　　　D．法向

50．（　　）内的基本变速机构每个滑移齿轮依次和相邻的一个固定齿轮啮合，而且还要保证在同一时刻内 4 个滑移齿轮和 8 个固定齿轮中只有一组是相互啮合的。

A．进给箱　　　B．挂轮箱　　　C．主轴箱　　　D．滑板箱

51．识读装配图的步骤是先（　　）。

A．识读标题栏　　　B．看明细表　　　C．看标注尺寸　　　D．看技术要求

52．高温时效是将工件加热到 550℃，保温 7h，然后（　　）冷却的过程。

A．随炉　　　B．在水中　　　C．在油中　　　D．在空气中

53．被加工表面与（　　）平行的工件适用在花盘角铁上装夹加工。

A．安装面　　　B．测量面　　　C．定位面　　　D．基准面

54．在一定的（　　）下，以最少的劳动消耗和最低的成本费用，按生产计划的规定，生产出合格的产品是制订工艺规程应遵循的原则。

A．工作条件　　　B．生产条件　　　C．设备条件　　　D．电力条件

55．直接改变原材料、毛坯等生产对象的形状、尺寸和性能，使之变为成品或半成品的过程称（　　）。

A．生产工艺　　　B．生产过程　　　C．工序　　　D．工艺过程

56．根据一定的（　　）和计算公式，对影响加工余量的因素进行逐次分析和综合计算，最后确定加工余量的方法就是分析计算法。

A．试验资料　　　B．经验数据　　　C．参考书　　　D．技术参数

57．以生产实践和实验研究积累的有关加工余量的资料数据为基础，结合实际加工情况进行修正来确定（　　）的方法，称为查表修正法。

A．加工工艺　　　B．切削用量　　　C．加工余量　　　D．走刀次数

58．以下（　　）不是数控车床高速动力卡盘的特点。

A．高转速　　　B．操作不方便　　　C．寿命长　　　D．夹紧力大

59．液压高速动力卡盘的滑座位移量一般是（　　）mm。

A．3～7　　　B．1～5　　　C．5～8　　　D．8～10

60．数控顶尖相对于普通顶尖，具有（　　）的优点。

A．回转精度高、转速低、承载能力大

B．回转精度高、转速快、承载能力小

C．回转精度高、转速快、承载能力大

D．回转精度高、转速低、承载能力小

61．数控顶尖（　　）敲打、拆卸和扭紧压盖。

A．随时可以　　　　　　　　　B．加工时可以

C．不加工时可以　　　　　　　D．不可以

62．数控自定心中心架的动力为（　　）传动。

A．液压　　　B．机械　　　C．手动　　　D．电气

63. 经济型数控车床多采用（　　）刀架。

    A. 立式转塔刀架　　　　　　　　　B. 卧式转塔刀架

    C. 双回转刀架　　　　　　　　　　D. 以上均可

64. 数控车床的（　　）通过镗刀座安装在转塔刀架的转塔刀盘上。

    A. 外圆车刀　　　B. 螺纹　　　　C. 内孔车刀　　　D. 切断刀

65. 已知两圆的方程，需联立两圆的方程求两圆交点，如果判别式Δ＞0，则说明两圆弧（　　）。

    A. 有一个交点　　B. 有两个交点　　C. 没有交点　　　D. 相切

66. （　　）的工件适用于在数控机床上加工。

    A. 粗加工　　　　　　　　　　　　B. 普通机床难加工

    C. 毛坯余量不稳定　　　　　　　　D. 批量大

67. 对于数控加工的零件，零件图上应直接给出（　　），以便于尺寸间的互相协调。

    A. 局部尺寸　　　B. 整体尺寸　　C. 坐标尺寸　　　D. 无法判断

68. 在数控机床上加工零件与普通机床相比，工序可以比较（　　）。

    A. 集中　　　　　B. 分散　　　　C. 细化　　　　　D. 以上均可

69. 在数控机床上安装工件，在确定定位基准和夹紧方案时，应力求做到设计基准、工艺基准与（　　）的基准统一。

    A. 夹具　　　　　B. 机床　　　　C. 编程计算　　　D. 工件

70. 聚晶金刚石刀具只用于加工（　　）材料。

    A. 铸铁　　　　　B. 碳素钢　　　C. 合金钢　　　　D. 有色金属

71. 以下（　　）不是选择进给量的主要依据。

    A. 工件加工精度　　　　　　　　　B. 工件粗糙度

    C. 机床精度　　　　　　　　　　　D. 工件材料

72. （　　）是数控加工中刀具相对工件的起点。

    A. 机床原点　　　B. 对刀点　　　C. 工件原点　　　D. 以上都不是

73. 在编制数控加工程序以前，首先应该（　　）。

    A. 设计机床夹具　　　　　　　　　B. 计算加工尺寸

    C. 计算加工轨迹　　　　　　　　　D. 确定工艺过程

74. 在 ISO 标准中，I、K 的含义是圆弧的（　　）。

    A. 圆心坐标　　　　　　　　　　　B. 起点坐标

    C. 圆心对起点的增量　　　　　　　D. 圆心对终点的增量

75. 根据 ISO 标准，刀具半径补偿有 B 刀具补偿和（　　）刀具补偿。

    A. A　　　　　　B. F　　　　　　C. C　　　　　　D. D

76. 刀具磨损补偿应输入到系统（　　）中去。

    A. 程序　　　　　B. 刀具坐标　　C. 刀具参数　　　D. 坐标系

77. 刀具长度补偿指令 G43 是将（　　）代码指定的已存入偏置器中的偏置值加到运指令终点坐标中。

    A. K　　　　　　B. J　　　　　　C. I　　　　　　D. H

78. 以下（　　）不是衡量程序质量的标准。

    A. 编程时间短　　B. 加工效果好　　C. 通用性强　　　D. 使用指令多

79. 用近似方程去拟合列表曲线时，方程式所表示的形状与零件原始轮廓之间的差值称（　　）。

A．逼近误差　　　B．圆弧误差　　　C．拟合误差　　　D．累积误差

80．平面轮廓表面的零件，宜采用数控（　　）加工。

A．铣床　　　B．车床　　　C．磨床　　　D．加工中心

81．在FANUC系统中，G90是（　　）切削循环指令。

A．钻孔　　　B．端面　　　C．外圆　　　D．复合

82．在FANUC系统中，G90指令在编程中用于（　　）。

A．钻深孔　　　　　　　　　B．余量大的端面

C．余量大的外圆　　　　　　D．大螺距螺纹

83．程序段：

```
G90  X52  Z-100  F0.3
X48
```

的含义是（　　）。

A．车削100mm长的圆锥

B．车削100mm长，大端直径52mm的圆锥

C．分两刀车出直径48mm，长度100mm的圆柱

D．车削100mm长，小端直径48mm的圆锥

84．在FANUC系统中，（　　）是螺纹循环指令。

A．G32　　　B．G23　　　C．G92　　　D．G90

85．程序段G92　X52　Z-100　I3.5　F3的含义是车削（　　）。

A．外螺纹　　　B．锥螺纹　　　C．内螺纹　　　D．三角螺纹

86．在FANUC系统中，（　　）指令用于大角度锥面的循环加工。

A．G92　　　B．G93　　　C．G94　　　D．G95

87．程序段G94　X30　Z-5　R3　F0.3中，R3的含义是（　　）。

A．外圆的终点　　　　　　　B．斜面轴向尺寸

C．内孔的终点　　　　　　　D．螺纹的终点

88．在FANUC系统中，（　　）指令是精加工循环指令，用于G71、G72、G73加工后的精加工。

A．G67　　　B．G68　　　C．G69　　　D．G70

89．程序段G70　P10　Q20中，Q20的含义是（　　）。

A．精加工余量为0.20mm

B．Z轴移动20mm

C．精加工循环的第一个程序段的程序号

D．精加工循环的最后一个程序段的程序号

90．（　　）指令是外径粗加工循环指令，主要用于棒料毛坯的粗加工。

A．G70　　　B．G71　　　C．G72　　　D．G73

91．在G71 P(ns)Q(nf)U(Δu)W(Δw)S500程序格式中，（　　）表示Z轴方向上的精加工余量。

A．Δu　　　B．Δw　　　C．ns　　　D．nf

92．G71指令是端面粗加工循环指令，主要用于（　　）毛坯的粗加工。

A．锻造　　　B．铸造　　　C．棒料　　　D．固定形状

93．在G72 P(ns)Q(nf)U(Δu)W(Δw)S500程序格式中，（　　）表示Z轴方向上的精加工余量。

A．Δu　　　B．Δw　　　C．ns　　　D．nf

94．（　　）指令是固定形状粗加工循环指令，主要用于锻造、铸造毛坯的粗加工。

A. G70　　　　　B. G71　　　　　C. G72　　　　　　D. G73

95. G74 指令是间断纵向加工循环指令，主要用于（　　）的加工。

A. 切槽　　　　B. 合金钢　　　　C. 棒料　　　　　D. 钻孔

96. 在 G74　Z-120　Q20　F0.3 程序格式中，（　　）表示 Z 轴方向上的间断走刀长度。

A. 0.3　　　　　B. 20　　　　　C. -120　　　　　D. 74

97. 在 FANUC 系统中，（　　）指令是间断端面加工循环指令。

A. G72　　　　　B. G73　　　　　C. G74　　　　　D. G75

98. 在 G75　X80　Z-120　P10　Q5　R1　F0.3 程序格式中，（　　）表示阶台长度。

A. 80　　　　　B. -120　　　　　C. 5　　　　　　D. 10

99. 螺纹加工时，使用（　　）指令可简化编程。

A. G73　　　　　B. G74　　　　　C. G75　　　　　D. G76

100. 在 G75　X(U) Z(W) R(i) P(K)Q(Δd) 程序格式中，（　　）表示螺纹终点的增量值。

A. X、U　　　B. U、W　　　C. Z、W　　　　D. R

101. FANUC 系统中（　　）必须在操作面板上预先按下"选择停止开关"时才起作用。

A. M01　　　　B. M00　　　　C. M02　　　　D. M30

102. FANUC 系统中（　　）表示主轴正转。

A. M04　　　　B. M01　　　　C. M03　　　　D. M05

103. FANUC 系统中（　　）表示从尾架方向看，主轴以顺时针方向旋转。

A. M04　　　　B. M01　　　　C. M03　　　　D. M05

104. FANUC 系统中，（　　）指令是空气开指令。

A. M05　　　　B. M02　　　　C. M03　　　　D. M20

105. FANUC 系统中，M09 指令是（　　）指令。

A. 夹盘松　　　　　　　　　　　　　B. 切削液开

C. 切削液关　　　　　　　　　　　　D. 空气开

106. FANUC 系统中，（　　）指令是夹盘松指令。

A. M08　　　　B. M10　　　　C. M09　　　　D. M11

107. FANUC 系统中，（　　）指令是 Y 轴镜像指令。

A. M06　　　　B. M10　　　　C. M22　　　　D. M21

108. FANUC 系统中，M23 指令是（　　）指令。

A. X 轴镜像　　B. Y 轴镜像　　C. Z 轴镜像　　D. 镜像取消

109. FANUC 系统中，M32 指令是（　　）进给指令。

A. 尾架顶尖　　B. 尾架　　　　C. 刀架　　　　D. 溜板

110. FANUC 系统中，（　　）指令是子程序结束指令。

A. M33　　　　B. M99　　　　C. M98　　　　D. M32

111. 当机床出现故障时，报警信息显示 2004，此故障的内容是（　　）。

A. -X 方向超程　　　　　　　　　　B. +Z 方向超程

C. -Z 方向超程　　　　　　　　　　D. +X 方向超程

112. 检查气动系统压力是否正常是数控车床（　　）需要检查保养的内容。

A. 每年　　　　B. 每月　　　　C. 每周　　　　D. 每天

113. 数控车床每周需要检查保养的内容是（　　）。

A. 主轴带　　　　　　　　　B. 滚珠丝杠

C. 电气柜过滤网　　　　　　D. 冷却油泵过滤器

114. 数控车床润滑装置是（　　）需要检查保养的内容。
　　　A. 每天　　　　　B. 每周　　　　　C. 每个月　　　　　D. 每年

115. 数控车床刀台换刀动作的圆滑性是（　　）需要检查保养的内容。
　　　A. 每天　　　　　B. 每周　　　　　C. 每个月　　　　　D. 每六个月

116. 数控车床液压系统采用（　　）供油。
　　　A. 双向变量泵　　B. 双向定量泵　　C. 单向定量泵　　D. 单向变量泵

117. 数控车床液压系统中的（　　）是靠密封工作腔容积变化进行工作的。
　　　A. 液压缸　　　　B. 溢流阀　　　　C. 换向阀　　　　D. 液压泵

118. G72 指令是（　　）循环指令。
　　　A. 精加工　　　　　　　　　　　B. 外径粗加工
　　　C. 端面粗加工　　　　　　　　　D. 固定形状粗加工

119. 程序段 G72 P0035 Q0060 U4.0 W2.0 S500 中，U4.0 的含义是（　　）。
　　　A. X 轴方向的精加工余量（直径值）
　　　B. X 轴方向的精加工余量（半径值）
　　　C. X 轴方向的背吃刀量
　　　D. X 轴方向的退刀量

120. 程序段 G73 P0035 Q0060 U1.0 W0.5 F0.3 是（　　）循环指令。
　　　A. 精加工　　　B. 外径粗加工　　C. 端面粗加工　　D. 固定形状粗加工

121. 程序段 G73 P0035 Q0060 U1.0 W0.5 F0.3 中，Q0060 的含义是（　　）。
　　　A. 精加工路径的最后一个程序段顺序号
　　　B. 最高转速
　　　C. 进刀量
　　　D. 精加工路径的第一个程序段顺序号

122. G74 指令是（　　）循环指令。
　　　A. 间断纵向切削　　　　　　　　B. 外径粗加工
　　　C. 端面粗加工　　　　　　　　　D. 固定形状粗加工

123. 程序段 G74 Z-80.0 Q20.0 F0.15 中，Z-80.0 的含义是（　　）。
　　　A. 钻孔深度　　　B. 阶台长度　　　C. 走刀长度　　　D. 以上均错

124. G75 指令是（　　）循环指令。
　　　A. 间断纵向切削　　　　　　　　B. 间断端面切削
　　　C. 端面粗加工　　　　　　　　　D. 固定形状粗加工

125. 数控机床紧急停止按钮的英文是（　　）。
　　　A. CYCLE　　　　　　　　　　B. EMERGENCY STOP
　　　C. TEMPORARY STOP　　　　　D. POWER OFF

126. 数控机床手动进给时，使用（　　）可完成对 X、Z 轴的手动进给。
　　　A. 快速按钮　　　B. 启动按钮　　　C. 回零按钮　　　D. 手动脉冲发生器

127. 数控机床快速进给时，模式选择开关应放在（　　）。
　　　A. JOG FEED　　　　　　　　　B. RELEASE
　　　C. ZERO RETURN　　　　　　　D. HANDLE FEED

128. 数控机床回零时模式选择开关应放在（　　）。
　　　A. JOG FEED　　B. MDI　　　　　C. ZERO RETURN　D. HANDLE FEED

129. 数控机床（　　）时模式选择开关应放在 MDI。

A. 快速进给 B. 手动数据输入

C. 回零 D. 手动进给

130. 数控机床（　　）时模式选择开关应放在 AUTO。

A. 自动状态 B. 手动数据输入

C. 回零 D. 手动进给

131. 数控机床（　　）时模式选择开关应放在 EDIT。

A. 自动状态 B. 手动数据输入

C. 回零 D. 编辑

132. 数控机床（　　）时，要使用解除模式。

A. 自动状态 B. 手动数据输入

C. 回零 D. X、Z 超程

133. 数控机床的（　　）开关的英文是 RAPID TRAVERSE。

A. 进给速率控制 B. 主轴转速控制

C. 快速进给速率选择 D. 手轮速度

134. 当数控机床的手动脉冲发生器的选择开关位置在×1 时，手轮的进给单位是（　　）。

A. 0.001mm/格 B. 0.01mm/格

C. 0.1mm/格 D. 1mm/格

135. 数控机床的主轴速度控制盘对主轴速率的控制范围是（　　）。

A. 60%～120% B. 70%～150%

C. 50%～100% D. 60%～200%

136. 数控机床的（　　）的英文是 TOOL SELECT。

A. 主轴速度控制盘 B. 刀具指定开关

C. 快速进给速率选择 D. 手轮速度

137. 数控机床的冷却液开关在（　　）位置时，是手动控制冷却液的开关。

A. SPINDLE B. OFF

C. COOLANT ON D. M CODE

138. 数控机床的（　　）开关的英文是 SLEEVE。

A. 冷却液 B. 主轴微调

C. 指定刀具 D. 尾座套筒

139. 数控机床的程序保护开关处于 ON 位置时，不能对程序进行（　　）。

A. 输入 B. 修改 C. 删除 D. 以上均对

140. 数控机床的条件信息指示灯 EMERGENCY STOP 亮时，说明（　　）。

A. 按下急停按钮 B. 主轴可以运转

C. 回参考点 D. 操作错误且未消除

141. 数控机床的单段执行开关扳到 OFF 时，程序（　　）执行。

A. 连续 B. 单段 C. 选择 D. 不能判断

142. 数控机床的块删除开关扳到（　　）时，程序执行没有 "/" 的语句。

A. OFF B. ON C. BLOCK DELETE D. 不能判断

143. 数控机床（　　）开关的英文是 MACHINE LOCK。

A. 位置记录 B. 机床锁定 C. 试运行 D. 单段

144. 数控机床试运行开关的英文是（　　）。

A. SINGLE BLOCK B. MACHINE LOCK

C. DRY RUN   D. POSITION

145. 对于深孔件的尺寸精度，可以用（   ）进行检验。
    A. 内径千分尺或内径百分表   B. 塞规或内径千分尺
    C. 塞规或内卡钳   D. 以上均可

146. 使用（   ）不可以测量深孔件的圆柱度精度。
    A. 圆度仪   B. 内径百分表   C. 游标卡尺   D. 内卡钳

147. 偏心距较大的工件，不能采用直接测量法测出偏心距，这时可用（   ）采用间接测量法测出偏心距。
    A. 百分表和高度尺   B. 高度尺和千分尺
    C. 百分表和千分尺   D. 百分表和卡尺

148. 使用分度头检验轴径夹角误差的计算公式是 $\sin\Delta\theta=\Delta L/R$。式中（   ）是两曲轴轴径中心高度差。
    A. ΔL B. R C. $\Delta L/R$ D. L/R

149. 使用（   ）检验轴径夹角误差时，量块高度的计算公式是：$h=M-0.5(D+d)-R\sin\theta$。
    A. 量块   B. 分度头   C. 两顶尖   D. V 形架

150. 检验箱体工件上的立体交错孔的垂直度时，在基准心棒上装一百分表，测头顶在测量心棒的圆柱面上，旋转（   ）后再测，即可确定两孔轴线在测量长度内的垂直度误差。
    A. 60°   B. 360°   C. 180°   D. 270°

151. 将两半箱体通过定位部分或定位元件合为一体，用检验心棒插入基准孔和被测孔，如果检验心棒不能自由通过，则说明（   ）不符合要求。
    A. 圆度   B. 垂直度   C. 平行度   D. 同轴度

152. 以下（   ）不是车削轴类零件产生尺寸误差的原因。
    A. 量具有误差或测量方法不正确   B. 前后顶尖不同轴
    C. 没有进行试切削   D. 看错图纸

153. 铰孔时为了保证孔的尺寸精度，铰刀的（   ）约为被加工孔公差的 1/3。
    A. 制造精度   B. 制造公差
    C. 形状精度   D. 表面粗糙度

154. 车孔时，如果车孔刀逐渐磨损，车出的孔（   ）。
    A. 表面粗糙度大   B. 圆柱度超差
    C. 圆度超差   D. 同轴度超差

155. 用转动小滑板法车圆锥时产生（   ）误差的原因是小滑板转动角度计算错误。
    A. 锥度（角度）B. 位置   C. 形状   D. 尺寸

156. 用仿形法车圆锥时产生锥度（角度）误差的原因是（   ）。
    A. 顶尖顶得过紧   B. 工件长度不一致
    C. 车刀装得不对中心   D. 靠模板角度调整不正确

157. 车削螺纹时，刻度盘使用不当会使螺纹（   ）产生误差。
    A. 大径   B. 中径   C. 齿形角   D. 粗糙度

158. 车削蜗杆时，刻度盘使用不当会使蜗杆（   ）产生误差。
    A. 大径   B. 分度圆直径 C. 齿形角   D. 粗糙度

159. 车削箱体类零件上的孔时，如果车刀磨损，车出的孔会产生（   ）误差。
    A. 轴线的直线度   B. 圆柱度
    C. 圆度   D. 同轴度

160．加工箱体类零件上的孔时，如果花盘角铁精度低，会影响平行孔的（　　）。

    A．尺寸精度　　　　B．形状精度　　　　C．孔距精度　　　　D．粗糙度

二、判断题（将判断结果填入括号中。正确的填"√"，错误的填"×"。）

（　　）161．职业道德是社会道德在职业行为和职业关系中的具体表现。

（　　）162．在尺寸符号ϕ50F8 中，公差代号是指 50F8。

（　　）163．孔轴过渡配合中，孔的公差带与轴的公差带相互交叠。

（　　）164．铁素体可锻铸铁具有一定的强度和一定的塑性与韧性。

（　　）165．热处理能够提高零件加工质量，减小刀具磨损。

（　　）166．通常刀具材料的硬度越高，耐磨性越好。

（　　）167．万能角度尺是用来测量工件内外角度的量具。

（　　）168．车床主轴材料为 A2。

（　　）169．制定箱体零件的工艺过程应遵循先孔后基面加工原则。

（　　）170．横刃斜角是横刃与主切削刃在钻头端面内的投影之间的夹角。其大小与后角、顶角无关。

（　　）171．两极闸刀开关用于控制单相电路。

（　　）172．按规定完成设备的维修和保养。

（　　）173．明确岗位工作的质量标准及不同班次之间对相应的质量问题的责任、处理方法和权限。

（　　）174．识读装配图的要求是了解装配图的名称、用途、性能、结构和工作原理。

（　　）175．精密丝杠的加工工艺中，要求锻造工件毛坯，目的是使材料晶粒细化、组织紧密、碳化物分布均匀，可提高材料的刚性。

（　　）176．装夹箱体零件时，夹紧力的作用点应尽量靠近基准面。

（　　）177．机械加工工艺手册是规定产品或零部件制造工艺过程和操作方法的工艺文件。

（　　）178．确定加工顺序和工序内容、加工方法，划分加工阶段，安排热处理、检验及其他辅助工序是填写工艺文件的主要工作。

（　　）179．当液压卡盘的夹紧力不足时，应清洗卡盘，并设法改善卡盘的润滑状况。

（　　）180．工件以外圆定位，配车数控车床液压卡盘卡爪时，应在空载状态下进行。

（　　）181．为保证数控自定心中心架夹紧零件的中心与机床主轴中心重合，须使用千分尺和百分表调整。

（　　）182．数控车床的刀架分为排式刀架和转塔式刀架两大类。

（　　）183．数控车床的转塔刀架轴向刀具多用于外圆的加工。

（　　）184．在平面直角坐标系中，圆的方程是$(X-30)^2+(Y-25)^2=15^2$。此圆的半径为 225。

（　　）185．数控加工中，当某段进给路线重复使用时，应使用子程序。

（　　）186．在 FANUC 系统中，采用 N 作为程序编号地址。

（　　）187．使用子程序的目的和作用是简化编程。

（　　）188．当 NC 故障排除后，按 MACRO 键消除报警。

（　　）189．数控车床液压系统中液压泵不能作为液压马达使用。

（　　）190．液压系统中双出杆液压缸活塞杆与缸盖处采用 V 形密封圈密封。

（　　）191．程序段 G71 P0035 Q0060 U4.0 W2.0 S500 是外径粗加工循环指令。

（　　）192．程序段 G71 P0035 Q0060 U4.0 W2.0 S500 中，Q0060 的含义是精加工路径的最后一个程序段顺序号。

（　　）193．程序段 G75 X20.0 P5.0 F0.15 中，P5.0 的含义是沟槽深度。

（　　）194．双偏心工件是通过偏心部分最高点之间的距离来检验外圆与内孔间的关系。

（　　）195．检验箱体工件上的立体交错孔的垂直度时，先用千分尺找正基准心棒，使基准孔与检验平板垂直，然后用百分表测量心棒两处，百分表差值即为测量长度内两孔轴线的垂直度误差。

（　　）196．如果两半箱体的同轴度要求不高，可以在两被测孔中插入检验心棒，将百分表固定在其中一个心棒上，百分表测头触在另一孔的心棒上，百分表转动一周，所得读数，就是同轴度误差。

（　　）197．使用齿轮游标卡尺可以测量蜗杆的轴向齿厚。

（　　）198．使用三针测量蜗杆的法向齿厚，量针直径的计算式是 d_D=0.577P。

（　　）199．用一夹一顶或两顶尖装夹轴类零件，如果后顶尖轴线与主轴轴线不重合，工件会产生圆柱度误差。

（　　）200．用宽刃刀法车圆锥时产生锥度（角度）误差的原因是车刀粗糙度大。

答案

一、单项选择题（选择一个正确的答案，将相应的字母填入题内的括号中。）

1．C	2．C	3．C	4．D	5．A	6．B	7．C	8．C
9．C	10．D	11．C	12．B	13．B	14．D	15．B	16．B
17．A	18．B	19．D	20．B	21．A	22．C	23．D	24．A
25．B	26．D	27．C	28．C	29．C	30．A	31．C	32．C
33．B	34．B	35．B	36．C	37．B	38．D	39．B	40．B
41．B	42．C	43．D	44．A	45．B	46．C	47．D	48．A
49．B	50．A	51．A	52．B	53．C	54．B	55．B	56．C
57．C	58．B	59．A	60．C	61．B	62．A	63．A	64．C
65．B	66．B	67．C	68．A	69．C	70．D	71．C	72．B
73．D	74．C	75．C	76．C	77．D	78．D	79．C	80．A
81．C	82．C	83．C	84．C	85．C	86．C	87．C	88．C
89．D	90．B	91．B	92．C	93．B	94．D	95．D	96．B
97．D	98．B	99．D	100．B	101．A	102．C	103．A	104．D
105．C	106．D	107．C	108．D	109．A	110．B	111．C	112．D
113．C	114．C	115．B	116．C	117．D	118．C	119．A	120．D
121．A	122．B	123．A	124．B	125．B	126．D	127．C	128．C
129．B	130．C	131．C	132．C	133．C	134．A	135．C	136．B
137．C	138．D	139．D	140．C	141．C	142．C	143．B	144．C
145．A	146．C	147．C	148．A	149．A	150．C	151．D	152．B
153．B	154．B	155．A	156．D	157．B	158．B	159．B	160．C

二、判断题（将判断结果填入括号中。正确的填"√"，错误的填"×"。）

161．√	162．×	163．√	164．√	165．√	166．√	167．√	168．×
169．×	170．×	171．√	172．√	173．√	174．√	175．×	176．×
177．×	178．×	179．√	180．√	181．√	182．√	183．√	184．×
185．√	186．×	187．√	188．×	189．√	190．√	191．√	192．√
193．×	194．×	195．×	196．×	197．√	198．√	199．√	200．×

附录4　车工国家职业技能标准（节选）

1　职业概况

1.1　职业名称
车工

1.2　职业编码
6－18－01－01

1.3　职业定义
操作车床，进行工件旋转表面切削加工的人员。

1.4　职业技能等级
本职业共设五个等级，分别为：五级/初级工、四级/中级工、三级/高级工、二级/技师、一级/高级技师。

1.5　职业环境条件
室内、常温。

1.6　职业能力特征
具有一定的学习能力和计算能力；具有较强的空间感和形体知觉；手指、手臂灵活，动作协调。

1.7　普通受教育程度
初中毕业（或相当文化程度）。

1.8　职业技能鉴定要求

1.8.1　申报条件
具备以下条件之一者，可申报五级/初级工：

（1）累计从事本职业工作1年（含）以上。

（2）本职业学徒期满。

具备以下条件之一者，可申报四级/中级工：

（1）取得本职业五级/初级工职业资格证书（技能等级证书）后，累计从事本职业工作4年（含）以上。

（2）累计从事本职业工作6年（含）以上。

（3）取得技工学校本专业或相关专业❶毕业证书（含尚未取得毕业证书的在校应届毕业生）；或取得经评估论证、以中级技能为培养目标的中等及以上职业学校本专业或相关专业毕业证书（含尚未取得毕业证书的在校应届毕业生）。

具备以下条件之一者，可申报三级/高级工：

（1）取得本职业四级/中级工职业资格证书（技能等级证书）后，累计从事本职业工作5年（含）以上。

（2）取得本职业四级/中级工职业资格证书（技能等级证书），并具有高级技工学校、技师学院毕业证书（含尚未取得毕业证书的在校应届毕业生）；或取得本职业四级/中级工职业资格证书（技能等级证书），并具有经评估论证、以高级技能为培养目标的高等职业学校本专业或相关专业毕业证书（含尚未取得毕业证书的在校应届毕业生）。

（3）具有大专及以上本专业或相关专业毕业证书，并取得本职业四级/中级工职业资格证书

---

❶　相关专业：机械类专业。

（技能等级证书）后，累计从事本职业工作 2 年（含）以上。

具备以下条件之一者，可申报二级/技师：

（1）取得本职业三级/高级工职业资格证书（技能等级证书）后，累计从事本职业工作 4 年（含）以上。

（2）取得本职业三级/高级工职业资格证书（技能等级证书）的高级技工学校、技师学院毕业生，累计从事本职业工作 3 年（含）以上，或取得本职业预备技师证书的技师学院毕业生，累计从事本职业工作 2 年（含）以上。

具备以下条件者，可申报一级/高级技师：

取得本职业二级/技师职业资格证书（技能等级证书）后，累计从事本职业工作 4 年（含）以上。

1.8.2　鉴定方式

分为理论知识考试、技能考核以及综合评审。理论知识考试以笔试、机考等方式为主，主要考核从业人员从事本职业应掌握的基本要求和相关知识要求；技能考核主要采用现场操作、模拟操作等方式进行，主要考核从业人员从事本职业应具备的技能水平；综合评审主要针对技师和高级技师，通常采取审阅申报材料、答辩等方式进行全面评议和审查。

理论知识考试、技能考核和综合评审均实行百分制，成绩皆达 60 分（含）以上者为合格。

1.8.3　监考人员、考评人员与考生配比

理论知识考试中的监考人员与考生配比不低于 1∶15，且每个考场不少于 2 名监考人员；技能考核中的考评人员与考生配比不低于 1∶5，且考评人员为 3 人以上单数；综合评审委员为 3 人以上单数。

1.8.4　鉴定时间

理论知识考试时间不少于 90min。技能考核时间为：五级/初级工不少于 240min，四级/中级工不少于 300min，三级/高级工不少于 360min，二级/技师不少于 420min，一级/高级技师不少于 300min，综合评审时间不少于 30min。

1.8.5　鉴定场所设备

理论知识考试在标准教室进行；技能考核在具有必备的车床、工具、夹具、刀具、量具、量仪以及机床附件，通风条件良好、光线充足、安全设施完善的场所进行。

2　工作要求

本标准对五级/初级工、四级/中级工、三级/高级工、二级/技师和一级/高级技师的技能要求和机关知识要求依次递进，高级别涵盖低级别的要求。

在"工作内容"栏内未标注"普通车床"或"数控车床"的，为两者通用内容。

2.1　五级/初级工

职业功能	工作内容	技能要求	相关知识要求
1. 轴类工件加工	1.1 工艺准备	1.1.1　能操作车床的手轮及手柄，变换主轴转速、进给量及螺距 1.1.2　能对车床各润滑点进行润滑 1.1.3　能对卡盘、床鞍、中小滑板、方刀架、尾座等进行调整和保养 1.1.4　能根据工件材料和加工性质选择刀具材料 1.1.5　能对 90°、45°、75°右偏刀及切断刀进行刃磨和装夹 1.1.6　能选择和使用车削类工件的可转位车刀	1.1.1　车床型号代号的含义 1.1.2　车床各组成部分的名称及作用 1.1.3　车床传动路线知识 1.1.4　车床切削用量基本知识 1.1.5　车床润滑图表（含润滑油、润滑脂种类） 1.1.6　车床安全操作规程 1.1.7　常用刀具材料的牌号、含义及选择原则 1.1.8　刀具基本角度的名称、定义及选择原则 1.1.9　常用刀具的刃磨方法 1.1.10　砂轮的选择及砂轮机安全操作要求 1.1.11　切屑的种类及断屑措施 1.1.12　常用可转位车刀的型号标记方法

职业功能	工作内容	技能要求	相关知识要求
1.轴类工件加工	1.2 工件加工	1.2.1 能对短光轴、3~4 个台阶的轴类工件进行装夹、加工，并达到以下要求： （1）跳动公差：0.05mm （2）表面粗糙度：Ra32μm （3）公差等级：IT8 1.2.2 能使用中心钻加工中心孔 1.2.3 能进行滚花加工及抛光加工	1.2.1 简单轴类工件的表达方法公差与配合知识 1.2.2 简单轴类工件的车削加工工艺、车削用量的选择方法 1.2.3 轴类工件的装夹方法 1.2.4 中心钻的选择及钻中心孔方法 1.2.5 滚花加工及抛光加工的方法
	1.3 精度检验与误差分析	1.3.1 能使用游标卡尺、外径千分尺和百分表等量具对轴类工件进行测量 1.3.2 能对简单轴类工件车削产生的误差进行分析	1.3.1 游标卡尺的结构、读数原理、读数方法和使用注意事项 1.3.2 外径千分尺的结构、读数原理、读数方法和使用注意事项 1.3.3 百分表的结构、读数原理、读数方法和使用注意事项 1.3.4 量具维护知识与保养方法 1.3.5 车削简单轴类工件产生误差的种类、原因及预防方法
2.套类工件加工	2.1 工艺准备	2.1.1 能根据工件内孔尺寸选择麻花钻和内孔车刀 2.1.2 能对麻花钻进行刃磨和装夹 2.1.3 能刃磨通孔、台阶孔车刀	2.1.1 麻花钻的基本角度和刃磨方法 2.1.2 内孔车刀的种类、用途、刃磨及装夹方法
	2.2 工件加工	能对含有直孔、台阶孔和盲孔的简单套类工件进行装夹、加工，并达到以下要求： （1）公差等级：外径 IT8，内孔 IT9 （2）表面粗糙度：Ra32μm	2.2.1 简单套类工件的表达方法，公差与配合知识 2.2.2 简单套类工件的车削加工工艺、车削用量的选择方法 2.2.3 简单套类工件钻、扩、镗、铰的方法 2.2.4 内孔加工关键技术
	2.3 精度检验与误差分析	2.3.1 能使用塞规、内径表等量具对套类工件进行测量 2.3.2 能对简单套类工件车削产生的误差进行分析	2.3.1 内径百分表的结构、读数原理、读数方法和使用注意事项 2.3.2 塞规测量的原理和使用注意事项 2.3.3 内孔量具维护知识与保养方法 2.3.4 车削简单套类工件产生误差的种类、原因及预防方法
3.圆锥面加工	3.1 工艺准备	3.1.1 能识读圆锥工件的零件图 3.1.2 能进行车削圆锥面的计算和调整	3.1.1 常用工具圆锥的种类、识读方法 3.1.2 车削圆锥面的有关计算知识
	3.2 工件加工	能使用转动小滑板、偏移尾座和宽刃车刀等方法车削内、外圆锥面，并达到以下要求： （1）锥度公差：AT9 （2）表面粗糙度：Ra32μm	3.2.1 车削常用圆锥的原理和方法 3.2.2 控制圆锥角度和尺寸的方法
	3.3 精度检验与误差分析	3.3.1 能使用角度样板、锥度量规和万能角度尺测量圆锥角度 3.3.2 能对圆锥面车削产生的误差进行分析	3.3.1 角度样板的测量方法 3.3.2 锥度量规的测量原理和测量方法 3.3.3 万能角度尺的读数原理和测量方法 3.3.4 车削圆锥面产生误差的种类、原因及预防方法
4.特形面加工	4.1 工艺准备	4.1.1 能刃磨车削圆弧曲面的圆弧刀具 4.1.2 能刃磨车削圆弧曲面的成型刀具	4.1.1 圆弧刀、成型刀知识 4.1.2 圆弧刀、成型刀的刃磨方法
	4.2 工件加工	4.2.1 能使用双手控制法车削球类、曲面等简单特形面 4.2.2 能使用成型刀车削球类、曲面等简单特形面，并达到以下要求： （1）样板透光均匀 （2）表面粗糙度：Ra32μm	4.2.1 特形面工件的表达方法，公差与配合知识 4.2.2 简单特形面的车削加工工艺、车削用量的选择方法 4.2.3 特形面的车削方法
	4.3 精度检验与误差分析	4.3.1 能使用半径规和曲线样板测量曲面圆度和轮廓度 4.3.2 能对简单特形面车削产生的误差进行分析	4.3.1 轮廓度的概念 4.3.2 半径规及曲线样板的使用方法 4.3.3 车削简单特形面产生误差的种类、原因及预防方法
5.螺纹加工	5.1 工艺准备	5.1.1 能识读普通螺纹标注 5.1.2 能刃磨高速钢螺纹车刀 5.1.3 能刃磨硬质合金螺纹车刀 5.1.4 能选择板牙和丝锥	5.1.1 普通螺纹的种类、用途和相关计算，标注的含义 5.1.2 螺纹车刀几何角度要求 5.1.3 板牙和丝锥知识

职业功能	工作内容		技能要求	相关知识要求
5. 螺纹加工	5.2 工件加工		5.2.1 能低速或高速车削普通螺纹,并达到以下要求: (1)螺纹精度:8级 (2)表面粗糙度:$Ra16\mu m$ 5.2.2 使用板牙和丝锥套、攻螺纹	5.2.1 车削普通螺纹切削用量的选择 5.2.2 普通螺纹的车削方法 5.2.3 在车床上使用板牙和丝锥套、攻螺纹的方法
	5.3 精度检验与误差分析		5.3.1 能使用螺距规测量螺纹螺距 5.3.2 能使用螺纹塞规和螺纹环规对螺纹进行综合测量 5.3.3 能对普通螺纹车削产生的误差进行分析	5.3.1 螺纹单项测量知识 5.3.2 螺纹综合测量知识 5.3.3 车削普通螺纹产生误差的种类、原因及预防方法

2.2 四级/中级工

职业功能	工作内容		技能要求	相关知识要求
1. 轴类工件加工	1.1 工艺准备		1.1.1 能识读台阶轴、细长轴等中等复杂轴类工件的零件图 1.1.2 能编写中等复杂轴类工件的车削工艺卡 1.1.3 能使用中心架或跟刀架装夹细长轴工件 1.1.4 能根据工件材料、加工精度和工作效率要求,选择刀具种类、材料及几何角度	1.1.1 中等复杂轴类工件零件图的识读方法 1.1.2 台阶轴、细长轴工件的车削加工工艺知识 1.1.3 细长轴定位夹紧的原理和方法、车削时防止工件变形的方法 1.1.4 车削细长轴工件刀具的种类、材料及几何角度的选择原则
	1.2 工件加工	普通车床	1.2.1 能车削细长轴类工件,并达到以下要求: (1)长径比:$L/D \geqslant 25 \sim 60$ (2)表面粗糙度:$Ra32\mu m$ (3)公差等级:IT9 (4)直线度公差等级9~12级 1.2.2 能车削3个以上台阶轴并达到以下要求: (1)表面粗糙度:$Ra16\mu m$ (2)公差等级:IT7	1.2.1 细长轴的车削加工特点和加工方法 1.2.2 车削细长轴切削用量的选择方法
		数控车床	能车削3个以上台阶轴并达到以下要求: (1)表面粗糙度:$Ra16\mu m$ (2)公差等级:IT7	1.2.1 台阶轴加工程序的编写知识 1.2.2 控制台阶轴精度的方法
	1.3 精度检验与误差分析		1.3.1 能使用通用量具检验公差等级IT7级工件的尺寸精度 1.3.2 能使用杠杆百分表检验工件跳动精度 1.3.3 能对中等复杂轴类工件车削产生的误差进行分析	1.3.1 通用量具的读数原理、使用方法和保养方法 1.3.2 杠杆百分表的读数原理、使用方法和保养方法 1.3.3 车削细长轴工件产生误差的种类、原因及预防方法
2. 套类工件加工	2.1 工艺准备		2.1.1 能识读套类、薄壁工件的零件图 2.1.2 能编写套类、薄壁类工件的车削工艺卡 2.1.3 能使用自制心轴等专用夹具装夹套类、薄壁类工件 2.1.4 能根据工件材料、加工精度和工作效率要求,选择刀具种类、材料及几何角度	2.1.1 套类、薄壁零件图的识读方法 2.1.2 套类、薄壁类工件的车削加工工艺知识 2.1.3 套类、薄壁工件定位夹紧的原理和方法、车削时防止工件变形的方法 2.1.4 车削套类、薄壁工件刀具的种类、材料及几何角度的选择原则
	2.2 工件加工	普通车床	能车削薄壁工件,并达到以下要求: (1)表面粗糙度:$Ra16\mu m$ (2)轴颈公差等级:IT8 (3)孔径公差等级:IT9 (4)圆度公差等级:9级	2.2.1 薄壁工件的车削加工特点和加工方法 2.2.2 薄壁工件车削时切削用量的选择方法
		数控车床	能车削3个以上台阶孔并达到以下要求 (1)表面粗糙度:$Ra16\mu m$ (2)公差等级:IT7	2.2.1 台阶孔加工程序的编写知识 2.2.2 控制台阶孔加工精度的方法
	2.3 精度检验与误差分析		2.3.1 能使用内径百分表、内测千分尺、塞规等量具检验工件尺寸精度 2.3.2 能使用杠杆百分表检验工件同轴度精度 2.3.3 能对薄壁工件车削产生的误差进行分析	2.3.1 内径百分表、杠杆百分表、内测千分尺的读数原理、使用方法和保养方法 2.3.2 车削薄壁工件产生误差的种类、原因及预防方法

职业功能	工作内容		技能要求	相关知识要求
3.偏心工件及曲轴加工	3.1 工艺准备		3.1.1 能识读偏心轴、偏心套工件的零件图 3.1.2 能编写偏心轴、偏心套工件的车削工艺卡 3.1.3 能使用三爪自定心卡盘、四爪单动卡盘、两顶尖、偏心卡盘及专用夹具装夹偏心轴、偏心套工件 3.1.4 能对单拐曲轴进行划线、钻中心孔、装夹和配重	3.1.1 偏心轴、偏心套工件零件图的表达方法 3.1.2 偏心轴、偏心套工件的车削加工工艺知识 3.1.3 偏心轴、偏心套工件定位夹紧的原理和方法、车削时防止工件变形的方法 3.1.4 单拐曲轴的装夹方法
	3.2 工件加工		3.2.1 能车削偏心轴、偏心套工件，并达到以下要求： （1）轴径公差：IT7。孔径公差：IT8 （2）表面粗糙度：Ra16μm （3）偏心距公差等级：IT9 （4）轴线平行度：8级 3.2.2 能车削单拐曲轴，并达到以下要求： （1）表面粗糙度：Ra16μm （2）轴颈公差等级：IT8 （3）偏心距公差：IT11	3.2.1 偏心轴、偏心套工件车削加工特点和加工方法 3.2.2 单拐曲轴车削加工特点和加工方法
	3.3 精度检验与误差分析		3.3.1 能使用百分表检验工件偏心距精度 3.3.2 能检验单拐曲轴的轴颈、偏心距、主轴颈与曲柄臂的平行度等精度 3.3.3 能对偏心工件、单拐曲轴车削产生的误差进行分析	3.3.1 使用百分表测量偏心距的方法 3.3.2 单拐曲轴偏心距的检验方法 3.3.3 车削偏心工件、单拐曲轴产生误差的种类、原因及预防方法
4.螺纹加工	4.1 工艺准备		4.1.1 能识读普通螺纹、管螺纹、梯形螺纹、美制螺纹、单线蜗杆工件的零件图 4.1.2 能查表计算螺纹各部分尺寸 4.1.3 能刃磨各类螺纹车刀 4.1.4 能根据加工需要选择机夹螺纹车刀	4.1.1 各类螺纹工件的标记及表达方法 4.1.2 各类螺纹的尺寸计算方法 4.1.3 各类螺纹车刀的刃磨方法 4.1.4 螺纹车刀几何参数的选择原则
	4.2 工件加工	普通车床	4.2.1 能车削普通螺纹、管螺纹、梯形螺纹、美制螺纹、单线蜗杆等螺纹工件 4.2.2 能车削双线普通螺纹和双线梯形螺纹	4.2.1 螺纹车削加工特点和加工方法 4.2.2 双线螺纹的分线方法
		数控车床	能车削普通螺纹、管螺纹、梯形螺纹、美制螺纹等螺纹工件	4.2.1 螺纹加工程序的编写知识 4.2.2 控制螺纹加工精度的方法
	4.3 精度检验与误差分析		4.3.1 能使用螺纹千分尺检验螺纹中径精度 4.3.2 能使用三针测量法检验螺纹中径精度 4.3.3 能使用齿厚游标卡尺检验蜗杆法向齿厚 4.3.4 能对梯形螺纹、单线蜗杆车削产生的误差进行分析	4.3.1 螺纹千分尺的结构、读数原理、调整和测量方法 4.3.2 三针测量法的检验原理、计算和测量方法 4.3.3 齿厚游标卡尺的结构、读数原理、调整和测量方法 4.3.4 车削梯形螺纹、单线蜗杆产生误差的种类、原因及预防方法
5.畸形工件加工	5.1 工艺准备		5.1.1 能识读畸形工件的零件图 5.1.2 能制定畸形工件的切削加工工艺	5.1.1 畸形工件零件图的识读方法 5.1.2 畸形工件的工艺制定方法
	5.2 工件加工		5.2.1 能在工件上划加工轮廓线，并能按线找正工件 5.2.2 能在四爪单动卡盘上找正、装夹工件 5.2.3 能在四爪单动卡盘上加工畸形工件上的孔，并保证孔的轴线与各面的垂直度或平行度	5.2.1 工件划线方法 5.2.2 在四爪单动卡盘上找正工件的方法 5.2.3 保证孔的轴线与各面的垂直度或平行度的方法
	5.3 精度检验与误差分析		5.3.1 能使用百分表、平板和方箱等检验工件平面垂直度精度 5.3.2 能使用杠杆表和量块检验孔的位置精度 5.3.3 能对畸形工件车削产生的误差进行分析	5.3.1 平面垂直度精度的检验原理和方法 5.3.2 孔的位置精度的检验原理和方法 5.3.3 车削畸形工件产生误差的种类、原因及预防方法
6.设备维护与保养	6.1 车床的维护	普通车床	6.1.1 能根据加工需要对普通车床进行调整 6.1.2 能在加工前对普通车床进行常规检查，并能发现普通车床的一般故障	6.1.1 普通车床的结构、传动原理及加工前的调整知识 6.1.2 普通车床常见的故障现象
		数控车床	能在加工前对数控车床的机、电、气、液开关进行常规检查，并能发现数控车床的一般故障	6.1.1 数控车床的结构、传动原理 6.1.2 数控车床常见的故障现象

职业功能	工作内容		技能要求	相关知识要求
6.设备维护与保养	6.2 车床的保养	普通车床	能对普通车床进行二级保养	普通车床二级保养的内容及方法
		数控车床	能对数控车床进行日常保养	数控车床日常保养的内容及方法

3 权重表

3.1 理论知识权重表

项目		五级/初级工/%	四级/中级工/%		三级/高级工/%		二级/技师/%		一级/高级技师/%	
			普通车床	数控车床	普通车床	数控车床	普通车床	数控车床	普通车床	数控车床
基本要求	职业道德	5	5	5	5	5	5	5	5	5
	基础知识	20	20	20	15	20	10	15	15	20
相关知识要求	轴类工件加工	20	15	15	15	15	15	10	—	—
	套类工件加工	15	15	15	15	15	10	10	—	—
	圆锥面加工	15	—	—	—	—	—	—	—	—
	特形面加工	10	—	—	—	—	—	—	25	25
	螺纹加工	15	20	20	20	15	15	15	—	—
	偏心工件及曲轴加工	—	10	10	10	10	15	15	—	—
	畸形工件加工	—	10	10	15	15	15	10	—	—
	难加工材料加工	—	—	—	—	—	—	—	30	25
	设备维护与保养	—	5	5	5	10	5	10	10	10
	培训指导	—	—	—	—	—	5	5	10	10
	技术管理	—	—	—	—	—	5	5	5	5
合计		100	100	100	100	100	100	100	100	100

3.2 技能要求权重表

项目		五级/初级工/%	四级/中级工/%		三级/高级工/%		二级/技师/%		一级/高级技师/%	
			普通车床	数控车床	普通车床	数控车床	普通车床	数控车床	普通车床	数控车床
技能要求	轴类工件加工	25	20	20	20	20	20	15	—	—
	套类工件加工	20	20	20	20	20	15	15	—	—
	圆锥面加工	20	—	—	—	—	—	—	—	—
	特形面加工	15	—	—	—	—	—	—	35	35
	螺纹加工	20	20	20	20	20	15	15	—	—
	偏心工件及曲轴加工	—	20	15	20	15	15	15	—	—
	畸形工件加工	—	15	15	15	15	20	20	—	—
	难加工材料加工	—	—	—	—	—	—	—	35	35
	设备维护与保养	—	5	10	5	10	5	10	15	15
	培训指导	—	—	—	—	—	5	5	10	10
	技术管理	—	—	—	—	—	5	5	5	5
合计		100	100	100	100	100	100	100	100	100

参考文献

[1] 翟瑞波. 数控机床编程与操作 [M]. 北京：中国劳动社会保障出版社，2004.

[2] 关颖. FANUC 系统数控车床培训教程 [M]. 北京：化学工业出版社，2007.

[3] 杨琳. 数控车床加工工艺与编程 [M]. 北京：中国劳动社会保障出版社，2005.

[4] 沈建峰，朱勤惠. 数控车床技能鉴定考点分析和试题集萃 [M]. 北京：化学工业出版社，2007.

[5] 郭建平. 数控车床编程与技能训练 [M]. 2 版. 北京：北京邮电大学出版社，2015.

[6] 庞恩全. CAD/CAM 数控编程技术一体化教程 [M]. 2 版. 济南：山东大学出版社，2009.

[7] 于久清. 数控车床/加工中心编程方法、技巧与实例. [M]. 2 版. 北京：机械工业出版社，2015.

[8] 孙奎周，刘伟. 数控车工技能培训与大赛试题精选 [M]. 北京：北京理工大学出版社，2011.

[9] 陈海魁. 车工技能训练 [M]. 4 版. 北京：中国劳动社会保障出版社，2005.

[10] 王公安. 车工工艺学 [M]. 北京：中国劳动社会保障出版社，2005.

[11] 陈锡祥. 车工技能训练图册 [M]. 北京：中国劳动社会保障出版社，2002.

[12] 陆根奎，等. 车工操作技能考核试题库 [M]. 北京：中国劳动社会保障出版社，1991.

[13] 张佩钧，等. 车工技能训练与考核工件题集 [M]. 北京：中国劳动社会保障出版社，1993.

[14] 中华人民共和国人力资源和社会保障部. 国家职业技能标准 车工：GZB 6-18-01-01 [S].